欧姆龙PLC
应用基础与编程实践

主　编　公利滨
副主编　邓立为　张智贤　杜洪越
参　编　岳中哲　邱瑞生　王　磊

U0341677

中国电力出版社
CHINA ELECTRIC POWER PRESS

内 容 提 要

本书以欧姆龙 CJ1 系列可编程序控制器（PLC）为例，介绍 PLC 基本结构组成、工作原理及其应用，主要内容包括指令系统及编程应用、CX－Programmer 编程软件的使用、功能模块（高速计数单元、A/D 转换模块、D/A 转换模块）的基本原理及使用方法、NB 触摸屏及应用、PLC 与变频器综合应用等内容。本书在编写过程中把 PLC 控制系统工程设计思想、设计方法及其工程实例融入其中，便于读者更好地掌握工程应用技术。本书是以培养工程实践能力为目标，注重通过实例来讲解设计思想、编程方法和设计步骤。书中的实例结合实际应用，给出了硬件原理图和 PLC 控制梯形图，详细阐述了控制程序的设计方法、编程技巧和编程体会，并结合实际应用拓展实例的应用范围。在内容编排上循序渐进、深入浅出、通俗易懂，便于教学和自学。

本书可作为高等院校自动化、电气工程及自动化、机械工程及自动化等相关专业的本科和高职教材，也可作为相关技能培训学校的教材，还可供相关工程技术人员参考。

图书在版编目（CIP）数据

欧姆龙 PLC 应用基础与编程实践 / 公利滨主编 . —北京：中国电力出版社，2019.1
ISBN 978-7-5198-2504-1

Ⅰ . ①欧… Ⅱ . ①公… Ⅲ . ①PLC 技术 Ⅳ . ①TM571.61

中国版本图书馆 CIP 数据核字（2018）第 232056 号

出版发行：中国电力出版社
地　　址：北京市东城区北京站西街 19 号（邮政编码 100005）
网　　址：http://www.cepp.sgcc.com.cn
责任编辑：杨淑玲　崔素媛
责任校对：黄　蓓　王海南
装帧设计：王英磊
责任印制：杨晓东

印　　刷：三河市航远印刷有限公司
版　　次：2019 年 1 月第一版
印　　次：2019 年 1 月北京第一次印刷
开　　本：787 毫米×1092 毫米　16 开本
印　　张：21
字　　数：499 千字
定　　价：59.80 元

版 权 专 有　侵 权 必 究

前　　言

可编程序控制器（PLC）是集计算机技术、自动化技术、通信技术于一体的通用工业控制装置，欧姆龙公司的 PLC 等相关产品在工业控制领域得到越来越广泛的应用，众多自动化行业的工程技术人员和广大的自动化、机电一体化等专业的学生都希望得到一本实用的教材。

本书由多年从事 PLC 教学、培训、科研，并且具有丰富工程实践经验的教师编写。

本书出版时，按照"学以致用"的原则，对部分章节进行了修改和调整，重点突出了工程应用实例的编程方法和设计技巧，以及在工程实际设计中的注意事项和解决这类问题的方法。本书的特点是理论精简、结合实际、突出应用和便于自学。重点讲解工程实例编程思想和设计方法。在内容编排上循序渐进、深入浅出、通俗易懂。为了便于教学和自学，本书列举了大量的工程实际案例，每章都有针对编程实践内容的思考题和工程项目。

本书由 3 篇组成。

第 1 篇　基础篇，介绍欧姆龙公司的 CJ 系列 PLC 基本结构、工作原理及其应用。主要内容包括 PLC 结构原理、指令系统、常用指令编程实例、CX - Programmer 编程软件的使用和 PLC 控制系统设计的基本内容及方法。

第 2 篇　提高篇，介绍可编程控制器技术的 PLC 控制系统综合应用设计、NB 触摸屏、功能模块（高速计数单元、A/D 转换模块、D/A 转换模块）的基本原理、使用方法及其应用。对于触摸屏、功能模块的应用都给出了相应的控制程序设计方法，并通过工程实际例子来介绍如何实现 PLC 与触摸屏之间的链接和组态的制作。

第 3 篇　应用篇，介绍 PLC 与变频器的综合应用。以变频调速电梯为例阐述电梯电气控制系统、PLC 硬件系统、软件流程图及控制程序的设计，介绍控制系统的调试方法，通过本篇内容加强学生工程实践应用能力的培养，为今后的工作奠定基础。

本书由哈尔滨理工大学自动化学院公利滨任主编，邓立为、张智贤及重庆交通大学杜洪越任副主编，哈尔滨理工大学岳中哲、邱瑞生及国网黑龙江省电力有限公司电力科学研究院王磊参加编写。其中，第 1 章由邱瑞生编写，第 2 章 2.4～2.6 节和第 7 章由公利滨编写，第 2 章 2.1～2.3 节和第 3 章由邓立为编写，第 4 章由张智贤编写，第 5 章由岳中哲编写，第 6 章由杜洪越编写，第 8 章由王磊编写。全书由公利滨统稿。

本书由哈尔滨理工大学自动化学院的高俊山教授主审。主审对教材的编写提出许多宝贵的意见，在此表示衷心的感谢。本书在编写过程中，参考了部分兄弟院校的教材和相关厂家的资料，在此一并表示衷心的感谢。

由于编者水平有限，加之时间仓促，书中错误和疏漏之处在所难免，恳请广大读者批评指正。

编　者
2018 年 11 月

目　　录

第2篇 提 高 篇

第1篇　基　础　篇

第1章 PLC 技术应用概述

可编程序控制器是在继电器控制技术、计算机技术和现代通信技术的基础上逐步发展起来的控制技术。在现代工业控制中 PLC 技术、CAD/CAM 技术和机器人技术并称为现代工业自动化的三大支柱。可编程序控制器（PLC）是以微处理器为核心，以编程的方式进行逻辑控制、定时、计数和算术运算等，并通过数字量和模拟量的输入和输出来完成各种生产过程的控制。

本章主要介绍 PLC 的定义、组成、工作原理以及欧姆龙 CJ1 系列 PLC 的基本结构与配置。

1.1 PLC 的产生、定义及主要特点

1.1.1 PLC 的产生

众所周知，在可编程序控制器出现之前，继电器控制在工业控制领域中占主导地位。但是继电器控制系统具有明显的缺点：设备体积大，在复杂控制系统中可靠性低，维护不方便，特别是由于线路复杂，当生产工艺或控制对象改变时必须修改线路，通用性和灵活性很差。

20 世纪 60 年代，计算机技术开始应用于工业控制，但是由于其本身的复杂性、编程难度高、难以适应恶劣工业环境以及价格昂贵等因素未能在工业控制领域广泛应用。

1968 年，美国通用汽车公司（GM）为了适应生产工艺不断更新的需要，提出了一种设想：把计算机的功能完善、通用灵活等优点和继电器控制系统的简单易懂、操作方便、价格低廉等优点结合起来，制成一种适应于工业控制环境的通用控制装置，而且这种装置采用面向控制过程、面向问题的"自然语言"编程，使不熟悉计算机的人也能方便使用。归纳如下：

（1）编程方便，可现场修改程序。

（2）维修方便，采用插件式装置。

（3）可靠性高于继电器控制装置。

（4）体积小于继电器控制盘。

（5）数据可直接送入管理计算机。

（6）成本可与继电器控制盘竞争。

（7）输入可以为 AC 220V。

（8）输出为 AC 220V，输出电流在 2A 以上，能直接驱动接触器、电磁阀。

（9）扩展时，系统改动要小。

（10）用户存储器容量至少能扩展到 4KB。

这就是著名的"GM 十条"。这些要求实际上提出了将继电器、接触器控制的简单易懂、使用方便、价格低廉的优点，与计算机的功能完善、灵活性和通用性好的优点有机地结合起

来，将继电器、接触器控制的硬连接逻辑转变成计算机的软件逻辑控制的设想。

根据美国通用公司的这一要求，美国数字设备公司（DEC）于 1969 年研制成功了第一台可编程序控制器，并在汽车自动装配线上成功应用，从而开创了工业控制的新局面。从此这一技术在工业领域迅速发展起来。

可见，可编程序控制器（PLC）是基于计算机技术和继电器控制技术发展起来的，它既不同于普通的计算机，也不同于一般的计算机控制系统，作为一种特殊形式的计算机控制装置，它在系统结构、硬件组成、软件结构以及 I/O 通道、用户界面等诸多方面都有其特殊性。

1.1.2　PLC 的定义

1987 年 2 月国际电工委员会（IEC）在颁布可编程序控制器标准草案中，对可编程序控制器定义为："可编程序控制器是一种专为在工业环境下应用而设计的数字运算操作的电子系统。它采用可编程序的存储器，在其内部存储执行运算、顺序控制、定时、计数和算术运算等操作指令，并通过数字或模拟式的输入和输出来控制各种类型的机械设备和生产过程。"可编程序控制器及其有关设备应按易于与工业系统连成一个整体和具有扩充功能的原则进行设计。

在制造工业和过程工业中，存在着大量的开关量顺序控制，它们按照逻辑条件进行顺序动作，并按照逻辑关系进行联锁保护动作的控制及大量离散量的数据采集。传统的控制方式是通过气动或继电器控制系统来实现的。可编程序逻辑控制器（Programmable Logic Controller，PLC）经过 40 多年的发展与实践，其功能和性能已经有了很大的提高，从当初用于逻辑控制和顺序控制领域扩展到运动控制领域。可编程序逻辑控制器（PLC）也就是可编程序控制器（PC），为了与个人计算机（Personal Computer）避免混淆，可编程序控制器仍被称为 PLC。

1.1.3　PLC 的主要特点

PLC 之所以得到迅速的发展和越来越广泛的应用，是因为它具有一些良好特性：具有应用简单、编程简化、操作方便、维修容易、可靠性高、功能完善及易于实现网络化等特点。

1. 具备灵活、通用的特点

在继电器控制系统中，使用的控制器件是大量的继电器，整个系统是根据设计好的电器控制图，由人工布线组装完成的，其过程费时费力。工艺上的稍许变化，就需要改变原先的整个电器控制系统，耗费了大量的人力、物力和时间。而 PLC 是通过存储在存储器中的程序实现控制功能的，如果控制功能需要改变的话，只需要修改程序以及改动少量的接线即可。而且，同一台 PLC 还可以用于不同的控制对象，只要改变软件就可以实现不同的控制要求，因此具有很大的灵活性和通用性。

2. 可靠性高、抗干扰能力强

对于一般生产机械设备来说，可靠性是一个非常重要的指标，如何能在各种恶劣的工作环境和条件下平稳可靠地工作，将故障率降至最低，是生产实际必须考虑的问题。PLC 的研制者在可靠性方面采取了许多措施，使 PLC 具有很高的可靠性和抗干扰能力。

（1）对电源、CPU 和存储器等严格屏蔽，几乎不受外部干扰，有很好的冗余技术。

（2）采用微电子技术，内部采用无触点控制方式，使用寿命大大延长。

3．编程简单、使用方便

PLC 采用面向控制过程、面向问题的"自然语言"编程，编程简单，且程序修改方便。例如目前大多数 PLC 采用的梯形图语言编程方式，既继承了继电器控制线路的清晰直观感，又考虑到大多数电气技术人员读图的习惯，因此，很容易被电气技术人员所掌握。

4．接线简单

PLC 的输入/输出（I/O）接口可直接与控制现场的用户设备连接。输入接口可与各种开关和传感器连接，输出接口具有较强的驱动能力，可以直接驱动继电器、接触器和电磁阀的线圈。

5．功能强

PLC 不仅具有逻辑控制、计时、计数和步进等控制功能，而且还能完成 A/D 转换、D/A 转换、数字运算、数据处理、位置控制、通信联网和生产过程监控等。因此，它既可以实现开关量控制，又可以实现模拟量控制；既可现场控制，又可远距离控制；既可控制简单系统，又可控制复杂系统。

6．体积小、重量轻和易于实现机电一体化

由于 PLC 采用了半导体集成电路，具有体积小、重量轻、功耗低的特点。PLC 是专为工业控制而设计的专用计算机，其结构紧凑、坚固耐用、体积小巧，并由于具备很强的可靠性和抗干扰能力，使之易于装入机械设备内部，实现机电一体化控制。

1.2　PLC 的发展过程及应用

1.2.1　PLC 的发展过程

随着电子技术和计算机技术的发生，PLC 的功能越来越强大，其概念和内涵也不断扩展。

20 世纪 80 年代至 90 年代中期是 PLC 发展最快的时期，PLC 在处理模拟量能力、数字运算能力、人机接口能力和网络能力方面得到大幅度提高，PLC 逐渐进入过程控制领域，在某些应用上取代了在过程控制领域处于统治地位的 DCS 系统，在工业自动化控制特别是顺序控制中的地位是无法取代的。

PLC 的应用几乎涵盖了所有的行业，小到简单的单机设备、简单的顺序动作控制，大到整厂的流水线、大型仓储、立体停车场，更大的还有大型制造行业和交通行业等。

1.2.2　PLC 的应用

目前，在国内外 PLC 技术已广泛应用于冶金、石油、化工、机械制造、电力、汽车等各行各业，随着 PLC 性能价格比的不断提高，其应用领域不断扩大。

1．开关量逻辑控制

利用 PLC 最基本的逻辑运算、定时、计数等功能实现逻辑控制，可以取代传统的继电器控制，用于单机控制、多机控制、生产自动线控制等，例如机床、注塑机、印刷机械、装配生产线、电镀流水线及电梯的控制等。这是 PLC 最基本的应用，也是 PLC 最广泛的应用领域。

2. 运动控制（伺服）

大多数 PLC 都有驱动步进电动机或伺服电动机的单轴或多轴位置控制模块。这一功能广泛应用于各种机械设备，如对各种机床、装配机械、机器人等进行运动控制。

3. 过程控制

大、中型 PLC 都具有多路模拟量 I/O 模块和 PID 控制功能，有的小型 PLC 也具有模拟量 I/O 模块。所以 PLC 可实现模拟量控制。具有 PID 控制功能的 PLC 可构成闭环控制，用于过程控制。这一功能已广泛用于锅炉、反应堆、水处理、酿酒以及闭环位置控制和速度控制等方面。

4. 数据处理

PLC 具有数学运算、数据传送、转换、排序和查表等功能，可进行数据的采集、分析和处理，同时可通过通信接口将这些数据传送给其他智能装置，如传送给计算机数值控制（CNC）设备进行处理。

5. 通信联网

PLC 的通信包括 PLC 与 PLC、PLC 与上位计算机、PLC 与其他智能设备之间的通信，PLC 系统与通用计算机可直接或通过通信处理单元、通信转换单元相连构成网络，以实现信息的交换，并可构成"集中管理、分散控制"的多级分布式控制系统，满足工厂自动化（FA）系统发展的需要。

1.3 PLC 的分类及技术指标

1.3.1 PLC 的分类

1. 从组成结构上分类

（1）整体式：PLC 各部件组合成一个不可拆卸的整体。

（2）组合式（模块式）：PLC 的各部件按照一定规则组合配置。

2. 按 I/O 点数及内存容量分类

可分为超小型、小型、中型、大型和超大型。

3. 按输出形式分类

（1）继电器输出：为有触点输出方式，适用于通断频率较低的直流或交流负载。

（2）晶体管输出：为无触点输出方式，适用于通断频率较高的直流负载。

（3）晶闸管输出：为无触点输出方式，适用于通断频率较高的交流负载。

1.3.2 PLC 的技术指标

（1）I/O 点数：I/O 点数是指 PLC 外部输入、输出端子的总数。I/O 点数越多，外部可接的输入和输出器件也就越多，控制规模就越大，一般按 I/O 点数多少来区分机型的大小。

（2）扫描速度：扫描速度反映了 PLC 运行速度的快慢。扫描速度快，意味着 PLC 可运行较为复杂的控制程序，并可扩大控制规模和控制功能，扫描速度是 PLC 最重要的一项技术性能指标。

（3）指令条数：PLC 的指令条数是衡量其软件功能强弱的主要指标。PLC 具有的指令条数越多，指令就越丰富，其软件功能越强。

（4）内存容量：系统程序存放在系统程序存储器中，存储容量是指用户程序存储器容量。用户程序存储器的容量决定了 PLC 可以容纳用户程序的长短。中小型 PLC 的存储容量一般在 8KB 以下，大型机可达到 256KB～2MB。

（5）内部器件：内部器件包括各种继电器、计数器/定时器、数据存储器等。其种类越多、数量越大，存储各种信息的能力和控制能力就越强。

（6）高功能模块：高功能模块性能是衡量 PLC 产品水平高低的一个重要标志。高功能模块使得 PLC 既可以进行开关量的开环控制，也可以进行模拟量的闭环控制，能进行精确的定位和速度控制等。

（7）支持软件：为了便于对 PLC 的编程和监控，PLC 生产厂开发出计算机支持的编程和监控软件，使 PLC 系统的开发更加便捷。

（8）扩展能力：大部分 PLC 利用 I/O 扩展单元进行 I/O 点数的扩展，有的 PLC 利用各种功能模块进行功能扩展。

1.4　PLC 的硬件结构及工作原理

1.4.1　PLC 的硬件结构

PLC 是以微处理器为核心的工业用计算机系统，其硬件结构原理框图如图 1-1 所示。

1. 中央处理单元（CPU）

CPU 是 PLC 的核心，主要由运算器、控制器、寄存器及实现它们之间联系的数据、控制及状态总线等构成。它能够识别用户按照特定的格式输入的各种指令，并按照指令的规定，根据当前的现场 I/O 信号的状态发出相应的控制指令，完成预定的控制任务并将结果送到 PLC 的输出终端。其主要功能如下：

（1）接受从编程设备输入的用户程序和数据。

（2）诊断电源、内部电路的故障。

（3）诊断程序的语法错误。

（4）通过输入接口，读取外部输入信号的状态并存入输入映像寄存器。

（5）读取用户程序，逐条逐步的执行，并把计算结果存入输出映像寄存器。

CPU 速度和内存容量是 PLC 的重要参数，它们决定着 PLC 的工作速度，I/O 数量及程序容量大小，会直接影响 PLC 的运行速度，因此要限制 PLC 的控制规模。

2. I/O 模块

PLC 的对外功能主要是通过各种接口单元来实现对工业设备或生产过程的控制。通过各

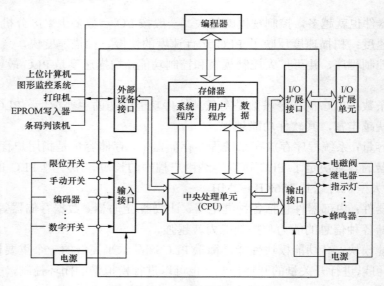

图 1-1　PLC 硬件结构原理框图

种 I/O 接口电路，PLC 既可以检测到所需的过程信息，又可以将处理后的结果传送给外部过程，驱动各种执行机构，实现工业生产过程的自动控制。通过 I/O 接口模块，实现被控过程与 PLC 的 I/O 接口之间的电平转换、电气隔离、A/D 与 D/A 转换等功能。根据功能不同，可将 I/O 模块分为五种：① 开关量输入模块（DI）；② 开关量输出模块（DO）；③ 模拟量输入模块（AI）；④ 模拟量输出模块（AO）；⑤ 脉冲量输入模块（PI）。

3. 存储器

PLC 的存储器是用来存放系统程序、用户程序和相关数据的。存放应用程序的存储器称为用户程序存储器，存放系统程序的存储器称为系统程序存储器。系统程序是由生产厂家预先编制的监控程序、模块化应用功能子程序、命令解释和功能子程序的调用管理程序及各种系统参数等。用户程序是由用户编制的梯形图、I/O 状态、计数/计时值以及系统运行必要的初始值及其他参数构成等。系统程序存储器容量的大小，决定了系统程序的大小和复杂程度，也决定了 PLC 的功能和性能。

4. 电源模块

PLC 电源用于 CPU 单元和各模块的集成电路提供工作电源。电源输入类型有交流电源（AC 220V 或 AC 110V）和直流电源（DC 24V）。

5. 底板或机架

大多数模块式 PLC 使用底板或机架，实现各模块间的连接，使 CPU 能访问底板上安装的所有模块。

6. PLC 系统的其他设备

其他编程设备包括手持型编程器、计算机以及打印机等。

1.4.2　PLC 的工作原理

PLC 采用顺序扫描，不断循环的工作方式。PLC 工作的基本步骤：① 自诊断；② 通信；

③ 输入采样；④ 程序执行；⑤ 输出刷新。其工作过程：CPU 按 PLC 的系统程序赋予的功能接收并存储用户程序和数据，首先进行诊断电源和 PLC 内部电路的工作状态和编程过程中的语法错误等操作；集中采样由现场输入装置送来的状态或数据，并存入规定的寄存器中；执行用户程序时，从用户程序存储器中逐条读取指令，按指令规定的任务生成相应的控制信号，集中输出，去控制相应的外部负载。

CJ1 系列 CPU 单元有三种操作模式：

PROGRAM 模式：此模式下不执行用户程序，而是进行建立 I/O 表、初始化 PLC 配置和其他设定、编写程序、传送程序、检查程序和强制置位/复位等功能操作。

MONITOR 模式：此模式下执行程序，但可以进行调试性运行和调整某些操作，如在线编辑、强制置位/复位和修改定时器/计数器的当前值。

RUN 模式：此模式下执行程序且禁止某些操作。

CPU 单元从内部处理到外设服务工作是一个在重复循环中的处理数据过程。CPU 单元工作流程框图如图 1-2 所示。

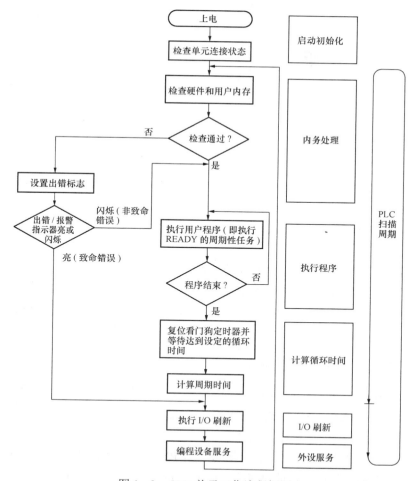

图 1-2　CPU 单元工作流程框图

PLC 的工作过程，简单地说，是周期循环扫描的过程，用户程序通过编程器或其他输入设备输入存放在 CPU 的用户存储器。当 PLC 运行时，CPU 根据系统程序规定的顺序，通过扫描，完成对输入信号状态的采样，输出信号的刷新。PLC 循环扫描是对整个程序循环执行，整个过程扫描一次所需要的时间称为扫描周期。

PLC 的扫描既可按固定顺序进行，也可按用户程序规定的可变顺序进行。因为在一个大控制系统中，需要处理的 I/O 接口数较多，通过不同的组织模块安排，采用分时分批扫描执行的办法，可缩短扫描周期和提高控制的实时响应速度。

在每一次扫描开始前，CPU 都要进行自诊断、硬件检查、用户内存检查等操作。如果有异常情况，一方面启动故障显示灯亮，另一方面判断并显示故障性质。如果属于一般性故障，只报警不停机，等待处理。如果属于严重故障，停止运行。在 PLC 系统 CPU 单元工作流程图中，可以看出 PLC 本身具有很强的自诊断功能。

1.4.3　PLC 处理输入/输出的规则

通过对 PLC 用户程序执行过程的分析，得出 PLC 对输入/输出的处理规则，如图 1－3 所示。

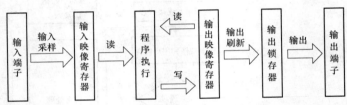

图 1－3　PLC 对输入/输出的处理规则

（1）输入映像寄存器中的数据，是在输入采样阶段扫描到的现场输入信号的状态，集中写入的，在本次扫描周期中，它不随外部输入信号的改变而改变。

（2）输出映像寄存器（包括在元件映像寄存器中）状态，由用户程序中输出指令的执行结果决定的。

（3）输出锁存器中的数据在输出刷新阶段，从输出映像寄存器中集中写出去。

（4）输出端子的输出状态，是由输出锁存器中的数据确定的。

（5）执行用户程序时，所需的输入、输出状态，是从输入映像寄存器和输出映像寄存器中读出的。

1.4.4　PLC 的扫描周期及滞后响应

PLC 的扫描周期与 PLC 的时钟频率、用户程序的长短及系统的配置有关。一般 PLC 的扫描周期为几十毫秒，输入采样和输出刷新阶段只需 1～2ms。公共处理也是立即完成的，所以扫描周期的长短主要由用户程序决定的。

从 PLC 的输入端有输入信号发生变化起，到 PLC 的输出端对该输入变化做出反应，需要一段时间，这段时间称为响应时间或滞后时间。这种输出对输入在时间上的滞后现象，严格地说，影响了系统的实时控制性，但对于一般的工业控制系统，这种滞后是完全允许的。

如果需要快速响应，可选用快速响应模块、高速计数模块及终端处理功能来缩短滞后时间。

1. 输入滤波器的时间常数（输入延迟）

因为 PLC 的输入滤波器是一个积分环节，因此，输入滤波器的输出电压相对现场实际输入元件的变化，存在一个时间上的滞后，导致了实际输入信号在进入输入映像寄存器前就存在一个滞后时间。

2. 输出继电器的机械滞后（输出延迟）

PLC 的数字量输出经常采用继电器触点的形式输出，由于继电器固有的动作时间，导致继电器的实际动作相对线圈输入电压存在滞后。若采用双向可控硅（双向晶闸管）或晶体管的输出方式，则可以相应地减少滞后时间。

3. PLC 的循环扫描工作方式

PLC 执行用户程序是循环扫描，为了缩短扫描周期，应优化程序结构。采用模块化程序设计，并应尽量采用跳转指令。

4. PLC 对输入采样、输出刷新的集中批处理方式

集中采样和集中输出是由 PLC 的工作方式决定的。为了加快 PLC 响应速度，PLC 的工作方式采用直接控制方式，这种工作方式的特点：随着输入变化立即更新输入映像寄存器的状态进行处理，随时更新输出映像寄存器的状态把结果立即输出。因此采用直接控制方式，具有输出响应快的优点。

图 1-4 为集中 I/O 控制方式。

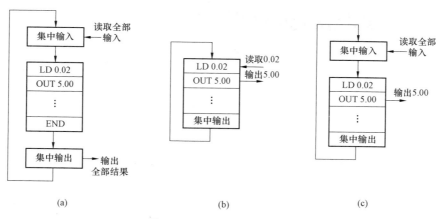

图 1-4　集中 I/O 控制方式

（a）集中刷新方式；（b）直接方式；（c）混合方式

5. 用户程序中语句顺序安排不当

由于 PLC 是以循环扫描的方式进行工作的，因此响应时间与收到输入信号的时刻相关。

最短响应时间：在一个扫描周期刚结束时就收到了有关输入信号的变化状态，则下一个扫描周期一开始这个变化信号就可以被采样到，使输入更新，这时响应时间最短，如图 1-5 所示。

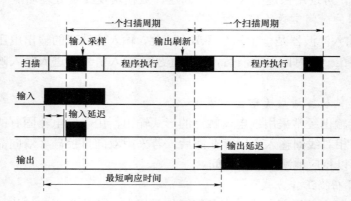

图 1-5　PLC 最短响应时间

最长响应时间：如果在一个扫描周期刚开始收到一个输入信号的变化状态，由于存在输入延迟，则在当前扫描周期内这个输入信号对输出不会起作用，要到下一个扫描周期快结束时的输出刷新阶段，输出才会做出反应，这个响应时间最长，如图 1-6 所示。

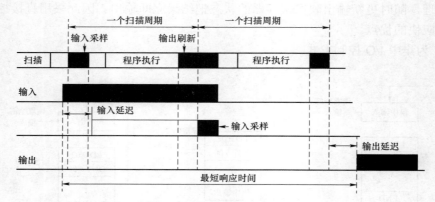

图 1-6　PLC 最长响应时间

如果用户程序中的指令语句安排的不合理，则响应时间还要增加。

在图 1-7（a）中，假定在当前的扫描周期内，输入信号 0.00 的闭合信号已经在采样阶段送入输入映像寄存器中，在执行时，内部辅助继电器 1000.00 为"1"，内部辅助继电器 1000.01 也为"1"，而输出信号 5.00 则要等到下一个扫描周期才变为"1"。相对于输入信号 0.00 的闭合信号，要滞后了一个扫描周期。如果输入信号 0.00 的闭合信号是在当前扫描周期的输入采样阶段后发出的，则内部辅助继电器 1000.00 和内部辅助继电器 1000.01 都要等到下一个扫描周期才变为"1"，而输出信号 5.00 还要等一个周期后才变为"1"。相对于输入信号 0.00 闭合信号，实际上滞后了两个扫描周期。

如果在程序中，将图 1-7（a）中的第一行和第二行交换一下位置，如图 1-7（b）所示，内部辅助继电器 1000.00、内部辅助继电器 1000.01 和输出信号 5.00 在同一个扫描周期内同时为"1"，提高了输出信号 5.00 的响应时间。

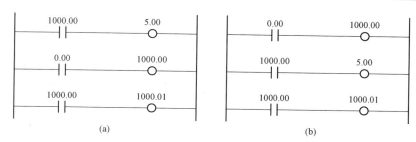

图 1-7　语句顺序安排不当导致响应滞后控制梯形图
(a) 语句顺序不当；(b) 改进语句顺序

1.5　欧姆龙 CJ1 系列 PLC 简介

CJ1 系列 PLC 属于中型 PLC，它以体积小、速度快为特色，具有与 CS 系列 PLC 相似的先进控制功能，采用多任务结构化编程模式，具有多个协议宏服务端口，易于联网，适用于高频计数与高频脉冲输出的系统。本节将重点介绍 CJ1 系列 PLC 的通用硬件结构、典型的基本 I/O 单元和特殊 I/O 单元。

1.5.1　CJ 系列 PLC 的主要特点

1. 处理速度快

CJ1 系列 PLC 的 CPU 执行基本指令的时间一般为 0.08μs/条（CJ1-H CPU：0.02μs/条），执行高级指令的时间一般为 0.12μs/条（CJ1-H CPU：0.06μs/条），使系统管理、I/O 刷新和外设服务所需的时间大幅度减少。

2. 程序容量与 I/O 容量大

CJ1 系列 PLC 的程序存储量最大为 120KB，数据存储器（DM 区）的最大容量是 256KB，I/O 点最多可达 1280 个，为复杂程序和各类接口单元、通信及数据处理提供了充足的内存。

3. 无底板结构

CJ1 系列 PLC 不配底板，总线嵌在各单元内部，单元组合灵活。

4. 软硬件兼容性好

CJ 系列 PLC 在程序及内部设置方面与 CS 系列 CPU 单元几乎完全兼容。

5. 系统扩展性好

CJ1 系列 PLC 最多可用电缆串行连接 3 块扩展机架，最多支持 40 个单元。

6. I/O 点分配灵活

由于 CJ 系列 PLC 无需底板，它的 I/O 点的分配可以采用系统自动分配和用户自定义两种方式。

7. 高速性能强

CJ1 系列 PLC 的 CPU 单元具有高速中断输入处理功能、高速计数器功能和可调占空比的高频脉冲输出功能，可实现精确定位控制和速度控制。

1.5.2 CJ1 系列 PLC 的基本结构与配置

CJ1 系列 PLC 采用模块化、总线式结构，整个系统由 CPU 机架和扩展机架组成。CPU 机架由 CPU 单元、电源单元、基本 I/O 单元、特殊 I/O 单元、CPU 总线单元和端盖组成。扩展机架由 I/O 接口单元、电源单元、基本 I/O 单元、特殊 I/O 单元和 CPU 总线单元以及端盖组成。扩展机架可连接到 CPU 机架或其他 CJ1 系列扩展机架。

CJ1 系列 PLC 为无底板的模块式结构基本配置，最多可连接 10 个 I/O 单元。可以选配存储卡，连接扩展机架时必须配 I/O 控制单元。

CJ 系列 PLC 不需要底板，但术语"槽"仍然用于指示机架上单元的相关位置。各单元的安装顺序是电源单元、CPU 单元、I/O 单元以及端盖，其中 CPU 单元右边的槽号默认为 0，槽号向右依次增加。

在连接各单元时，应将两单元底部的总线端口对齐后压紧，并拨动单元顶部和底部的黄色滑杆将两单元锁在一起，必须确认滑杆锁到位，否则 PLC 不能正常工作。端盖也用同样的方法连接在 PLC 最右边单元上。

1. CJ1 系列 CPU 单元

CJ1 系列 CPU 单元如图 1-8 所示，主要由 LED 指示灯、存储卡连接器、DIP 功能开关、外设端口、RS-232C 端口等组成。CJ1 系列 PLC 所配的 CPU 均不支持内插板。按 CPU 单元型号的不同，CJ1 系列可分为 CJ1H、CJ1G、CJ1M 三种类型。本节以 CJ1M 为例对 CJ1 系列加以介绍。CPU 单元前面板上的 LED 指示灯功能，见表 1-1。DIP 开关引脚设定功能，见表 1-2。

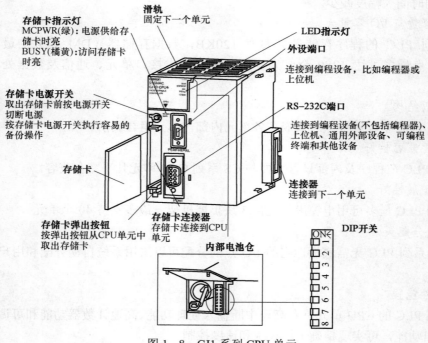

图 1-8 CJ1 系列 CPU 单元

表 1－1　　　　　　　　　　　　CPU 单元前面板上的 LED 指示灯功能

指示灯	意义
RUN（绿）	PLC 在监视或运行模式下正常操作时亮
ERR/ALM（红）	出现不使 CPU 单元停止的非致命错误时闪烁，如果出现非致命错误，CPU 单元将继续操作。出现使 CPU 单元停止的致命错误时或出现硬件错误时亮。如果出现致命或硬件错误，CPU 单元将停止操作，所有输出单元的输出将置为 OFF
INH（橘黄）	输出 OFF 位（A50015）置 ON 时亮。如果输出 OFF 位置 ON，所有输出单元的输出都将变 OFF
PRPHL（橘黄）	CPU 单元通过外部端口通信时闪烁
BKUP（橘黄；仅对 CJ1－H CPU 单元）	数据从 RAM 备份到快闪存储器时亮。此指示灯亮时不要关闭 CPU 单元
COMM（橘黄）	CPU 单元通过 RS－232C 端口通信时闪烁
MCPWR（绿）	给存储器卡供电时亮
BUSY	访问存储器卡时亮

表 1－2　　　　　　　　　　　　DIP 开关引脚设定功能

引脚	设定	功能
1	ON	用户程序存储器禁止写入
	OFF	用户程序存储器允许写入
2	ON	打开电源时用户程序自动传送
	OFF	打开电源时用户程序不自动传送
3	ON	不用
4	ON	使用在 PC 设置中设定的外部端口参数
	OFF	自动检测编程器或外部端口上的 CX－Programmer 参数
5	ON	自动检测 RS－232C 端口上的 CX－Programmer 参数
	OFF	使用在 PC 设置中设定的 RS－232C 端口参数
6	ON	用户定义引脚。用户 DIP 开关引脚标志（A39512）置 OFF
	OFF	用户定义引脚。用户 DIP 开关引脚标志（A39512）置 ON
7	ON	程序的备份：读/写到存储器卡
	OFF	程序的备份检验：检验存储器卡的内容
8	OFF	总是为 OFF

CJ1 系列 PLC 属于结构紧凑型的可编程序控制器，其特点为运算速度高和功能先进。基本指令执行时间最小为 0.02μs，应用指令执行时间最小为 0.06μs。支持 DeviceNet 开放网络，包括以太网、Controller Link 和 DeviceNet 网络间的无缝信息通信。可连接到 CPU 机架和扩展机架的 I/O 单元的最大个数是 40。为了便于实现安装，其基本模块的体积只有 90mm×65mm（高×厚），控制系统易于实现机电一体化控制。

CJ1M CPU 单元带有内置 I/O 的 CPU 单元和无内置 I/O 的 CPU 单元两大类，目前有 6 种型号，其型号和规格见表 1－3。

带有内置 I/O 接口的 CPU 单元具有下列特性：

（1）通用 I/O 立即刷新。CPU 单元的内置 I/O 可以用作通用 I/O 接口。在执行立即刷新指令功能时，在 PLC 循环扫描过程中对 I/O 可以实现 I/O 立即刷新。

（2）稳定输入滤波。CPU 单元的 10 个内置输入的输入时间常数可设置为 0ms（无滤波）、0.5ms、1ms、2ms、4ms、8ms、16ms 和 32ms。增大输入时间常数具有降低抖动和外部噪声的作用。

表 1－3   CJ1M CPU 单元型号及规格一览表

项目	规格					
	带有内置 I/O 的 CPU 单元			无内置 I/O 的 CPU 单元		
型号	CJ1M－CPU23	CJ1M－CPU22	CJ1M－CPU21	CJ1M－CPU13	CJ1M－CPU12	CJ1M－CPU11
I/O 点	640	320	160	640	320	160
用户程序存储器	20KB	10KB	5KB	20KB	10KB	5KB
最大扩展机架数	最大 1	不支持		最大 1	不支持	
数据存储器	32KB					
扩展数据存储器	不支持					
内置输入	10					
内置输出	6					
梯形图指令处理速度	0.1μs					
脉冲 I/O	支持			不支持		
电流消耗	0.64A（在 DC 5V 时）			0.58A（在 DC 5V 时）		

（3）高速中断输入处理。CPU 单元的 10 个内置输入可用于高速处理，如直接模式的固定中断输入或计数器模式的中断输入。中断任务可以在中断输入的上升或下降沿时启动。在计数器模式，中断任务可在输入计数到达设置值时启动。

（4）高速计数功能。旋转编码器可以与内置输入连接高速计数器输入。在高速计数器的当前值与目标值一致时或是在一指定范围内时可以触发中断。

（5）脉冲输出。可从 CPU 单元的内置输出固定占空比脉冲，驱动伺服驱动器实行定位或速度控制。

（6）原点搜索。在使用位置控制模块时，可以对原点接近输入信号、原点输入信号、定位完成信号和错误计数器复位执行精确的原点搜索。

（7）快速响应输入。用于快速响应输入，CPU 单元的内置输入（最多 4 个）可接收宽度为 30μs 的脉冲信号，该输入信号与扫描周期无关，可直接传送到 CPU 单元。

2. 电源单元

电源单元为 CPU 单元和其他部件提供可靠的工作电源。它有直流（DC）和交流（AC）两种输入，电源单元 PA205R 的结构如图 1－9 所示。

（1）电源指示灯。当电源单元输出为 DC 5V 时，电源指示灯亮。

（2）外部连接端子。

1）交流电源输入：连接 AC 100～120V 或 AC 200～240V 电源。

2）LG 接地端：接地电阻小于或等于 100Ω，功能是抗强噪声干扰及防止电气冲击。

3）GR 接地端：接地电阻小于或等于 100Ω，功能是防止感应电干扰和电气冲击。

4）运行输出端：当 CPU 单元正在运行（RUN 和 MON ITOR 模式）时，内部触点闭合。

3. CJ1 系列 PLC 的基本 I/O 单元

CJ1 系列 PLC 具有丰富的 I/O 单元，为了适应更广泛的控制需求，还提供了多点数字量 I/O 单元、模拟量 I/O 单元、温度控制单元、位置控制单元、高速计数器单元、Compo－Bus/S 主单元等特殊 I/O 单元。CJ 系列 PLC 的 I/O 单元可分为基本 I/O 单元、特殊 I/O 单元及 CPU 总线单元等。

基本 I/O 单元是指 I/O 点数小于或等于 16 点的开关量输入输出单元。CJ1 PLC 最多可配置 40 个基本 I/O 单元，外观如图 1－10 所示。

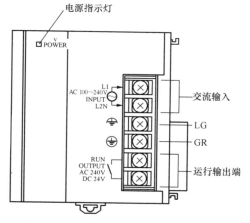

图 1－9　CJ1 系列 PLC 电源单元示意图

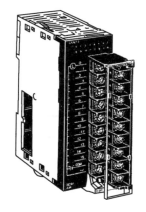

图 1－10　CJ 系列基本 I/O 单元外观图

CJ1 系列 PLC 的基本 I/O 单元目前有 20 种型号，分为基本输入单元和基本输出单元两大类，基本 I/O 单元型号和规格见表 1－4 和表 1－5。

表 1－4　　　　　　　　　　　　　CJ1 系列 PLC 基本输入单元一览表

名称	规格	点数	型号
直流输入单元	端子块，DC 12～24V	8	CJ1W－ID201
	端子块，DC 24V	16	CJ1W－ID211
	富士通兼容连接器，DC 24V	32	CJ1W－ID231
	MIL 连接器，DC 24V	32	CJ1W－ID232
	富士通兼容连接器，DC 24V	64	CJ1W－ID261
	MIL 连接器，DC 24V	64	CJ1W－ID262

名称	规格	点数	型号
交流输入单元	AC 200～240V	8	CJ1W－IA201
	AC 100～120V	16	CJ1W－IA111
中断输入单元	DC 24V	16	CJ1W－INT01
快速响应输入单元	DC 24V	16	CJ1W－IDP01
B7A 接口单元	输入 64 点	64	CJ1W－B7A14

表 1－5   **CJ1 系列 PLC 基本输出单元一览表**

名称		规格	点数	型号
继电器输出单元		端子块，AC 250V，DC 24V，2A；独立接点	8	CJ1W－OC201
		端子块，AC 250V，0.6A	8	CJ1W－OC211
晶闸管输出单元		端子块，AC 250V，0.6A/24V，2A；独立接点	8	CJ1W－OA201
晶体管输出单元	汇流输出	端子块，DC 12～24V，2A	8	CJ1W－OD201
		端子块，DC 12～24V，0.5A	8	CJ1W－OD203
		端子块，DC 12～24V，0.5A	16	CJ1W－OD211
		富士通兼容连接器，DC 12～24V，0.5A	32	CJ1W－OD231
		MIL 连接器，DC 12～24V，0.3A	32	CJ1W－OD233
		富士通兼容连接器，DC 12～24V，0.3A	64	CJ1W－OD261
		MIL 连接器，DC 12～24V，0.3A	64	CJ1W－OD263
	源流输出	端子块，DC 24V，2A；负载短路保护	8	CJ1W－OD202
		端子块，DC 24V，0.5A；负载短路保护	8	CJ1W－OD204
		端子块，DC 24V，0.5A；负载短路保护和断线检测	16	CJ1W－OD212
		MIL 连接器，DC 24V，0.5A；负载短路保护	32	CJ1W－OD232
		MIL 连接器，DC 12～24V，0.3A	64	CJ1W－OD262
B7A 接口单元		输出 64 点	64	CJ1W－B7A04

（1）直流输入单元。以直流输入单元 CJ1W－ID211 为例，如图 1－11 所示。

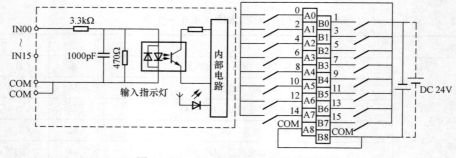

图 1－11   CJ1W－ID211 单元电路图

每路输入端的内部结构均相同，虚线框内为 I/O 单元内部电路图，右侧为外部端子接线示意图。使用直流输入单元时需外接直流电源，接线时需将外部输入信号（如开关）的一端与输入单元的接线端子相连，另一端与电源正极或负极相连，而电源剩余的一极与输入单元的公共端子相连。当外部输入信号接通时，二极管导通，通过光耦合将输入信号状态送至 PLC，同时使输入单元面板上的发光二极管指示灯亮。

（2）继电器型输出单元。以继电器型输出单元为例，内部电路结构如图 1–12 所示。

图 1–12 虚线框内为单元内部电路，右侧为接线端子与负载连接图。当 PLC 输出控制信号时，输出继电器线圈接通，同时使单元面板上的发光二极管导通，指示灯亮，输出继电器的触点闭合使外部负载回路接通，L 为用户所接负载。

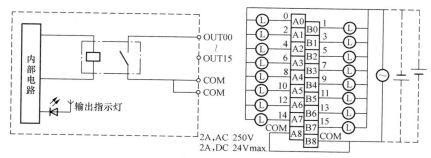

图 1–12　CJ1W–OC211 单元内部电路结构图

需注意的是，输出继电器触点只为负载回路接通提供可能，但不能提供负载工作电源。图 1–12 中将 AC 250V 或 DC 24V 电源与负载串联接至输出端子和公共端（COM）之间；电源极性可根据负载要求决定。

（3）晶体管型输出单元。以晶体管型输出单元 CJlW–OD211 为例，其电路结构如图 1–13 所示。虚线框内为单元内部电路，右侧为接线端子与负载连接图。当 PLC 输出控制信号时，三极管导通，使负载回路接通，同时 PLC 输出还使面板上发光二极管导通，输出指示灯亮。由于内部电路结构是由三极管发射极和集电极与负载形成回路，所以负载工作电源极性不能接错。单元为电源正极提供了专门的接线端子 B8，各路负载的正极与电源正极都应接到该端子，负载的负极接到各路端子上。一般来说晶体管型输出单元的寿命大于继电器型输出单元。

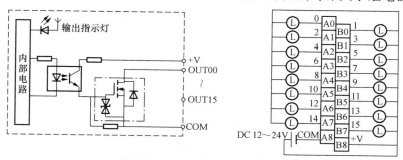

图 1–13　CJlW–OD211 单元电路结构图

（4）晶闸管型输出单元。以晶闸管型输出单元 CJlW–OA201 为例，电路结构如图 1–14 所示。

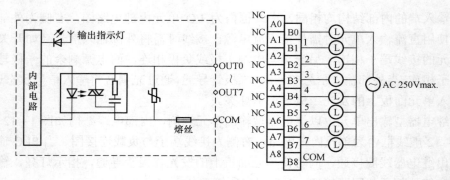

图 1-14 CJlW-OA201 单元电路结构图

　　虚线框内为单元内部电路,右侧为接线端子与负载连接回路。当 PLC 输出控制信号时,此信号使输出二极管导通,通过光耦合使输出回路的双向晶闸管导通,负载接通;同时使单元面板上的发光二极管指示灯亮。在输出回路中设有阻容过电压保护和浪涌电流吸收器,可承受严重的瞬时干扰,并且设有熔丝熔断检测回路。外部负载回路只需把负载与 AC 220V 电源串联后接到某一路接线端子和公共端子(COM)之间即可。

　　4. I/O 控制单元和 I/O 接口单元

　　CJ1 系列扩展机架可连接到 CPU,每个扩展机架最多可安装 10 个 I/O 单元,总共可连接 3 个扩展机架。CJ1 系列 PLC 最多可以连接 40 个 I/O 单元。

　　采用 I/O 扩展时,I/O 控制单元必须安装在 CPU 机架上,而且它必须紧靠着 CPU 单元右边,否则不能正常工作;在扩展机架上安装的 I/O 接口单元必须紧靠着电源单元右边,否则也不能正常工作。所有机架间的 I/O 连接电缆的总长必须小于 12m。I/O 控制单元如图 1-15(a)所示,I/O 接口单元如图 1-15(b)所示。

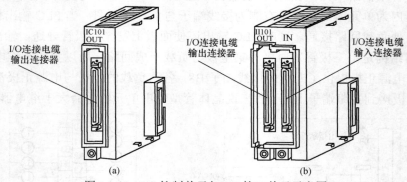

图 1-15 I/O 控制单元与 I/O 接口单元示意图
(a) I/O 控制单元;(b) I/O 接口单元

　　I/O 控制单元和 I/O 接口单元见表 1-6。

表 1-6　　　　　　　　　　CJ1 系列 PLCI/O 控制单元和 I/O 接口单元一览表

名称	型号	需要数量
I/O 控制单元	CJ1W-IC101	在 CPU 机架上 1 个
I/O 接口单元	CJ1W-II101	在每个扩展机架上 1 个

5. CJ1 系列 PLC 的特殊 I/O 单元

CJ1 系列 PLC 的特殊 I/O 单元有 20 多个型号，典型的 CJ1 型特殊 I/O 单元见表 1−7。

表 1−7　　　　　　　　　　　　　CJ1 系列 PLC 特殊 I/O 单元一览表

名称	规格	型号
模拟量输入单元	8 点输入（4～20mA，1～5V 等）	CJ1W−AD081（−V）
	4 点输入（4～20mA，1～5V 等）	CJ1W−AD041
模拟量输出单元	4 点输出（1～5V，4～20mA 等）	CJ1W−DA041
	2 点输出（1～5V，4～20mA 等）	CJ1W−DA021
模拟量 I/O 单元	4 点输入（4～20mA，1～5V 等） 4 点输出（1～5V，4～20mA 等）	CJ1W−MAD42
温度控制单元	4 个控制回路，热电耦输入，NPN 输出	CJ1W−TC001
	4 个控制回路，热电耦输入，PNP 输出	CJ1W−TC002
	2 个控制回路，热电耦输入，NPN 输出，加热器断线检测	CJ1W−TC003
	2 个控制回路，热电耦输入，NPN 输出，加热器断线检测	CJ1W−TC004
	4 个控制回路，热电阻温度计输入，NPN 输出	CJ1W−TC101
	4 个控制回路，热电阻温度计输入，PNP 输出	CJ1W−TC102
	2 个控制回路，热电阻温度计输入，NPN 输出，加热器断线检测	CJ1W−TC103
	2 控制回路，热电阻温度计输入，PNP 输出，加热器断线检测	CJ1W−TC104
位置控制单元	1 轴，脉冲输出；集电极开路输出	CJ1W−NC113
	2 轴，脉冲输出；集电极开路输出	CJ1W−NC213
	4 轴，脉冲输出；集电极开路输出	CJ1W−NC413
	1 轴，脉冲输出；线性驱动器输出	CJ1W−NC133
	2 轴，脉冲输出；线性驱动器输出	CJ1W−NC233
	4 轴，脉冲输出；线性驱动器输出	CJ1W−NC433
高速计数器单元	2 轴脉冲输入；计数率：最大 500kHz，线性驱动器兼容	CJ1W−CT021
Compo−Bus/S 主单元	Compo−Bus/S 远程 I/O，最大 256 位	CJ1W−SRM21

6. CPU 总线单元

CJ1 系列 PLC 的 CPU 总线单元有 5 种型号，CPU 总线单元型号和规格见表 1−8。

表 1−8　　　　　　　　　　　　CJ1 系列 PLC 的 CPU 总线单元一览表

名称	规格	型号
Controller Link 单元	电缆	CJ1W−CLK21−V1
串口通信单元	一个 RS−232C 端口和一个 RS−422A/485 端口	CJ1W−SCU41
	两个 RS−232C 端口	CJ1W−SCU21
以太网单元	10Base−T，FINS 通信，套接服务，FTP 服务器和邮件通信	CJ1W−ETN11
	100Base−TX	CJ1W−ETN21

名称	规格	型号
DeviceNet 单元	DeviceNet 远程 I/O，2048 个点；具有主和从功能，可以进行不用配置器的自动分配	CJ1W－DRM21
PROFIBUS－DP 主站单元	PROFIBUS－DP 远程 I/O，7168 个字	CJ1W－PRM21

1.5.3 CJ1 系列 PLC 的存储器系统

1. CJ1 系列 PLC 的存储器概述

CJ1 系列 PLC 的 CPU 单元的存储器（带电池支持的 RAM）分成三部分：用户程序存储区、I/O 存储区和参数区。

用户程序存储区是存放用户编写的控制程序，存储容量 250KB 程序步，它可以是 RAM、EPROM 或 E^{2}PROM 存储器，都能实现掉电保护数据的功能，可以由用户任意修改或增删。

I/O 存储区是指令操作数可以访问的数据区，它包括 CIO 区、工作区（W）、保持区（H）、辅助区（A）、暂存区（TR）、数据存储区（DM）、扩展数据存储器区（EM）、定时器区（T）、计数器区（C）、任务标志区（TK）、数据寄存器（DR）、变址寄存器（IR）、条件标志区和时钟脉冲区等。主要用来存储输入、输出数据和中间变量；提供定时器、计数器、寄存器等；系统程序所使用和管理的系统状态和标志信息。

对于各区的访问，CJ1 系列 PLC 采用字（亦称作通道）和位的寻址方式，前者是将各个区划分为若干个连续的字；后者是指按位进行寻址。整个数据存储区的任一字、任一位都可用字号或位号唯一表示。在 CJ1 系列 PLC 的 I/O 存储区中，TR 区和 TK 区只能进行位寻址；而 T 区、C 区、DM 区、EM 区和 DR 区只能进行字寻址。

参数区存储系统相关参数设置，这些设置只能由编程装置设定，包括 PLC 设置、路径表及 CPU 总线单元设置等。CJ1 系列 PLC 的 I/O 存储区，其地址分配见表 1－9。

表 1－9　　　　　　　　CJ1 系列 PLC I/O 存储区地址分配表

区域		地址范围	区域	地址范围
	I/O 区	CIO 0000～CIO 0079	辅助区 A	A000～A959
	数据链接区	CIO 1000～CIO 1199	暂存区 TR	TR00～TR15
	CPU 总线单元区	CIO 1500～CIO 1899	数据存储器 DM	D00000～D32767
	特殊 I/O 单元区	CIO 2000～CIO 2959	扩展数据存储器区 EM	E0_00000～E6_32767
CIO 区	内置 I/O 区	CIO 2960～CIO 2961	定时器完成标志 T	T0000～T4095
	串行 PLC 链接区	CIO 3100～CIO 3189	计数器完成标志 C	C0000～4095
	DeviceNet 区	CIO 3200～CIO 3799	定时器 TIM	T0000～T4095
	内部 I/O 区	CIO 1200～CIO 1499 CIO 3800～CIO 6143	计数器 CNT	C0000～C4095
			任务标志区 TK	TK00～TK31
	工作区 W	W000～W511	变址寄存器 IR	IR0～IR15
	保持区 H	H000～H511	数据寄存器 DR	DR0～DR15

2. CJ1 系列 PLC 存储区分配

CJ1 系列 CPU 单元的存储器配置在 I/O 存储器（数据区可从用户程序访问）和用户存储器（用户程序和参数区）中。

I/O 存储区：这部分存储区包含可以通过指令操作数存取数据区。数据区包括 CIO 区、工作区、保持区、辅助区、DM 区、EM 区、定时器区、计数器区、任务标志区、数据寄存器、变址寄存器、条件标志区和时钟脉冲区等。

参数区：这个存储区包括只能通过编程设备设置而不能通过指令操作数指定的各种变量来设置。该设定包括 PLC 设置、I/O 表、路由器表和 CPU 总线单元设置。

将 I/O 存储区分为几个分区，每一个分区都划分为若干个连续的字，一个字由 16 个二进制位组成，每一个位称为一个地址位，也称为节点。每个字都有一个由 2～5 位数字组成的唯一的地址，每个地址位也是唯一的，它由其所在的字后加两位数字 00～15 组成。

（1）I/O 区。I/O 区的地址范围从 CIO 0000～CIO 0079（CIO 位从 0.00～79.15），分配给外部 I/O 最大位数为 1280 个。

在将 I/O 区的位分配给输入单元时，I/O 区中的一个位称为一个输入位。输入位反映了设备的 ON/OFF 状态，例如按钮开关、限位开关、光电开关等。

在将 I/O 区内的位分配给一个输出单元时，该位称之为输出位。一个输出位的 ON/OFF 状态会输出到外部设备，例如执行器、接触器等。

一个输入位在程序中可以用作动合条件和动断条件，使用次数没有限制，可以以任意次序编程它的地址。一个输入位不能用作输出指令的操作数。

输出位能以任何次序编程，输出位可用作输入指令中的操作数，并且一个输出位可被用作动合条件和动断条件，并且使用次数没有限制。

一个输出位在控制它的状态的输出指令中只能使用一次。如果一个输出位在两条或多条输出指令中使用时，只有最后一个输出指令是有效的。

（2）数据链接区。数据链接区的通道范围从 CIO 1000～CIO 1199（CIO 位从 1000.00～1199.15）。当 LR 设为 Controller Link 网络的数据链接区时，链接区中的字用于数据链接。

一个数据链接单元通过安装在 PLC 的 CPU 机架上的 Controller Link 单元，自动地与在网络中其他 CJ1 系列 CPU 单元共享链接区的数据。

当 LR 未被设为 Controller Link 网络的数据链接区时，链接区中的字可用在程序中。

（3）CPU 总线单元区。CPU 总线单元区从 CIO 1500～CIO 1899 共包含 400 个字。CPU 总线单元区内的字可以分配给 CPU 总线单元，用于传输数据，如单元的操作状态。

（4）特殊 I/O 单元区。特殊 I/O 单元区共有 960 个字，地址范围为 CIO 2000～CIO 2959。特殊 I/O 单元区的字分配给特殊 I/O 单元用于传输数据，根据每个单元编号的设置，每个单元分配区内 10 个字。

（5）串行 PLC 链接区。串行 PLC 链接区包含 100 个字，地址范围为 CIO 3100～CIO 3199。串行 PLC 链接区中的字可用于与其他 PLC 的数据链接。串行 PLC 链接通过内置 RS－232 端口在 CPU 之间交换数据。

（6）DeviceNet 区。DeviceNet 区由 600 个字组成，地址范围为 CIO 3200～CIO 3799，在 DeviceNet 区内的字分配给从站，用于 DeviceNet 远程 I/O 通信。通过 DeviceNet 单元与网络

中的从站定期交换数据。

（7）内部 I/O 区。内部 I/O（工作）区有 512 个字，地址范围为 W000～W511，这些字只能用在程序中作为工作字用。

（8）保持区。保持区有 512 个字，地址范围为 H000～H511（位地址为 H0.00～H511.15），只能用于程序中。

当 PLC 的电源掉电时，或者 PLC 的操作模式从编程模式变为运行/监视模式或相反转换时，保持区的数据不会被清除。

当用保持区的位来编程一个自保持位时，即使在电源复位时，自保持位也不会被清除。

（9）辅助区。辅助区有 960 个字，地址范围为 A000～A959。这些字预先配给标志位和控制位，用于监视和控制操作。例如，A402.04 是电池错误标志，表示如果 CPU 单元的电池没有连接，或其电压低并且 PLC 设置为检测这个错误时，该标志为 ON（检测到电池电压低）。

（10）TR（暂存继电器）区。TR 区包含 16 个位，地址范围为 TR0～TR15。这些 TR 临时保存分支指令块的 ON/OFF 状态。TR 位可以根据需要以任意顺序多次使用，同一指令块中使用只能使用一次。

TR 位只能用在 OUT 和 LD 指令中，OUT 指令存储分支点的 ON/OFF 状态；LD 指令调用保存的支路点的 ON/OFF 状态。

（11）定时器区。由 TIM、TIMH（015）、TMHH（540）、TTIM（087）、TIMW（813）和 TMHW（815）指令共同使用 4096 个定时器编号（T0000～T4095）。可以用定时器编号访问定时器完成标志和当前值（PV）。

定时器完成标志可以无限制地使用，定时器的 PV 值可作为字数据读取。

（12）计数器区。CNT、CNTR（012）、CNTW（814）指令可共同使用 4096 个计数器编号（C0000～C4095），可用计数器编号访问计数器的完成标志和 PV 值。

计数器完成标志可以无限制地使用，计数器 PV 值可作为字数据读取。

（13）数据存储器（DM）区。数据存储器（DM）区共有 32 768 个字，地址范围为 D00000～D32767，数据区能用作通用数据存储，并只能以字的形式进行存取和管理。

当 PLC 的电源掉电或者操作模式从编程模式变为运行/监视模式或者是相反的情况时，在 DM 区的数据将保持不变。

在 DM 区的位不能被强制置位或者强制复位。

（14）扩展数据存储器（EM）区。扩展数据存储器（EM）区被分成 3 个 Bank（0～2），每个 Bank 有 32 768 个字，EM 区地址范围从 E0_00000～E2_32767，这些数据区用作通过数据存储和处理且只能以字的形式进行存取。

当电源掉电或 PLC 的操作模式从编程状态转换到运行/监视状态或者相反时，EM 区的数据将保持不变。

在 EM 区的位不能强制置位或者强制复位。

（15）变址寄存器。16 个变址寄存器（IR0～IR15）用于间接寻址。每个变址寄存器保存一个单独的 PLC 存储器地址，这是 I/O 存储器内字的绝对地址。使用 MOVR（560）将一个常规数据区地址转换为与它等效的 PLC 存储器地址，且把转换值写入指定的变址寄存器。用 MOVRW（561）在一个变址寄存器里设置一个计时/计数器 PV 值的 PLC 存储器地址。

在未将 PLC 存储器地址设置到变址索引寄存器以前，不要使用变址寄存器。如果使用没有设置值的寄存器，指针操作将会不可靠。

（16）数据寄存器。当间接寻址字地址时，这 16 个数据寄存器（DR0～DR15）用作变址寄存器中 PLC 存储地址的偏移量。

数据寄存器中的值可加到变址寄存器中的 PLC 存储器地址上，指定 I/O 存储器中一个位或者一个字的绝对存储器地址。由于数据寄存器含有有符号二进制数，因此变址寄存器的内容能向前或者向后地址偏移。

可用一般指令将数据存到数据寄存器中。

在数据寄存器中的位不能强制置位和强制复位。

从编程设备不能访问（读或写）数据寄存器的内容。

（17）任务标志。任务标志范围为 TK00～TK31，且对应于周期任务 0～31。当一个周期任务处在可执行状态（RUN），相应的任务标志为 ON，当一个周期任务没有执行（INI）或者处在等待（WAIT）状态时，则相应的任务标志是 OFF。

（18）条件标志。标志包括算术标志，如表示指令执行结果的出错标志和进位标志。如 ER 和 CY 或者用符号如 P_Instr_Error 和 P_Carry。这些标志的状态反映了指令执行的结果，但这些标志是只读的；它们不能用指令或编程设备直接写入。

当程序切换任务时，所有条件标志被清除，因此 ER 和 AER 标志的状态只保持在发生错误的任务中。

条件标志不能被强制置位和强制复位。

表 1-10 为条件标志的功能，对于这些标志的功能有的因指令不同而有一些差别。

（19）时钟脉冲。时钟脉冲是由系统产生的，按一定时间间隔转 ON 和 OFF 的标志。

时钟脉冲是用标识（符号）而不是用地址来指定的。

时钟脉冲是只读的，它们不能由指令或者编程设备改写。

表 1-10　　　　　　　　　　　　　　**条件标志功能一览表**

名称	标识	符号	功能
错误标志	ER	P_ER	当在一个指令里的操作数数据不正确（一个指令处理错误）时转为 ON 表示因一个错误使一个指令结束操作）。 当 PLC 配置中设置为一个指令出错时（指令操作错误）停止操作，当错误标志为 ON 时，程序将停止执行，并且指令处理错误标志（A29508）将转为 ON
存取错误标志	AER	P_AER	当发生一个非法存取错误时，转为 ON。非法存取错误表示一个指令试图访问一个不能被访问的存储器区。 当 PLC 配置中设置为出现一个指令错误（指令错误操作）时停止操作，将停止程序执行，且指令处理错误标志（A429510）将转为 ON
进位标志	CY	P_CY	当一个算术运算结果产生一个进位或者由一个数据移动指令把"1"移进进位标志时，进位标志转为 ON。 进位标志是某些数据移动和符号算术指令结果的一部分
大于标志	>	P_GT	当比较指令的第一个操作数大于第二个操作数或者其值超出规定的范围该标志将会 ON
等于标志	=	P_EQ	当比较指令的两个操作数相等，也就是计算结果为 0 时，该标志将会 ON
小于标志	<	P_LT	当比较指令的第一个操作数小于第二个操作数或者其值小于规定的范围该标志将会 ON

续表

名称	标识	符号	功能
取反标志	N	P_N	当结果的最高有效位（符号位）是 1 时，该标志为 ON
溢出标志	OF	P_OF	当运算结果超出结果字的范围时标志为 ON
或大于等于标志	>=	P_GE	当比较指令的第一个操作数或大于等于第二个操作数时，该标志为 ON
不等于标志	<>	P_NE	当比较指令的两个操作数不相等时该标志为 ON
或小于等于标志	<=	P_LE	当比较指令第一个操作数或小于等于第二个指操作数时 ON
常 ON 标志	ON	P_On	始终 ON（总是 1）
常 OFF 标志	OFF	P_Off	始终 OFF（总是 0）

1.6　PLC 的主要产品及发展趋势

1.6.1　PLC 主要产品

1. 国外

PLC 分三大流派：美国产品、欧洲产品和日本产品。美国和欧洲的 PLC 技术是在相互独立的情况下研发的，因此 PLC 产品有明显差异；日本 PLC 技术由美国引进，因此有一定继承性。日本 PLC 产品定位于小型 PLC，而欧美以大中型闻名。

（1）美国产品公司：著名的有通用电气（GE）公司（小型机 GE‐Ⅰ、中型机 GE‐Ⅲ、大型机 GE‐Ⅴ）、德州仪器（TI）公司、莫迪康（MODICON）（M84 系列）。

（2）欧洲产品公司：德国的西门子（主要产品 S5、S7 系列）、AEG 公司、法国的 TE 公司。

（3）日本产品公司：欧姆龙、三菱、松下、富士、日立和东芝等。

2. 国内

PLC 生产厂约 30 家：深圳德维森、深圳艾默生、无锡光洋、无锡信捷、北京和利时、北京凯迪恩、北京安控、黄石科威、洛阳易达、浙大中控、浙大中自、南京冠德和兰州全志等。

3. 欧姆龙 C 系列 PLC 产品

欧姆龙 PLC 有超小型、小型、中型、大型四大产品类型。PLC 型号第一个字都为 C 表示 SYSMAC 即 C 系列；C 后字母为设计序列，如 CQ、CJ、CS、CV 等；系列序列字符后的阿拉伯数字为 I/O 点数（CPM2A‐60 输入 32 点输出 24 点），又如 CJ1、CS1 产品，1 表示序列号；型号尾部不加任何字符表示普通型（如 CP1）。CP1H 为增强型，H 表示高性能。

1.6.2　PLC 发展趋势

1. 人机界面更加友好

PLC 制造商纷纷通过收购、联合或发展软件产业，大大提高了其软件水平，多数 PLC 品牌拥有与之相应的开发平台和组态软件，软件和硬件的结合，提高了系统的性能，同时，为用户的开发和维护降低了成本，使之更易形成人机友好的控制系统。目前，PLC＋网络＋IPC＋CRT 的模式被广泛应用。

2. 网络通信能力大大加强

PLC 厂家在原来 CPU 模板上提供物理层 RS－232/422/485 接口的基础上，逐渐增加了各种通信接口，而且提供完整的通信网络。

3. 开放性和互操作性大大发展

PLC 在发展过程中，各 PLC 制造商为了垄断和扩大各自市场，各自发展自己的标准，兼容性很差。开放是发展的趋势，这已被各厂商所认识。开放的进程，可以从以下方面反映：

（1）IEC 制定了现场总线标准，这一标准包含 8 种标准。

（2）IEC 制定了基于 Windows 的编程语言标准，指令表（IL）、梯形图（LD）、顺序功能图（SFC）、功能块图（FBD）、结构化文本（ST）五种编程语言。

（3）OPC 基金会推出了 OPC（OLE for Process Control）标准，进一步增强了软硬件的互操作性，通过 OPC 一致性测试的产品，可以实现方便的和无缝隙的数据交换。

（4）PLC 的功能进一步增强，应用范围越来越广泛。PLC 的网络能力、模拟量处理能力、运算速度、内存、复杂运算能力均大大增强，不再局限于逻辑控制的应用，而越来越应用于过程控制方面，除石化过程等个别领域外。

（5）工业以太网的发展对 PLC 有重要影响。以太网应用非常广泛，人们致力于将以太网引进控制领域，各 PLC 厂商推出适应以太网的产品或中间产品。

（6）软 PLC 是在 PC 的平台上，在 Windows 操作环境下，用软件来实现 PLC 的功能。

（7）PAC 它表示可编程自动化控制器，用于描述结合了 PLC 和 PC 功能的新一代工业控制器。传统的 PLC 厂商使用 PAC 的概念来描述他们的高端系统，而 PLC 控制厂商则用来描述他们的工业化控制平台。

 【思考题】

1. 什么是整体结构和模块结构？它们各有什么特点？

2. CJ1 系列 PLC 的通用硬件系统包含哪些部件？

3. CJ1 系列 PLC 的 I/O 扩展方式及扩展能力是多少？

4. CJ1 系列 PLC 的 CPU 总线单元包含哪些单元？

5. 基本 I/O 单元和特殊 I/O 单元的区别是什么？举例说明基本 I/O 单元的输出类型有哪些？各自特点及应用场合是什么？

6. PLC 的条件标志位能否被强制置位和强制复位？

7. PLC 是如何处理输入/输出的？

8. CJ1 系列 CPU 单元的操作模式有哪几种？各自完成何种操作？

第 2 章　基本编程指令及其应用

欧姆龙 CJ1 系列 PLC 编程指令根据功能可分为基本指令和特殊功能指令两大类。

本章主要介绍基本指令包括输入、输出和逻辑"与""或""非"等运算可实现对 I/O 点的简单操作。特殊功能指令包括顺序控制指令、定时器和计数器指令、比较指令、数据传送指令、数据移位指令、递增/递减指令、四则运算指令和子程序调用指令等，它可以实现各种复杂的运算和控制功能。

2.1　基本指令及应用

2.1.1　CJ1 系列的基本逻辑指令

1. 加载：LD

表明一个逻辑行或段的开始，并且根据指定操作位的 ON/OFF 状态建立一个 ON/OFF 执行条件。

LD 用于从母线开始的第一个动合位或者一个逻辑块的第一个动合位。如果没有立即刷新功能，则读 I/O 内存的指定位的状态。如果有立即刷新功能，则立即读取输入单元的输入端的状态。

在下述情况中，LD 用作表示一个逻辑行或段的开始指令。

（1）直接连到母线。

（2）用 AND LD 或 OR LD 连接逻辑块，即在逻辑块起始处。

梯形图符号：

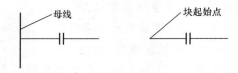

2. 加载非：LD NOT

表明一个逻辑开始，并且根据把一个指定操作位的 ON/OFF 状态取反建立一个 ON/OFF 执行条件。

LD NOT 用于从母线开始的第一个动断位或者一个逻辑块的第一个动断位。如果没有立即刷新功能，则读 I/O 内存的指定位并取反。如果有立即刷新功能，则立即读取输入单元的输入端的状态并取反使用。

在下述情况中，LD NOT 用作表示一个逻辑行或段的开始指令。

（1）直接连到母线。

（2）用 AND LD 或 OR LD 连接的逻辑块，即在逻辑块起始处。

梯形图符号：

LD 及 LD NOT 指令的用法如图 2-1 所示，用于从母线开始的第一个位（第一个 LD 和 LD NOT）或者一个逻辑块的第一个位（第二个 LD 和第三个 LD）。表 2-1 为对应的指令表。

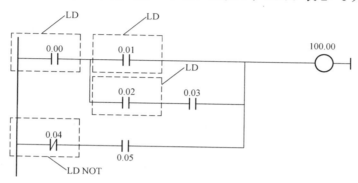

图 2-1 LD 及 LD NOT 指令梯形图

表 2-1 　　　　　　　　　　　**LD 及 LD NOT 指令对应指令表**

指令	数据	指令	数据
LD	0.00	AND LD	—
LD	0.01	LD NOT	0.04
LD	0.02	AND	0.05
AND	0.03	OR LD	—
OR LD	—	OUT	100.00

3. 与：AND

把指定的操作位状态和当前执行条件进行逻辑与操作。

AND 用于动合位串联连接。AND 不能直接连到母线，并且不能用作一个逻辑块的开始。如果没有立即刷新功能，则读 I/O 内存的指定位。如果有立即刷新功能，则立即读取输入单元的输入端的状态。

梯形图符号：

4. 与非：AND NOT

把指定操作位的状态取反并和当前执行条件进行逻辑与。

AND NOT 用于动断位串联连接。AND NOT 不能直接连到母线，并且不能用作一个逻辑块的开始。如果没有立即刷新功能，则读 I/O 内存的指定位并取反。如果有立即刷新功能，则立即读取输入单元的输入端的状态并取反。

梯形图符号：

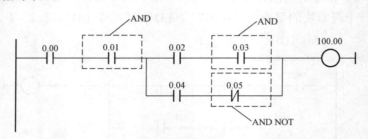

图 2-2 说明了 AND 及 AND NOT 指令的用法，AND 不能直接连到母线，AND 表示与前一个接点的串联关系，而 AND NOT 表示将该接点取反后再与前一个接点的串联关系。表 2-2 为对应的指令表。

图 2-2　AND 及 AND NOT 指令梯形图

表 2-2　　　　　　　　**AND 及 AND NOT 指令对应指令表**

指令	数据	指令	数据	指令	数据
LD	0.00	AND	0.03	OR LD	—
AND	0.01	LD	0.04	AND LD	—
LD	0.02	AND NOT	0.05	OUT	100.00

5. 或：OR

把指定操作位的 ON/OFF 状态和当前执行条件进行逻辑或操作。

OR 用于动合位并联连接。一个动合位和一个用 LD 或 LD NOT 指令（连到母线或逻辑块开始处）开始的逻辑块形成一个逻辑或。如果没有立即刷新功能，则读 I/O 内存的指定位。如果有立即刷新功能，则立即读取输入单元的输入端的状态。

梯形图符号：

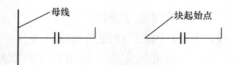

6. 或非：OR NOT

把指定位状态取反和当前执行条件进行逻辑或操作。

OR NOT 用于动断位并联连接。一个动断位和一个用 LD 或 LD NOT 指令（连到母线或逻辑块开始处）开始的逻辑块形成一个逻辑或。如果没有立即刷新功能，则读 I/O 内存的指定位并取反。如果有立即刷新功能，则立即读取输入单元的输入端的状态并取反。

梯形图符号：

图 2-3 说明了 OR 及 OR NOT 指令的用法，OR 及 OR NOT 用于位并联连接。表 2-3 为对应的指令表。

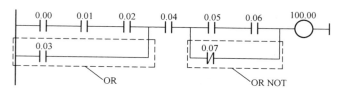

图 2-3　OR 及 OR NOT 指令梯形图

表 2-3　　　　　　　　　　　**OR 及 OR NOT 指令对应指令表**

指令	数据	指令	数据	指令	数据
LD	0.00	AND	0.04	AND LD	—
AND	0.01	LD	0.05	OUT	100.00
AND	0.02	AND	0.06	—	—
OR	0.03	OR NOT	0.07	—	—

7. 逻辑块与：AND LD

AND LD 把逻辑块 A 和逻辑块 B 串联起来。

一个逻辑块包含从 LD 或 LD NOT 指令开始到同一梯级中下一个 LD 或 LD NOT 指令前的所有指令。

梯形图符号：

在图 2-4 中，用虚线表示两个逻辑块。当左边逻辑块的任何一个条件位 ON 时（当输入信号 0.00 或输入信号 0.01 为 ON 时）并且当右边逻辑块任何一个执行条件为 ON 时（当输入信号 0.02 为 ON 或者输入信号 0.03 为 ON 时)，将产生一个 ON 执行条件，对应输出信号 1.00 为 ON，表 2-4 为对应的指令表。

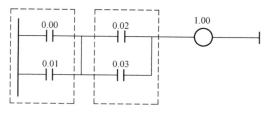

图 2-4　AND LD 指令梯形图

表 2-4   AND LD 指令对应的指令表

指令	数据	指令	数据
LD	0.00	OR	0.03
OR	0.01	AND LD	—
LD	0.02	OUT	1.00

【例 2-1】将图 2-5 转换成相应指令。

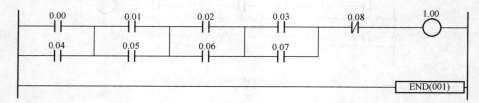

图 2-5   AND LD 应用梯形图

分析：对于图 2-5 梯形图编译成指令表有两种表示方法：第一种方法见表 2-5，将 AND LD 分开来写，这样的优点为使用 AND LD 指令的次数不受限制，可以任意次使用；第二种方法可将三个 AND LD 指令连续使用见表 2-6，这样使用 AND LD 指令的次数不能超过 8 次。9 次以上时，通过编程工具进行检测时会出现语法错误。

表 2-5   AND LD 应用方法 1 程序指令表

地址	指令	操作数	地址	指令	操作数
000000	LD	0.00	000007	AND LD	—
000001	OR	0.04	000008	LD	0.03
000002	LD	0.01	000009	OR	0.07
000003	OR	0.05	000010	AND LD	—
000004	AND LD	—	000011	AND NOT	0.08
000005	LD	0.02	000012	OUT	1.00
000006	OR	0.06	000013	END（001）	—

表 2-6   AND LD 应用方法 2 程序指令表

地址	指令	操作数	地址	指令	操作数
000000	LD	0.00	000007	OR	0.07
000001	OR	0.04	000008	AND LD	—
000002	LD	0.01	000009	AND LD	—
000003	OR	0.05	000010	AND LD	—
000004	LD	0.02	000011	AND NOT	0.08
000005	OR	0.06	000012	OUT	1.00
000006	LD	0.03	000013	END（001）	—

8. 逻辑块：OR LD

OR LD 把逻辑块 A 和逻辑块 B 并联起来。

梯形图符号：

一个逻辑块包含从 LD 或 LD NOT 指令开始到同一梯级中下一个 LD 或 LD NOT 指令前的所有指令。

在图 2-6 中，上、下逻辑块之间需要一个 OR-LD 指令，当输入信号 0.00 为 ON 时并且输入信号 0.01 为 OFF 时，或当输入信号 0.02 和输入信号 0.03 都为 ON 时，将产生一个 ON 执行条件。OR LD 指令的操作和助记符与 AND LD 的用法相同。表 2-7 为对应的指令表。

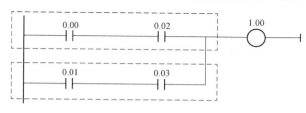

图 2-6　OR LD 指令梯形图

表 2-7　　　　　　　　　　OR LD 指令对应的指令表

指令	数据	指令	数据
LD	0.00	AND	0.03
AND	0.02	OR LD	—
LD	0.01	OUT	1.00

使用 OR LD 指令，可以并联三个或更多个的逻辑块，使用方法与 AND LD 指令相同。

9. 输出：OUT

把逻辑运算的结果（执行条件）输出到指定位。

如果没有立即刷新功能，那么把执行条件的状态写到 I/O 内存的指定位。如果有立即刷新功能，则把执行结果的状态立即写到输出映像寄存器及输出单元的输出端。

梯形图符号：

10. 结束：END（001）

END（001）表示一个程序结束，在 END（001）后面的任何指令都不执行。如果程序中没有 END（001）指令，那么会产生编程错误。对于 CJ1 PLC 的 CPU 来说，在用户程序存储器中自动写入一条 END 指令，用户在编制程序时可以不写入 END 指令。若采用 CX-Programmer 编程软件时，编写用户程序时，使用 END 指令，计算机在编译过程中提示错误信息，END 指令重复使用，但不影响程序的正常编译和传送，也不影响程序的正常运行。

梯形图符号：

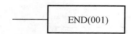

2.1.2 基本逻辑指令编程举例

【例 2－2】根据传统控制方式的电动机单向运行的控制电路，设计 PLC 的控制系统。

图 2－7 是最基本的电动机单向运行控制线路。其工作过程为按下按钮 SB1，KM 线圈通电，其主触点闭合，电动机启动运行。电路中接触器 KM 的辅助动合触点并联于启动按钮 SB1 称为自锁触点。这种由接触器（继电器）利用其本身的触点来使其线圈长期保持通电的现象称为自锁。按下按钮 SB2，接触器 KM 线圈断电，其主触点复位，电动机断电停止转动。当电动机发生过载时，热继电器动断触点断开，使接触器 KM 线圈自动断电，其主触点复位，电动机停转，起到对电动机的过载保护作用。

如何使用 PLC 来实现控制呢？

通过分析可以知道，若采用 PLC 控制，首先确定 PLC 控制系统 I/O 信号。根据继电器控制电路可知：PLC 控制系统的输入信号分别为启动信号、停止信号和过负载保护信号，其中根据控制要求启动信号选择动合触点而停止和过负载保护信号选择动断触点；PLC 控制系统的输出信号控制接触器 KM 的线圈。具体 PLC 的控制原理图如图 2－8 所示。

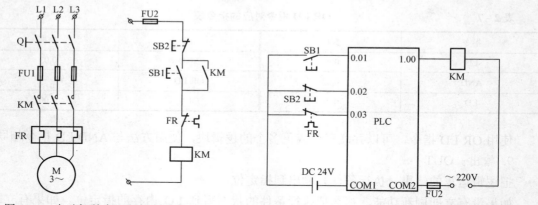

图 2－7 电动机单向运行控制线路　　　　图 2－8 PLC 控制电动机单向运行硬件原理图

根据电动机单向运行控制线路原理分析可知，若采用 PLC 控制，设计其控制梯形图如图 2－9 所示。

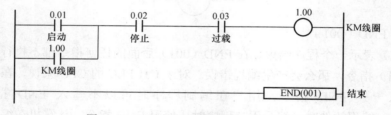

图 2－9 PLC 控制电动机单向运行梯形图

当运行 PLC 程序时，由于输入信号 0.02 和 0.03 外电路接的触点为动断点，所以输入信号 0.02 和 0.03 有效，其内部状态为 ON；此时若按下启动按钮 SB1 则输入信号 0.01 有效，其内部状态也为 ON。对于输出信号 1.00 来说，其控制的逻辑关系为 ON，即满足启动条件，输出信号 1.00 为 ON，控制接触器线圈通电，其主触点闭合控制电动机启动运行，同时并联在输出信号 1.00 的接点实现"自锁"，使得输出信号 1.00 始终保持 ON 的状态，电动机连续运行。当电动机停止时，按下按钮 SB2，输入信号 0.02 断开，其内部状态为 OFF，输出信号 1.00 的状态为 OFF，即运行条件不再满足，使接触器 KM 线圈断电，主触点复位，电动机断电停止运行。同理当电动机发生过负载时，热继电器动断触点断开，输入信号 0.03 断开，其内部状态为 OFF，输出信号 1.00 的状态为 OFF，即运行条件不再满足，使接触器 KM 线圈自动断电，电动机停止运行，对电动机起到过载保护的作用。

【例 2 - 3】将图 2 - 10 所示控制的梯形图翻译成对应的指令表语言。

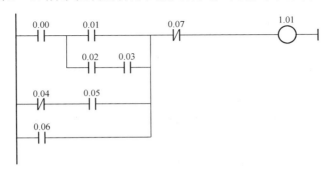

图 2 - 10　转换控制梯形图

根据梯形图与指令表的对应关系可将图 2 - 10 所示的梯形图转换为相应的指令表语言，值得注意的是，指令 AND LD 和 OR LD 的应用。在梯形图中，两次使用了指令 OR LD，表示图中出现过两次逻辑块和逻辑块相或的情况。其对应指令表见表 2 - 8。

表 2 - 8　　　　　　　　　　　　AND LD 和 OR LD 指令的应用指令表

地址	指令	操作数	地址	指令	操作数
000000	LD	0.00	000006	LD NOT	0.04
000001	LD	0.01	000007	AND	0.05
000002	LD	0.02	000008	OR LD	—
000003	AND	0.03	000009	OR	0.06
000004	OR LD	—	000010	AND NOT	0.07
000005	AND LD	—	000011	OUT	1.01

2.1.3　其他基本指令及应用

1. 上升沿/下降沿微分：DIFU（013）/DIFD（014）

当执行条件从 OFF 变为 ON 时（上升沿），DIFU（013）使指定位接通 ON 一个扫描周期。当执行条件从 ON 变为 OFF 时（下降沿），DIFD（014）使指定位接通 ON 一个扫描周期。

梯形图符号：

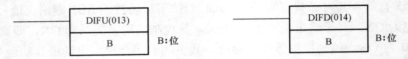

当执行条件从 OFF 变为 ON 时，DIFU（013）使 B 变为 ON。当 DIFU（013）指令执行到下一个循环时，B 变为 OFF，如图 2-11 所示。

当执行条件从 ON 变为 OFF 时，DIFD（014）使 B 变为 ON。当 DIFD（014）指令执行到下一个循环时，B 变为 OFF，如图 2-12 所示。

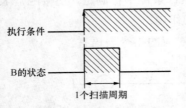
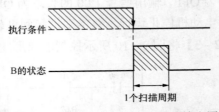

图 2-11　DIFU（13）指令脉冲输出图　　　图 2-12　DIFD（14）指令脉冲输出图

【例 2-4】试采用一个按钮控制两台电动机的依次启动，控制要求：按下按钮 SB1，第一台电动机启动，松开按钮 SB1，第二台电动机启动，按下停止按钮 SB2，两台电动机同时停止。

分析：本例中一个按钮控制两个的输出，采用 DIFU（013）和 DIFD（014）指令将启动按钮 SB1（输入信号 0.00）转换为接通和断开的两个信号（200.00 和 200.01），分别作为电动机 M1 和 M2 的启动信号，如图 2-13 所示。

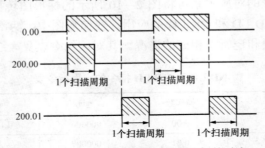

图 2-13　一个按钮控制两个电动机的时序

根据控制要求设计如图 2-14 的控制梯形图。

SB1 接通时输入信号 0.00 有效，通过上微分指令 DIFU（013）使内部辅助继电器 200.00 接通一个扫描周期，内部辅助继电器 200.00 作为第一台电动机的启动信号，控制输出信号 1.00 为 ON，电动机 M1 启动运行。SB1 由接通到断开时输入信号 0.00 由 ON 变为 OFF，通过下微分指令 DIFD（014）使内部辅助继电器 200.01 接通一个扫描周期，内部辅助继电器 200.10 作为第二台电动机的启动信号，控制输出信号 1.01 为 ON，电动机 M2 启动运行。当电动机停止时，按下按钮 SB2，输入信号 0.01 有效，控制输出信号 1.00 和 1.01 同时为 OFF，即电动机 M1 和 M2 停止运行。

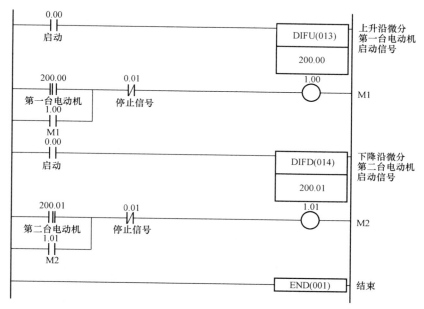

图 2-14 一个按钮控制两个电动机的梯形图

2. 互锁/互锁清除: IL (002)/ILC (003)

如果 IL (002) 的条件是 ON, IL (002) 和 ILC (003) 之间的程序正常执行。

如果 IL (002) 的条件是 OFF, IL (002) 和 ILC (003) 之间的程序就不执行。所有输出位关断; 定时器复位; 所有计数器、移位寄存器、锁存继电器、置位指令的状态保持不变。

梯形图符号:

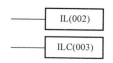

其执行过程如图 2-15 所示。

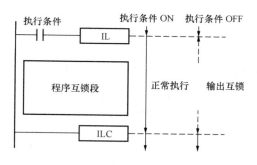

图 2-15 IL-ILC 执行过程

IL (002) 和 ILC (003) 指令的编程举例如图 2-16 所示。

一般来说, IL (002) 和 ILC (003) 需成对使用, 但有时也可以有多于一个 IL (002) 和单个 ILC (003) 一起使用, 如图 2-17 所示。如果 IL (002) 和 ILC (003) 不成对使用, 当执行程序检查时会产生错误信息, 但程序仍能正确执行。值得注意的是, 所有的 IL (002)

都必须在 ILC（003）之前，不允许把 IL/ILC 嵌套来使用（如 IL－IL－ILC－ILC）。

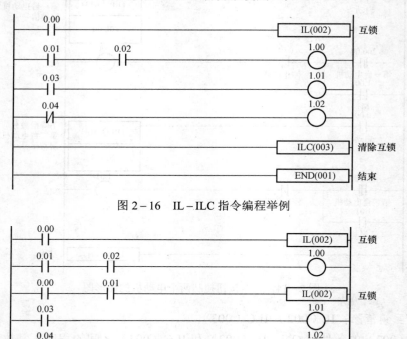

图 2－16　IL－ILC 指令编程举例

图 2－17　IL－IL－ILC 指令编程举例

3. 暂存继电器：TR

TR 位用于具有一个以上输出分支的地方，作为一个暂存工作位。

暂存继电器（TR）共有 16 个位 TR0～TR15 可供使用，在一个程序中，这些位的使用次数没有限制，但是在同一个块中不能重复使用。

TR 不是独立的编程指令，必须与 LD 和 OUT 等基本指令一起使用。TR 位使用方法和编程如图 2－18所示。表 2－9 为对应的指令表。

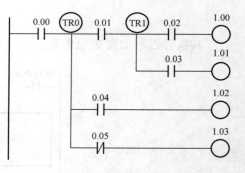

图 2－18　TR 指令编程举例应用

表 2－9　　　　　　　　　　TR 指令编程举例应用对应的指令表

地址	指令	操作数	地址	指令	操作数
000000	LD	0.00	000004	AND	0.02
000001	OUT	TR 0	000005	OUT	1.00
000002	AND	0.01	000006	LD	TR 1
000003	OUT	TR 1	000007	AND	0.03

地址	指令	操作数	地址	指令	操作数
000008	OUT	1.01	000012	LD	TR 0
000009	LD	TR 0	000013	ANDNOT	0.05
000010	AND	0.04	000014	OUT	1.03
000011	OUT	1.02			

值得注意的是：在采用 CX－Programmer 软件编程时，暂存继电器 TR 不用画出，系统在编译指令过程中会自动生成暂存继电器 TR 指令；在同一程序段中使用暂存继电器 TR 的次数不能超过 16 次，且 TR 的编号不能重复，在不同的程序段中不做要求。

4. 保持指令：KEEP（011）

KEEP（011）指令用来作为一个锁存，维持一个 ON 或 OFF 状态。

可以用作锁存位可以是 CIO 区（CIO 0.00～CIO 6143.15）、工作区（W0.00～W511.15）、保持位区（H0.00～H511.15）、辅助位区（A448.00～A959.15）、变址位区（IR0～IR15）数据区。如果使用一个保持位或使用一个辅助位作为一个锁存，则被锁存的数据在电源故障时仍可以被保持；具有掉电保持功能的位在电源故障时仍被保持。

梯形图符号：

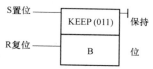

当置位输入是 ON 时，锁存状态将维持，直到复位信号把它变为 OFF。由于复位的优先权较高，所以当两个输入都是 ON 时，复位信号优先执行。

图 2－19 所示为一自锁电路的两种编程方法。

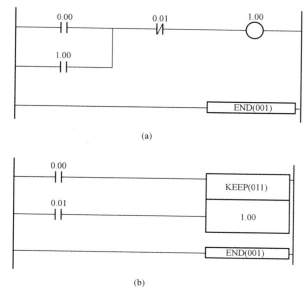

图 2－19　自锁电路的两种编程方法

（a）采用自锁方法的梯形图；（b）采用 KEEP 指令的梯形图

在图2-20中，这两段程序用于IL/ILC块中，当IL条件变为OFF时，KEEP将保持为原来状态，而未使用KEEP指令的输出将变为OFF状态。若需要复位时，应使用OUT指令，以免程序产生误动作，使输出不能复位。为了能使输出位复位，可以将图2-20中（a）转换为（b）。

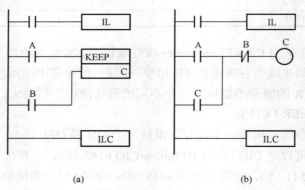

图2-20 使用KEEP与OUT的自锁电路
（a）使用KEEP指令；（b）使用OUT指令

对于【例2-2】根据传统控制方式的电动机自锁运行的控制程序，可利用KEEP指令设计，其控制梯形图如图2-21所示。

图2-21 KEEP指令编程举例

5. 跳转和跳转结束

（1）JMP（004）和JME（005）。JMP（004）和JME（005）指令用于控制程序的跳转。当JMP条件是OFF时，使用JMP和JME的分支程序就转向控制JME后面的第一条指令，也就是跳过了JMP和JME之间的程序。JMP（004）和JME（005）成对使用。

梯形图符号：

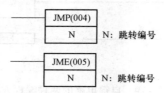

其执行过程如图2-22所示。

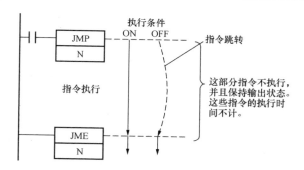

图 2－22　JMP－JME 的执行过程

当一个程序中有多个跳转时，就用跳转编号 N 来区分不同的 JMP－JME 对。跳转编号必须是 0000～03FF 或 0～1023 的数。

JMP－JME 指令的编程举例如图 2－23 所示。

图 2－23　JMP－JME 指令编程举例应用（一）

在上面这段程序中，输入信号 0.00 和 0.01 是 JMP（004）0 的条件，当它们均为 ON 时，JMP（004）0 和 JME（005）0 之间的程序正常执行，一旦 JMP（004）0 条件为 OFF，则 JMP（004）0 和 JME（005）0 之间的程序都不执行，所有输出和定时器的状态都保持不变。

JMP－JMP－JME 多于一个的 JMP 0 可以与同一个 JME 0 一起使用。在执行程序检查时，会引起一个 JMP－JME 出错信息产生，但是程序却正常执行。图 2－24 给出了两个 JMP 共用 JME 的情况。

当有两个或以上有着相同跳转号的 JMP（004）指令，仅低地址的指令有效，高地址的 JMP（004）指令被忽略。

（2）多路跳转指令 JMP0（515）和多路跳转结束指令 JME0（516）。JMP0（515）和 JME0（516）指令用于控制程序的跳转。当 JMP0 条件为 OFF 时，从 JMP0（515）至下一个 JME0（516）的所有指令都当做空操作 NOP（000）处理。JMP0（515）和 JME0（516）成对使用，使用的对数不受限制。

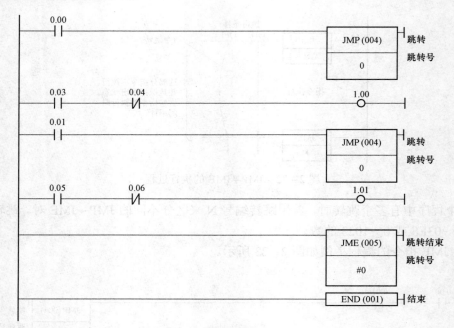

图 2-24　JMP-JME 指令编程举例应用（二）

梯形图符号：

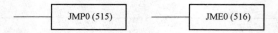

其执行过程如图 2-25 所示。

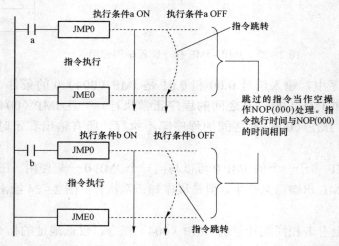

图 2-25　多路跳转指令 JMP0（515）-JME0（516）的执行过程

多路跳转指令 JMP0/JME0 指令编程举例如图 2-26 所示。该程序的执行结果，根据多路跳转指令，在不同的条件下控制同一个输出信号。当输入信号 0.00 有效时，第一条多路跳转指令条件满足，输出信号 1.00 的结果根据输入信号 0.03 和 0.04 执行，即输入信号 0.03 和 0.04 同时为 ON 时输出信号 1.00 为 ON；当输入信号 0.01 有效时，第二条多路跳转指令条件满足，输出信号 1.00 的结果根据输入信号 0.05 和 0.06 执行，即输入信号 0.05 和 0.06 同时为 ON 时输出信号 1.00 为 ON。

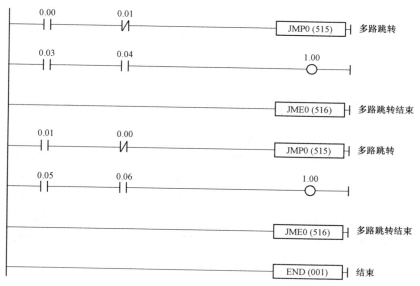

图 2-26　多路跳转指令 JMP0-JME0 指令编程举例

对于跳转指令 JMP（004）和 JME（005）指令和多路跳转指令 JMP0（515）和 JME0（516）读者可根据控制程序的结构和执行结果进行选择。

6. 置位指令/复位指令：SET/RSET

（1）置位指令 SET。

梯形图符号：

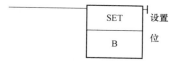

SET 在执行条件为 ON 时，把操作位变为 ON，时序图如图 2-27 所示。

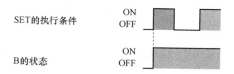

图 2-27　SET 指令的执行时序

（2）复位指令 RSET。

梯形图符号：

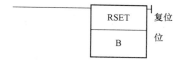

RSET 在执行条件为 ON 时, 把操作位变为 OFF, 时序图如图 2-28 所示。

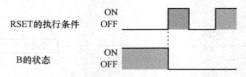

图 2-28 RSET 指令的执行时序

2.1.4 采用不同指令控制三相异步电动机正反向运行的应用程序设计

【例 2-5】设计三相异步电动机正反向运行控制程序。

传统继电器控制方式的三相异步电动机正反向运行控制线路如图 2-29 所示。线路工作原理: 电动机正向运行时, 按下按钮 SB2, KM1 线圈通电, 其主触点闭合, 电动机的电源相序为 L1、L2、L3, 电动机正向启动运行; 若电动机反转, 不必按停止按钮 SB1, 可直接按下反转按钮 SB3, 按钮 SB3 的动断触点首先断开接触器 KM1 线圈回路, 接触器 KM1 触点复位, 电动机先脱离电源, 停止正转, 同时其动断触点复位, 接触器 KM2 线圈得电, 主触点吸合, 电动机的电源相序改为 L3、L2、L1, 电动机反向启动运行。

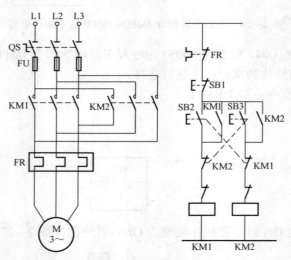

图 2-29 三相异步电动机正反向运行控制线路

根据对上述三相异步电动机正反向运行控制线路的分析, 可设计 PLC 硬件原理接线图如图 2-30 所示。

输入信号: 0.00 为停止按钮 SB1、0.01 为正向启动按钮 SB2、0.02 为反向启动按钮 SB3、0.03 为热继电器 FR。

输出信号: 1.00 为正向接触器 KM1、1.01 为反向接触器 KM2。

1. 采用基本逻辑指令编程

根据传统接触器 - 继电器控制电路设计的电动机正反向控制应用梯形图如图 2-31 所示。

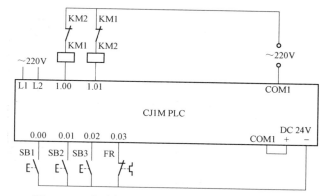

图 2-30　电动机正反向运行 PLC 硬件原理接线图

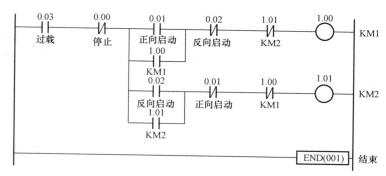

图 2-31　电动机正反转控制梯形图

　　电动机正向启动，当按下 SB2 时，输入信号 0.01 有效，控制输出信号 1.00 为 ON，接触器 KM1 通电，电动机正向启动；按下按钮 SB3，输入信号 0.02 有效，输入信号 0.02 的动断触点首先断开输出信号 1.00，KM1 断电，输出信号 1.00 的动断触点复位，控制输出信号 1.01 为 ON，接触器 KM2 通电，电动机反向启动。当电动机过载时，输入信号 0.03 断开，控制输出信号 1.00 或 1.01 复位，电动机停止运行。当电动机需要停止时，按下按钮 SB1，输入信号 0.00 有效，控制输出信号 1.00 或 1.01 复位，电动机停止运行。

　　上述的控制梯形图，停止按钮 SB1 的触点类型的选择关系到输入信号 0.00 的内部状态问题，对于 PLC 来说，一个输入信号的状态其内部接点对应两种状态"0"和"1"（OFF 和 ON）。若停止按钮 SB1 的触点类型选择动合触点，为了使控制设备正常工作，其内部接点应使用动断触点，如图 2-31 所示；若停止按钮 SB1 的触点类型的选择动断触点，为了使控制设备正常工作，其内部接点应使用动合触点。但从工程实际考虑问题，停止按钮 SB1 的触点类型的选择为动断触点，其控制过程与过载保护的热继电器 FR 相同，其优点是当 SB1 出现问题如触点接触不良，则设备无法正常启动；当设备启动后出现紧急情况，不会因触点接触不良，而导致设备不能停止，造成更严重的后果。

　　在 PLC 硬件原理接线图设计中，KM1 和 KM2 线圈回路的互锁触点的作用是防止由于 PLC 的扫描周期过短引起的短路事故。

　　对于图 2-31 控制梯形图来说，其结构有些复杂，为了使其结构简化，改进后电动机正反转控制梯形图，如图 2-32 所示。

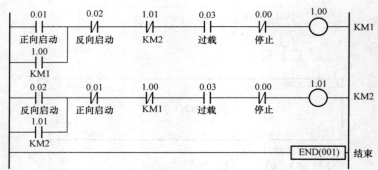

图 2-32　改进后电动机正反转控制梯形图

2. 采用微分指令编程

当启动按钮按下后电动机开始运行，如果启动按钮出现故障不能弹起，按下停止按钮电动机能够停止转动，一旦松开停止按钮，电动机又马上开始运行了。针对这个问题，可将程序做如下修改，将电动机的启动信号转换成为脉冲信号，其梯形图如图 2-33 所示，可以克服继电器控制系统中存在的不足。

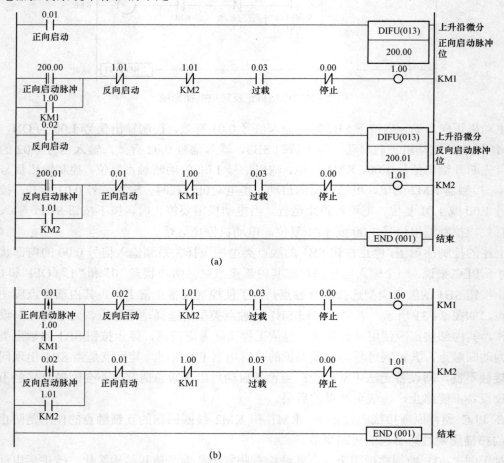

图 2-33　采用脉冲信号控制的电动机正反转控制梯形图
（a）采用微分指令的脉冲信号控制；（b）采用脉冲信号控制

3. 采用互锁指令编程

对于电动机正反转控制梯形图，也可以采用互锁 IL（002）和互锁清除 ILC（003）指令来设计，梯形图如图 2－34 所示。当 IL（002）的条件满足时，IL（002）和 ILC（003）之间的程序正常执行。当 IL（002）的条件是 OFF 时，在 IL（002）和 ILC（003）之间的程序中，输出状态关断，即当停止信号或过载信号动作后，正向或反向输出复位，接触器线圈断电，电动机停止运行。

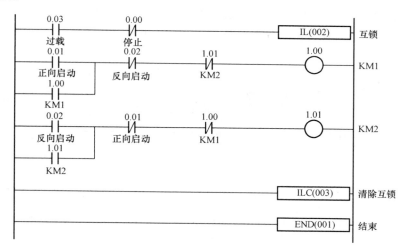

图 2－34　采用 IL－ILC 指令电动机正反转控制梯形图

4. 采用 KEEP 指令编程

对于电动机正反转控制梯形图，还可以用保持指令 KEEP 来设计，具体控制梯形图如图 2－35 所示。电动机正向启动，当按下 SB2 时，输入信号 0.01 有效，将输出信号 1.00 置

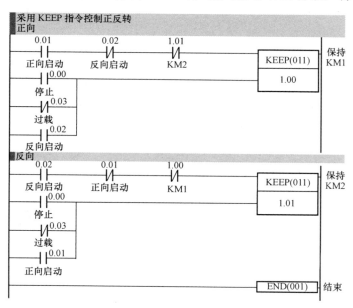

图 2－35　采用 KEEP 指令电动机正反转控制梯形图

位，接触器线圈通电，电动机正向启动；当电动机需要停止时，按下按钮 SB1，输入信号 0.00 有效，将输出信号 1.00 复位，接触器线圈断电，电动机停止运行；当电动机需要反向启动时，可直接按下 SB1，输入信号 0.02 有效，将输出信号 1.00 复位，接触器 KM1 线圈断电，同时将输出信号 1.01 置位，接触器 KM2 线圈通电，电动机反向启动运行。

5. 采用置位 SET 与复位 RSET 指令的编程

对于电动机正反转控制梯形图，还可以使用置位 SET 与复位 RSET 指令来设计，具体控制梯形图如图 2-36 所示。正常运行时，如图 2-36（a）所示，实现停止信号优先；图 2-36（b）所示，实现启动信号优先，其控制功能与过程完全相同。

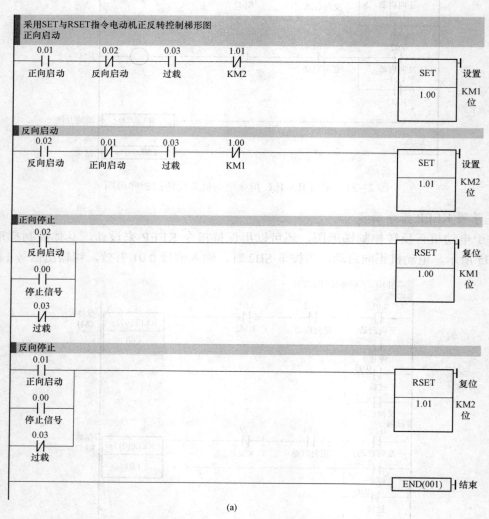

(a)

图 2-36　采用置位 SET 与复位 RSET 指令电动机正反转控制梯形图（一）

（a）停止优先控制

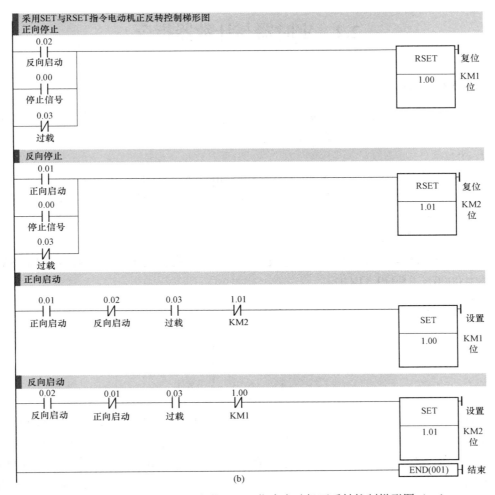

图 2-36　采用置位 SET 与复位 RSET 指令电动机正反转控制梯形图（二）
(b) 启动优先控制

当电动机正向启动时，按下正向启动按钮 SB2 时，输入信号 0.01 有效，将输出信号 1.00 置位，接触器线圈通电，电动机正向启动；当电动机需要停止时，按下按钮 SB1，输入信号 0.00 有效，将输出信号 1.00 复位，接触器线圈断电，电动机停止运行；当电动机需要反向启动时，可直接按下 SB3，输入信号 0.02 有效，将输出信号 1.00 复位，接触器 KM1 线圈断电，同时将输出信号 1.01 置位，接触器 KM2 线圈通电，电动机反向启动运行。对于电动机正反转控制梯形图，采用置位 SET 与复位 RSET 指令来设计非常方便，根据置位 SET 与复位 RSET 指令在控制梯形图中的位置可实现不同的功能如图 2-36（a）中所示，若置位 SET 与复位 RSET 信号同时有效时，根据 PLC 循环扫描的工作特点，实现停止优先控制，而图 2-36（b）中所示，置位 SET 与复位 RSET 信号同时有效时，可实现启动优先控制。在一般的控制中都采用停止信号优先，也可以根据需要采用置位优先控制。在使用置位 SET 与复位 RSET 指令设计程序时，该指令可放到程序的任意位置。

2.2 定时器与计数器指令

2.2.1 定时器指令

定时器指令主要有 TIM 和 TIMH 两种，都是递减型的。每个定时器都有定时器编号 N 和设定值 SV 两个操作数。当输入条件满足时，定时器开始计时，当达到定时时间时其完成标志位为 ON。

定时器和计数器指令的编号 N 必须为 0000～4095（十进制），在一个程序中定时器编号不能重复。其设定值可以是 CIO 区、工作区、保持位区、辅助位区、DM 区以及常数，设定值必须以 BCD 码表示。

1. 定时器指令：TIM

定时器指令 TIM 是单位为 0.1s 的递减定时器，定时范围为 0～999.9s，设定值 SV 的设置范围为 ＃0000～＃9999（BCD）。

梯形图符号：

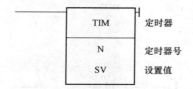

当定时器输入从 OFF 到 ON，TIM 开始从设定值递减，只要定时器输入保持 ON，当前值会连续递减，且当前值达到 0000 时，定时器完成标志会变为 ON，定时器的 PV 和完成标志状态保持不变。要重新启动定时器，定时器输入必须变为 OFF，然后再一次变为 ON，或者定时器的 PV 值必须改为一个非零值。定时器的时序图，如图 2-37（a）所示。而当定时器的当前值没有达到 0，其条件不满足后，定时器的当前值复位为设定值，此时定时器没有输出，定时器时序图如图 2-37（b）所示。

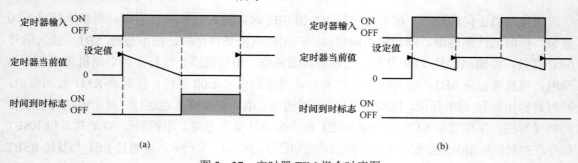

图 2-37 定时器 TIM 指令时序图

（a）定时器的前值达到 0 输入条件断开；（b）定时器的前值没有达到 0 输入条件断开

定时器 TIM 指令的编程举例如图 2-38 所示。

当输入信号 0.00 有效后，定时器 TIM0000 开始定时，定时器的当前值以 0.1s 的速率减 1，当当前值减到 0，即定时器定时 15s，其完成标志位为 ON，控制输出信号 1.00 为 ON；当输入信号 0.01 有效后，控制输出信号 1.01 为 ON，同时定时器 TIM0001 开始定时，定时器的当前值以 0.1s 的速率减 1，当当前值减到 0，即定时器定时 0.5s，其完成标志位为 ON，控制输出信号 1.01 为 OFF。

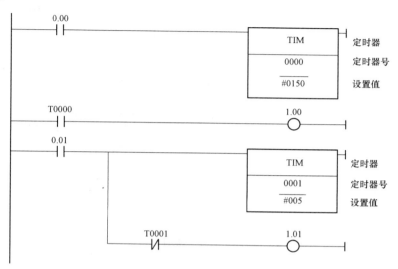

图 2-38　定时器 TIM 指令编程举例

2. 高速定时器指令：TIMH（015）

高速定时器指令 TIMH（015）是单位为 0.01s 的递减定时器，定时范围为 0~99.99s，设定值 SV 的设置范围为 ＃0000~＃9999（BCD）。

梯形图符号：

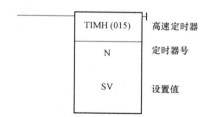

当定时器输入从 OFF 到 ON，高速定时器 TIMH（015）开始从设定值递减，只要定时器输入保持 ON，当前值会连续递减，当前值减到 0 时，定时器完成标志会变为 ON，定时器的 PV 值和完成标志状态保持不变。要重新启动定时器，定时器输入必须变为 OFF，然后再一次变为 ON，或者定时器的 PV 值必须改为一个非零值，时序图如图 2-39 所示。

TIMH 指令的编程举例，如图 2-40 所示。

高速定时器 TIMH（015）指令操作与定时

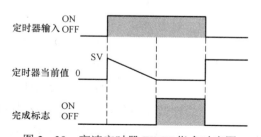

图 2-39　高速定时器 TIMH 指令时序图

器 TIM 指令操作相同，读者可自行分析。在使用高速定时器时应注意设定值的设置及定时范围。

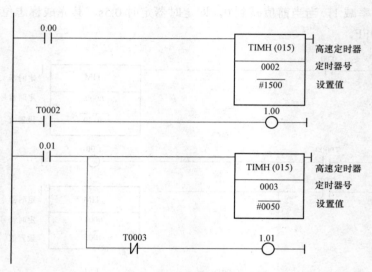

图 2-40　高速定时器 TIMH 指令编程举例

2.2.2　计数器指令

1. 计数器指令：CNT

计数器 CNT 是一个递减计数器。CNT 的计数范围为 0000～9999。

梯形图符号：

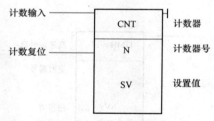

计数器的计数输入从 OFF 到 ON，计数器的当前值 PV 减 1。当 PV 值减到 0 时，计数器完成标志变为 ON，并一直保持到复位输入变为 ON。当复位输入为 ON，计数器被复位，计数器复位后，当前值 PV 值复位变为设定值 SV，完成标志也变为 OFF。计数器 CNT 指令时序图如图 2-41 所示。

计数器 CNT 指令的编程举例如图 2-42 所示。

计数器 C0000 的计数输入信号 0.00 和 0.01 同时有效时，计数器的当前值 PV 减 1。当 PV 值减到 0 时，计数器完成标志变为 ON，控制输出信号 1.00 为 ON，并一直保持到复位输入变为 ON。当计数器复位输入信号 0.02 为 ON，计数器复位，它的当前值 PV 复位变为设定值 SV，计数器 C0000 标志位也变为 OFF，输出信号 1.00 复位。计数器 C0001 工作过程与 C0000 相同，读者可自行分析。

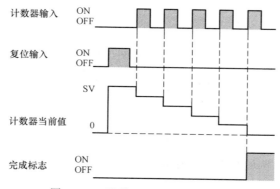

图 2-41　计数器 CNT 指令时序图

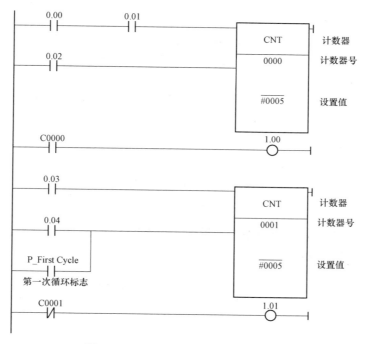

图 2-42　计数器 CNT 指令编程举例

对于计数器来说即使电源中断,计数器当前值 PV 仍然保持,若要从设置值 SV 开始计数,应增加第一次循环标志位（A200.11）作为计数器的复位输入,这样计数器在进行计数工作时就从设定值开始计数。

2. 可逆计数器指令：CNTR（012）

可逆计数器 CNTR 有增量输入和减量输入控制,CNTR 的计数范围为 0000～9999。

增量输入从 OFF 到 ON,计数器当前值 PV 加 1,而减量输入从 OFF 到 ON,计数器当前值 PV 减 1。PV 在 0～SV 变动。在增量时,当前值 PV 为设置值 SV 时,再加 1 则当前值返回到 0 时,完成标志变为 ON；一旦完成标志变为 ON,当前值 PV 从 0 增加到 1 时,完成标志复位。在减量时,当前值 PV 从 0 再减 1,则当前值 PV 变为设置值 SV,完成标志变为 ON；当前值 PV 从设置值 SV 再减 1 时,完成标志复位。

梯形图符号：

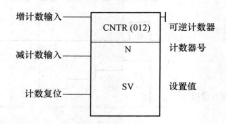

CNTR 指令的编程举例如图 2-43 所示。

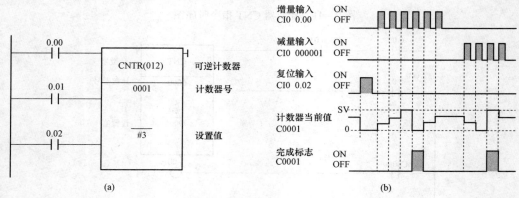

图 2-43　CNTR 指令编程举例
（a）梯形图；（b）时序图

在应用可逆计数器时，如果将他的减量输入端不接入脉冲，可逆计数器就可以作为加计数器使用，如图 2-44 所示。

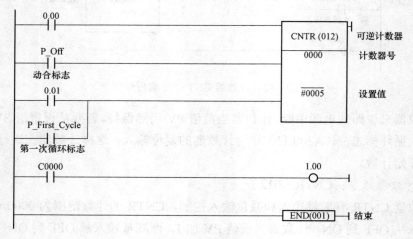

图 2-44　CNTR 指令应用

可逆计数器 C0000 的增量计数输入信号 0.00 有效时，计数器的当前值 PV 从 0 开始加 1。当 PV 值加到 5 时，再加 1 时计数器完成标志变为 ON，控制输出信号 1.00 为 ON，同时可逆计数器 C0000 的当前值变为 0，并一直保持到复位输入变为 ON。当计数器复位输入信号 0.01

为 ON，可逆计数器复位，它的当前值 PV 复位变为 0，完成标志位也变为 OFF，输出信号 1.00 复位。

以上介绍标准定时器和计数器指令的使用方法。其他类型的定时器和计数器指令见表 2-10，其具体的使用方法参考 CJ1 的编程手册。

表 2-10　　　　　　　　　　　定时器和计数器分类一览表

指令	助记符	功能代码	指令	助记符	功能代码
定时器	TIM/TIMX	—/551	多输出定时器	MTIM/MTIMX	543/554
高速定时器	TIMH/TIMHX	015/551	计数器	CNT/CNTX	—/546
1ms 定时器	TMHH/TIMHHX	540/552	可逆计数器	CNTR/CNTRX	012/548
累积定时器	TTIM/TTIMX	087/555	复位定时器/计数器	CNR/CNRX	545/547
长定时器	TIML/TIMLX	542/553			

【例 2-6】设计三相异步电动机点动、连续和自动运行的应用程序。

控制要求：

（1）三台电动机均能实现单独的点动控制。

（2）三台电动机均能实现单独的连续控制。

（3）自动工作启动时，先启动 M1 的电动机，15s 后依次启动其他的电动机，其顺序为 M1→M2→M3。

（4）自动工作停止时，要求按一定时间间隔顺序停止，先停止最初的电动机，20s 后依次停止其他的电动机，其顺序为 M1→M2→M3。

（5）当运行中发生过载故障时，三个电动机应立即同时停止工作。

（6）当运行中发生紧急故障时，按下急停按钮，三个电动机应立即同时停止工作。

根据对上述三相异步电动机运行控制要求的分析，设计 PLC 硬件原理接线图如图 2-45 所示。

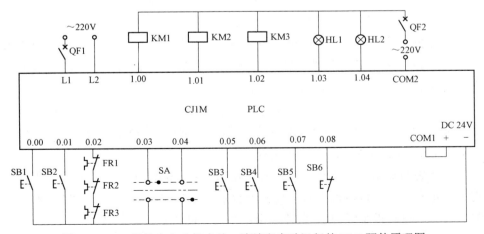

图 2-45　三相异步电动机点动、连续和自动运行的 PLC 硬件原理图

图 2-45 中 SB1 为启动按钮，SB2 为停止按钮，SA 为自动/连续控制选择开关，SB3 为电动机 M1 点动按钮，SB4 为电动机 M2 点动按钮，SB5 为电动机 M3 点动按钮，SB6 为急停按钮，FR1～FR3 为电动机过载保护热继电器的控制触点。KM1、KM2、KM3 分别是控制电动机 M1、电动机 M2、电动机 M3 的接触器线圈。HL1、HL2 分别为电源指示灯、电机过载指示灯。

根据控制要求，设计三台的电动机点动、连续和自动运行的控制梯形图如图 2-46 所示。

（1）电动机的点动运行功能。将电动机工作选择开关的位置旋至中间位置，此时输入信号 0.03 和 0.04 都无效。按下按钮 SB3，输入信号 0.05 有效，使输出信号 1.00 为 ON，控制接触器 KM1 线圈通电，电动机 M1 工作；松开按钮 SB3，输入信号 0.05 变为 OFF，使输出信号 1.00 复位，控制接触器 KM1 线圈断电，电动机 M1 停止工作，实现电动机 M1 的点动控制。电动机 M2 和电动机 M3 的工作过程与电动机 M1 相同，读者可自行分析。

（2）电动机的连续运行功能。将电动机工作选择开关的位置旋至连续运行位置，此时输入信号 0.04 有效。按下按钮 SB3，输入信号 0.05 有效，使输出信号 1.00 为 ON 并实现自锁，控制接触器 KM1 线圈通电，电动机 M1 工作；按下按钮 SB2，输入信号 0.01 有效，使输出信号 1.00 复位，控制接触器 KM1 线圈断电，电动机 M1 停止工作，实现电动机 M1 的连续控制。电动机 M2 和电动机 M3 的工作过程与电动机 M1 相同，读者可自行分析。

（3）自动工作启动与停止。将电动机工作选择开关的位置旋至自动运行位置，此时输入信号 0.03 有效。

启动时，按下 SB1 输入信号 0.00 有效，控制输出信号 1.00、1.01、1.02 依次为 ON，接触器 KM1、KM2 和 KM3 线圈依次通电，其触点闭合，电动机顺序启动运行，其顺序为 M1、M2、M3 依次启动。

停止时，按下停止 SB2 按钮时，输入信号 0.01 有效，使内部辅助继电器 200.00 为 ON，控制接触器 KM1、KM2 和 KM3 线圈依次断电，其触点复位，电动机 M1、M2 和 M3 依次顺序停止运行，同时使定时器 T0003 使内部继电器 200.00 复位，为下一次工作做好准备。

（4）过载保护功能。当三台电动机其中任何一台发生过载时，输入信号 0.02 断开，控制输出信号 1.00、1.01 和 1.02 同时为 OFF，控制接触器 KM1、KM2 和 KM3 线圈断电，触点复位，电动机 M1、M2 和 M3 同时停止运行。

（5）紧急停止功能。当出现紧急情况时，按下急停按钮 SB6，输入信号 0.08 断开，控制输出信号 1.00、1.01 和 1.02 同时为 OFF，控制接触器 KM1、KM2 和 KM3 线圈断电，触点复位，电动机 M1、M2 和 M3 同时停止运行。

（6）工作状态的显示。系统正常工作时，输出信号 1.03 为 ON，控制指示灯 HL1 点亮，指示系统工作正常；当三台电动机其中任何一台发生过载时，输入信号 0.02 断开，控制输出信号 1.04 为 ON，控制指示灯 HL2 点亮，指示系统电动机发生过载故障。

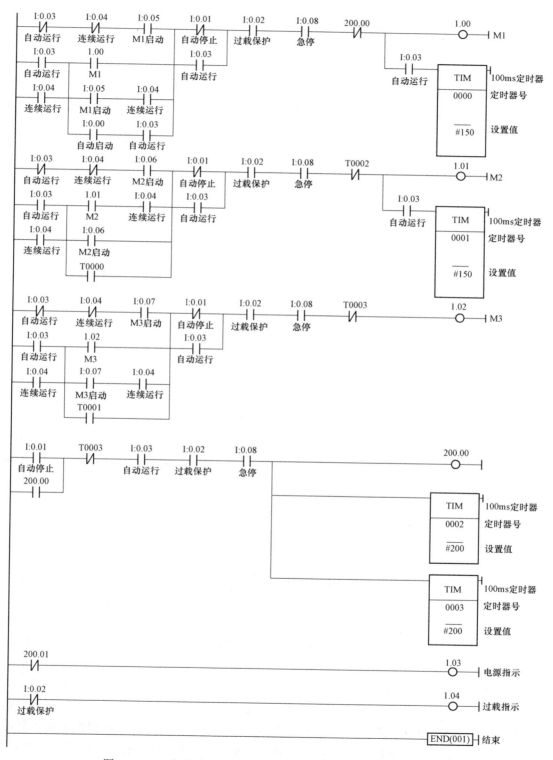

图 2-46 三相异步电动机点动、连续和自动运行的控制梯形图

2.3 数 据 处 理 指 令

2.3.1 数据移位指令

移位指令用于在字内或字间，以不同方向和不同数量数据的移位。数据移位指令的分类见表 2-11。重点讲述移位寄存器 SFT（010）和可逆移位寄存器 SFTR（084）指令。

表 2-11　　　　　　　　　　　　　数据移位指令分类一览表

指令	助记符	功能代码	指令	助记符	功能代码
移位寄存器	SFT	010	循环右移	ROR	028
可逆移位寄存器	SFTR	084	双字循环右移	RORL	573
异步移位寄存器	ASFT	017	无进位循环右移	RRNC	575
字移位	WSFT	016	无进位双字循环右移	RRNL	577
算术左移	ASL	025	单数字左移	SLD	074
双字左移	ASLL	570	单数字右移	SRD	075
算术右移	ASR	026	N 位数据左移	NSFL	578
双字右移	ASRL	571	N 位数据右移	NSFR	579
循环左移	ROL	027	N 位左移	NASL	580
双字循环左移	ROLL	572	双字 N 位左移	NSLL	582
无进位循环左移	RLNC	574	N 位右移	NASR	581
无进位双字循环左移	RLNL	576	双字 N 位右移	NSRL	583

1. 移位寄存器：SFT（010）

梯形图符号：

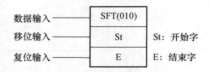

开始字 St 和结束字 E 是同一个数据区内的两个字编号，且 St≤E。St 和 E 取自 CIO 区（CIO 0000～CIO 6143）、工作区（W000～W511）、保持位区（H000～H511）、辅助位区（A448～A959）。

SFT（010）的移位操作是在从 St 开始，到 E 结束的所有连续的字上进行的。当移位输入产生一次 OFF→ON 的变化时，SFT（010）指令将由连续字以高位在前、低位在后的顺序依次排列成的二进制位序列左移一位，E 字的最高位将丢失，中间各字的最高位移入其前一字的最低位，St 字的最高位移入到其前一字的最低位，其最低位移入的是数据输入端的状态。当复位输入为 ON 时，将使 St 至 E 的所有字置 0，其移位过程如图 2-47 所示。

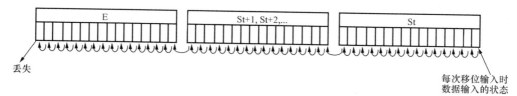

图 2-47 SFT 指令的操作图

SFT 指令的编程举例如图 2-48 所示。

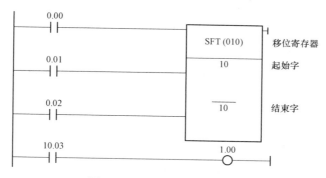

图 2-48 SFT 指令编程举例

输入信号 0.00 始终为 ON，在移位脉冲输入信号 0.01 作用下，移位寄存器的移位输出 10 通道的数据在变化，当输入信号 0.01 接通的第四次时，控制输出信号 1.00 为 ON。

2. 可逆移位寄存器：SFTR（084）

可逆移位寄存器 SFTR（084）的数据移位方向可向右也可向左移位。它与 SFT 类似，所不同的是移位方向、数据输入、移位输入及复位输入都在其控制字 C 中确定，如图 2-49 所示。

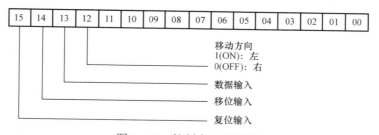

图 2-49 控制字 C 示意图

移位方向、数据输入、移位输入和复位输入分别对应于控制字 C 的第 12、13、14 位和第 15 位。移动方向位的状态决定移位操作是左移（从第 0 位向第 15 位移）还是右移（从第 15 位向第 0 位移），该位为 ON 时进行左移，类似于 SFT 指令，反之为右移操作，与 SFT 指令功能相反。当移位输入发生一次 OFF→ON 变化时，在 ST 与 E 之间的连续字上进行一次移位操作，若是左移，则数据输入位的状态移入 ST 字的第 0 位，E 字的第 15 位移入进位标志 CY 中，若是右移，则数据输入位的状态移入 E 字的第 15 位，St 字的第 0 位的状态移入进位标志 CY 中。当复位输入为 ON 时，控制字 C 的所有位及进位标志 CY 被清除，SFTR 不能接受输入数据。

梯形图符号：

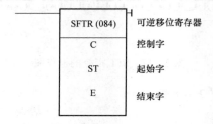

控制字 C 取自 CIO 区（CIO 0000～CIO 6143）、工作区（W000～W511）、保持位区（H000～H511）、辅助位区（A000～A959）；开始字 St、结束字 E 取自 CIO 区（CIO 0000～CIO 6143）、工作区（W000～W511）、保持位区（H000～H511）、辅助位区（A448～A959）。

可逆移位寄存器 SFTR（084）指令的编程举例如图 2－50 所示。

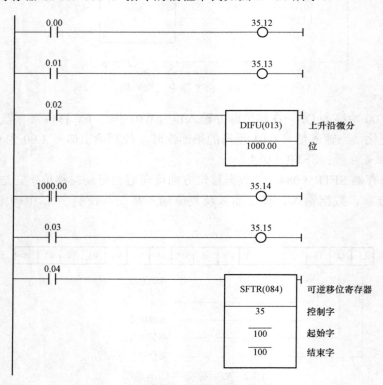

图 2－50　可逆移位寄存器 SFTR 指令编程举例

可逆移位寄存器 SFTR 的移位输入，移位方向、数据输入、移位输入和复位输入分别对应 35.12、35.13、35.14 位和第 35.15 位。当输入信号 0.04 有效时，可逆移位寄存器工作条件满足，可以按控制字中设定的工作方式进行移位控制。

2.3.2　数据传送指令

传送指令用于各种类型数据的传送，数据传送指令的分类见表 2－12。重点讲述传送 MOV

（021）和传送反 MVN（022）指令。

表 2 - 12　　　　　　　　　　　数据传送指令分类一览表

指令	助记符	功能代码	指令	助记符	功能代码
传送	MOV	021	块设置	BSET	071
传送反	MVN	022	数据交换	XCHG	073
双字传送	MOVL	498	双数据交换	XCGL	562
双字传送反	MVNL	499	单字交换	DIST	080
位传送	MOVB	082	数据收集	COLL	081
传送数字	MOVD	083	传送至寄存器	MOVR	560
多位传送	XFRB	062	传送定时器/计数器至寄存器	MOVRW	561
块传送	XFER	070			

1. 传送指令：MOV（021）

MOV（021）指令传送数据的一个字到指定字中。

梯形图符号：

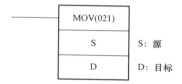

将源通道 S 的内容传送到目标通道 D。如果 S 是一个常数，此数值可用来作为数据设定，其工作过程如图 2-51 所示。

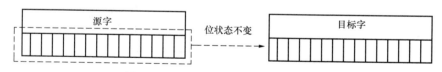

图 2-51　MOV 指令数据传送示意图

源字 S 取自 CIO 区（CIO 0000～CIO 6143）、工作区（W000～W511）、保持位区（H000～H511）、辅助位区（A000～A959）、定时器区（T0000～T4095）、计数器区（C0000～C4095）、DM（D00000～D32767）、常数［#0000～#FFFF（二进制）］，目标字 D 取自 CIO 区（CIO 0000～CIO 6143）、工作区（W000～W511）、保持位区（H000～H511）、辅助位区（A448～A959）、定时器区（T0000～T4095）、计数器区（C0000～C4095）、DM（D00000～D32767）。

2. 传送反指令：MVN（022）

MVN（022）指令传送数据的一个字的补码到指定字中。

梯形图符号：

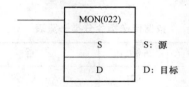

MVN（022）指令对 S 中的位进行取反，并把结果传送到 D 中。S 中的内容保持不变。如图 2-52 所示为 MVN 指令数据传送示意图。

图 2-52　MVN 指令数据传送示意图

源字 S 和目标字 D 取值范围与 MOV 指令相同。

传送指令 MOV 的编程举例如下。

采用数据传送指令实现输出信号 1.00～1.07 同时点亮和熄灭，控制梯形图如图 2-53 所示。

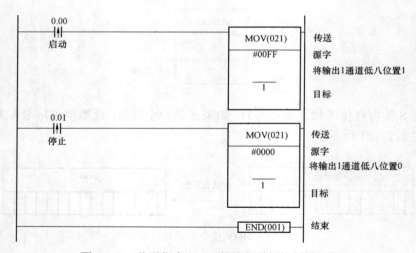

图 2-53　传送指令 MOV 的编程举例控制梯形图

输入信号 0.00 有效时，将常数#00FF 传送到输出通道 1 中，输出通道 1 的低八位被置为 1，即将输出信号 1.00～1.07 都置为 ON，实现输出信号 1.00～1.07 同时点亮。输入信号 0.01 有效时，将常数#0000 传送到输出通道 1 中，输出通道 1 的低八位被置为 0，即将输出信号 1.00～1.07 都置为 OFF，实现输出信号 1.00～1.07 同时熄灭。

2.3.3　数据比较指令

比较指令用于比较各种长度的数据，数据比较指令的分类见表 2-13。

表 2－13　　　　　　　　　　　　　数据比较指令分类一览表

指令	助记符	功能代码
输入比较	LD，AND，OR=，<>，<，<=，>，>=，L，S	300～328
比较	CMP	020
双字比较	CMPL	060
带符号二进制比较	CPS	114
双字带符号二进制比较	CPSL	115
多个比较	MCMP	019
表比较	TCMP	085
块比较	BCMP	068
扩展块比较	BCMP2	502

本部分重点讲述输入比较指令和比较指令 CMP（020）。

1. 输入比较指令

输入比较指令用于比较两个值（常数或指定字的内容），并在比较条件为真时产生一个 ON 执行条件，输入比较指令可用来比较单字或双字带符号或无符号数据。

梯形图符号：

输入比较指令把 S_1 和 S_2 当作带符号或不带符号值进行比较，并在比较条件为真时产生一个 ON 执行条件。与 CMP（020）和 CMPL（060）指令不同，输入比较指令将直接反映为执行条件的结果，因此无须通过算术标志访问比较结果，这样程序将更加简捷。

比较数据 S_1 和 S_2 取自 CIO 区（CIO 0000～CIO 6142）、工作区（W000～W511）、保持位区（H000～H511）、辅助位区（A000～A959）、定时器区（T0000～T4095）、计数器区（C0000～C4095）、DM（D00000～D32766）、无区号 EM 区（E00000～E32766）、常数［#00000000～#FFFFFFFF（十六进制）]。

输入比较指令与 LD、AND 和 OR 指令使用方法相同，其过程如图 2－54～图 2－56 所示。

图 2－54　输入比较指令的 LD 连接

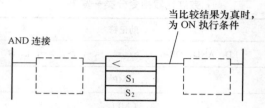

图 2-55 输入比较指令的 AND 连接

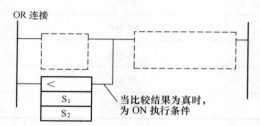

图 2-56 输入比较指令的 OR 连接

输入比较指令能比较带符号或不带符号数据，并且能比较单字或双字数值。如果未指定选项，则作为单字无符号数据比较。指令有三种输入方式和两个选项，共有 72 个不同输入比较指令，表 2-14 为输入比较指令名称和功能一览表。

表 2-14　　　　　　　　　　　输入比较指令名称和功能一览表

代码	助记符	名称	功能	代码	助记符	名称	功能
300	LD=	装载等于	C1=C2	315	LD<=	装载小于等于	C1≤C2 时为真
	AND=	与等于			AND<=	与小于等于	
	OR=	或等于			OR<=	或小于等于	
301	LD=L	装载双字等于		316	LD<=L	装载双字小于等于	
	AND=L	与双字等于			AND<=L	与双字小于等于	
	OR=L	或双字等于			OR<=L	或双字小于等于	
302	LD=S	装载带符号等于		317	LD<=S	装载带符号小于等于	
	AND=S	与带符号等于			AND<=S	与带符号小于等于	
	OR=S	或带符号等于			OR<=S	或带符号小于等于	
303	LD=SL	装载双字带符号等于		318	LD<=SL	装载双字带符号小于等于	C1≤C2 时为真
	AND=SL	与双字带符号等于			AND<=SL	与双字带符号小于等于	
	OR=SL	或双字带符号等于			OR<=SL	或双字带符号小于等于	

代码	助记符	名称	功能	代码	助记符	名称	功能
305	LD<>	装载不等于	C1≠C2	320	LD>	装载大于	C1>C2 时为真
	AND<>	与不等于			AND>	与大于	
	OR<>	或不等于			OR>	或大于	
306	LD<>L	装载双字不等于		321	LD>L	装载双字大于	
	AND<>L	与双字不等于			AND>L	与双字大于	
	OR<>L	或双字不等于			OR>L	或双字大于	
307	LD<>S	装载带符号不等于		322	LD>S	装载带符号大于	
	AND<>S	与带符号不等于			AND>S	与带符号大于	
	OR<>S	或带符号不等于			OR>S	或带符号大于	
308	LD<>SL	装载双字带符号不等于		323	LD>SL	装载双字带符号大于	
	AND<>SL	与双字带符号不等于			AND>SL	与双字带符号大于	
	OR<>SL	或双字带符号不等于			OR>SL	或双字带符号大于	
310	LD<	装载小于	C1<C2	325	LD>=	装载大于等于	C1≥C2 时为真
	AND<	与小于			AND>=	与大于等于	
	OR<	或小于			OR>=	或大于等于	
311	LD<L	装载双字小于		326	LD>=L	装载双字大于等于	
	AND<L	与双字小于			AND>=L	与双字大于等于	
	OR<L	或双字小于			OR>=L	或双字大于等于	
312	LD<S	装载带符号小于		327	LD>=S	装载带符号大于等于	
	AND<S	与带符号小于			AND>=S	与带符号大于等于	
	OR<S	或带符号小于			OR>=S	或带符号大于等于	
313	LD<SL	装载双字带符号小于		328	LD>=SL	装载双字带符号大于等于	
	AND<SL	与双字带符号小于			AND>=SL	与双字带符号大于等于	
	OR<SL	或双字带符号小于			OR>=SL	或双字带符号大于等于	

输入比较指令编程举例如图 2-57 所示。

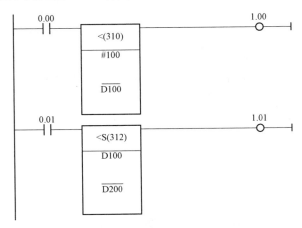

图 2-57　输入比较指令编程举例

当输入信号 0.00 为 ON 时，常数#100 和数据区 D100 中的内容作为无符号二进制数据比较；如果数据区 D100 中的内容小于#100，输入比较指令条件满足，控制输出信号 1.00 为 ON。当输入信号 0.01 为 ON 时，数据区 D100 和 D200 中的内容作为带符号二进制数据比较，如果 D100 的内容小于 D200 中的内容，输入比较指令条件满足，控制输出信号 1.01 为 ON。

2. 比较指令：CMP（020）

比较两个无符号二进制值（常数或指定字的内容），并输出结果到辅助区的算术标志中。

梯形图符号：

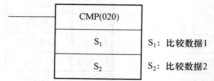

CMP（020）比较 S_1 和 S_2 中的无符号二进制数据，并输出结果到辅助区中的算术标志中（大于、大于等于、等于、小于等于、小于和不等于标志），算术标志见表 2-15。

比较数据 S_1 和 S_2 取自 CIO 区（CIO 0000~CIO 6143）、工作区（W000~W511）、保持位区（H000~H511）、辅助位区（A000~A959）、定时器区（T0000~T4095）、计数器区（C0000~C4095）、DM（D00000~D32767）、无区号 EM 区（E00000~E32767）、常数[#0000~#FFFF（十六进制）]、数据寄存器（DR0~DR15）。

表 2-15   算 术 标 志 一 览 表

名称	标记	操作
错误标志	ER	OFF 或不变
大于标志	>	$S_1>S_2$ 时 ON，其他情况下 OFF
大于等于标志	>=	$S_1>=S_2$ 时 ON，其他情况下 OFF
等于标志	=	$S_1=S_2$ 时 ON，其他情况下 OFF
不等于标志	<>	$S_1<>S_2$ 时 ON，其他情况下 OFF
小于标志	<	$S_1<S_2$ 时 ON，其他情况下 OFF
小于等于标志	<=	$S_1<=S_2$ 时 ON，其他情况下 OFF
负数标志	N	OFF 或不变

比较指令 CMP（020）的编程举例如图 2-58 所示。

当输入信号 0.00 有效时，执行比较指令 CMP（020），比较 10 通道数据和 20 通道数据的内容（10 通道数据和 20 通道数据的内容可通过传送指令写入），其比较结果通过特殊算术标志位（大于、等于和小于）输出，控制输出信号 1.00、1.01 和 1.02。

【例 2-7】采用一个按钮控制三个负载信号的程序编程。

控制要求：由一个按钮控制三个信号灯的通断，第一次按下按钮 SB，三个信号灯全亮，第二次按下按钮 SB，第二个信号灯灭，第一个和第三个信号灯亮；第三次按下按钮时第二个和第三个信号灯熄灭，只有第一个信号灯亮；再次按下按钮三个信号灯都熄灭。

根据控制要求列出的输入输出点，其功能见表 2-16。

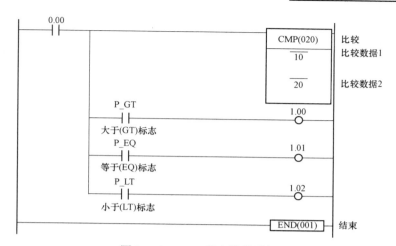

图 2-58　CMP 指令编程举例

表 2-16　　　　　　　一个按钮控制三个信号灯 I/O 元件功能

	PLC　I/O 地址分配	元件名称
输入	0.00	按钮 SB
输出	1.00	信号灯 HL1
	1.01	信号灯 HL2
	1.02	信号灯 HL3

根据控制要求设计的控制梯形图如图 2-59 所示。

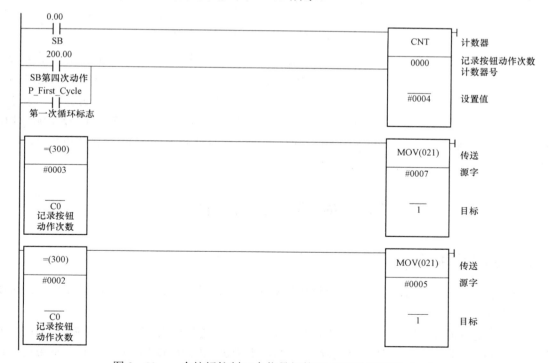

图 2-59　一个按钮控制三个信号灯的 PLC 硬件原理图（一）

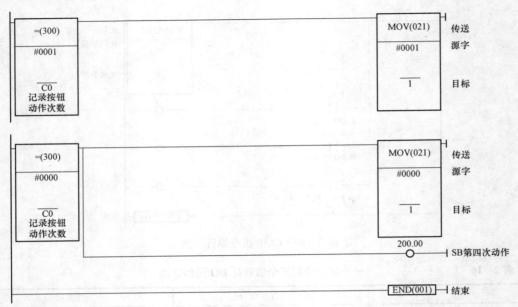

图 2-59　一个按钮控制三个信号灯的 PLC 硬件原理图（二）

当按钮 SB 第一次接通时，输入信号 0.00 有效，计数器 C0000 的当前值减 1，其当前值为 3，第一条数据比较指令条件满足，通过传送指令将常数 7 传送给输出通道 1，控制 1.00、1.01 和 1.02 同时为 ON，控制三个指示灯 HL1、HL2 和 HL3 点亮。当按钮 SB 第二次接通时，输入信号 0.00 又有效一次，计数器 C0000 的当前值再减 1，其当前值为 2，第二条数据比较指令条件满足，通过传送指令将常数 5 传送给输出通道 1，控制 1.00 和 1.02 同时为 ON，控制指示灯 HL1 和 HL3 点亮。当开关 SB 第三次接通时，输入信号 0.00 又有效一次，计数器 C0000 的当前值减 1，其当前值为 1，第三条数据比较指令条件满足，通过传送指令将常数 1 传送给输出通道 1，控制 1.00 为 ON，控制指示灯 HL1 点亮。当开关 SB 第四次接通时，计数器 C0000 的当前值减 1，其当前值为 0，第四条数据比较指令条件满足，通过传送指令将常数 0 传送给输出通道 1，同时使 200.00 为 ON，将计数器复位，控制输出信号 1.00、1.01 和 1.02 复位，指示灯 HL1、HL2 和 HL3 同时熄灭。此时计数器 C0000 的当前值为 4，四条数据比较指令条件都不满足。

2.4　数据运算指令

2.4.1　四则运算指令

这一部分介绍用 BCD 码或二进制数执行算术操作的四则运算指令。四则运算指令的分类见表 2-17。

重点讲述不带进位的有符号二进制加 +（400）、不带进位的有符号二进制减 -（410）、有符号二进制乘 *（420）、有符号二进制除 /（430）、不带进位的 BCD 加 +B（404）、不带进位的 BCD 减 -B（414）指令、BCD 乘 *（424）、BCD 除 /（434）指令。

表 2-17　　　　　　　　　　　　　四则运算指令分类一览表

指令	助记符	功能代码	指令	助记符	功能代码
不带进位的有符号二进制加	+	400	带进位的 BCD 减	−BC	416
不带进位的有符号双字二进制加	+L	401	带进位的双字 BCD 减	−BCL	417
带进位的有符号二进制加	+C	402	有符号二进制乘	*	420
带进位的有符号双字二进制加	+CL	403	有符号双字二进制乘	*L	421
不带进位的 BCD 加	+B	404	无符号二进制乘	*U	422
不带进位的双字 BCD 加	+BL	405	无符号双字二进制乘	*UL	423
带进位的 BCD 加	+BC	406	BCD 乘	*B	424
带进位的双字 BCD 加	+BCL	407	双字 BCD 乘	*BL	425
不带进位的有符号二进制减	−	410	有符号二进制除	/	430
不带进位的有符号双字二进制减	−L	411	有符号双字二进制除	/L	431
带进位的有符号二进制减	−C	412	无符号二进制乘	/U	432
带进位的有符号双字二进制减	−CL	413	无符号双字二进制除	/UL	433
不带进位的 BCD 减	−B	414	BCD 除	/B	434
不带进位的双字 BCD 减	−BL	415	双字 BCD 除	/BL	435

1. 不带进位的有符号二进制加指令：+（400）

4 位（单字）十六进制数据相加。

梯形图符号：

```
        ┌──────────┬──────────────────────
        │  +(400)  │ 不带进位有符号二进制加
        │          │
        │    Ad    │ 被加数字
        │          │
        │    Au    │ 加数字
        │          │
        │    R     │ 结果字
        └──────────┘
```

　　+（400）把 Au 和 Ad 中的二进制值相加，且把结果送给 R，如图 2-60 所示。

　　执行+（400）时，如果由于相加，R 的内容为 0000，等于标志将置 ON；如果加的结果有进位，进位标志将置 ON；如果两个正数相加的结果为负（在 8000～FFFF 内），上溢出标志将置 ON；如果两个负数相加的结果为正（在 0000～7FFF 内），下溢出标志将置 ON；如果由于相加，R 的最左边的位的内容为 1，负标志位将置 ON。

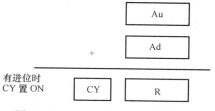

图 2-60　+（400）指令运算示意图

　　不带进位的有符号二进制加+（400）编程举例如图 2-61 所示。

　　当输入信号 0.00 为 ON 时，D100 和 D110 将作为有符号二进制数相加，并且结果送到 D120。若只执行一次加法指令，应在加法指令前加一条微分指令。

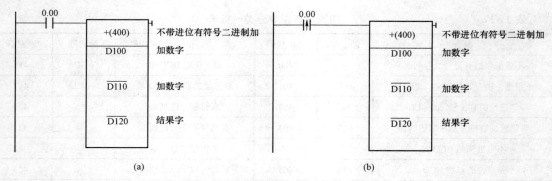

图 2-61　+（400）指令编程举例

（a）+（400）指令；（b）执行一次的 +（400）指令

2. 不带进位的有符号二进制减指令：-（410）

4 位（单字）·十六进制数据相减。

梯形图符号：

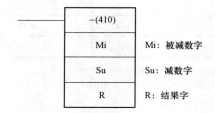

-（410）从 Mi 中减去 Su 中的二进制数，并且把结果存放到 R 中。结果为负时，将二进制的补码存放到 R 中，如图 2-62 所示。

执行 -（410）时，如果由于相减，R 的内容为 0000，等于标志将置 ON；如果相减导致借位，则进位标志将置 ON；当从一个正数减去一个负数的结果为负数（在 8000～FFFF 内），则上溢出标志将置 ON；如果从一个负数减去一个正数的结果为正数（在 0000～7FFF 内），下溢出标志将置 ON。

不带进位的有符号二进制减 -（410）编程举例如图 2-63 所示。

当输入信号 0.00 有效时，有符号二进制数从 D100 中的数据减去 D110 中的数据，并且结果送到 D120。

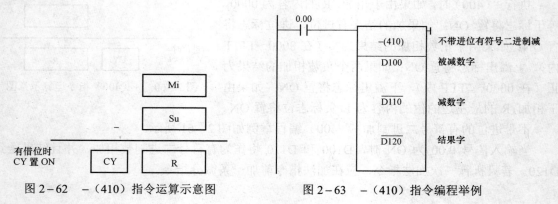

图 2-62　-（410）指令运算示意图　　　图 2-63　-（410）指令编程举例

3. 有符号二进制乘指令：*（420）

4 位有符号十六进制数的乘法。

梯形图符号：

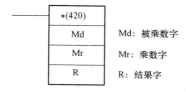

*（420）把 Md 和 Mr 中有符号二进制数相乘，并把结果输出给 R 和 R＋1 中，如图 2－64 所示。

执行*（420）时，如果由于相乘，R 的内容为 0000，则等于标志将置 ON；如果由于相乘，R＋1 和 R 的最左边位的内容为 1，则负标志位将置 ON。

有符号二进制乘指令*（420）编程举例如图 2－65 所示。

当输入信号 0.00 有效时，D100 和 D110 以有符号二进制数形式相乘，并把结果送给 D120 和 D121。

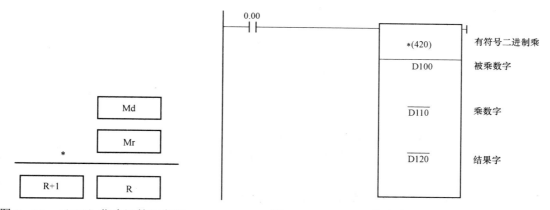

图 2－64　*（420）指令运算示意图

图 2－65　*（420）指令编程举例

4. 有符号二进制除指令：/（430）

4 位有符号十六进制数除法。

梯形图符号：

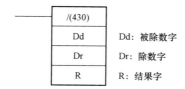

/（430）把 Dd 中的有符号二进制数（16 位）除以 Dr 中的数，并把结果输出到 R 和 R＋1 中。商放在 R 中，余数放在 R＋1 中，如图 2－66 所示。

当 Dr 的内容为 0，将产生错误标志并且错误标志将置 ON；如果由于相除，R 的内容为 0000，则等于标志将置 ON；如果由于相除，R 的最左边位的内容为 1，则负标志位将置 ON。

有符号二进制除指令/（430）编程举例如图 2-67 所示。

当输入信号 0.00 有效时，D100 将作为有符号二进制数被 D110 相除，商被放在 D120，余数放在 D121。

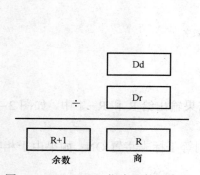

图 2-66　/（430）指令运算示意图

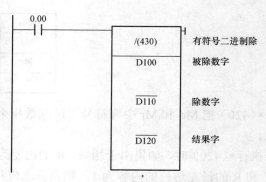

图 2-67　/（430）指令编程举例

5. 不带进位的 BCD 加指令：+B（404）

4 位 BCD 相加。

梯形图符号：

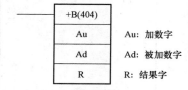

+B（404）把 Au 和 Ad 中的 BCD 数相加，并且把结果送给 R，如图 2-68 所示。

在执行+B（404）指令时，如果 Au 或 Ad 不是 BCD 码，错误标志将置 ON；如果相加后，R 的内容为 0000，则等于标志将置 ON；如果相加有进位，进位标志将置 ON。

不带进位的+B（404）指令编程举例如图 2-69 所示。

当输入信号 0.00 有效时，将 D100 和 D110 中的 4 位 BCD 码相加，并将结果送到 D120。

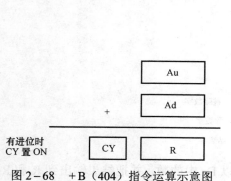

图 2-68　+B（404）指令运算示意图

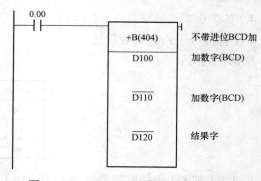

图 2-69　+B（404）指令编程举例

6. 不带进位的 BCD 减指令：-B（414）

4 位 BCD 相减。

梯形图符号：

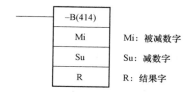

-B（414）从 Mi 中减去 Su 中的 BCD，并且把结果送给 R。如果相减的结果为负时，则结果以十进制的补码输出，如图 2-70 所示。

在执行-B（414）指令时，如果 Mi 和 Su 不是 BCD 码，将错误标志将置 ON；如果相减后，R 的内容为 0000，则等于标志将置 ON。如果相减有借位，进位标志将置 ON。

不带进位的 BCD 减指令-B（414）指令编程举例如图 2-71 所示。

当输入信号 0.00 有效时，以 4 位 BCD 码形式从 D100 减去 D110，并将结果送到 D120。

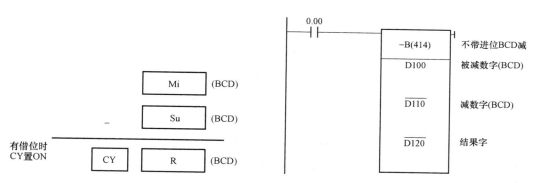

图 2-70 -B（414）指令运算示意图　　　　图 2-71 -B（414）指令编程举例

7. BCD 乘法指令：*B（424）

4 位 BCD 相乘。

梯形图符号：

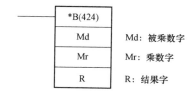

*B（424）把 Md 和 Mr 中的 BCD 内容相乘，并把结果输出到 R 和 R+1，如图 2-72 所示。

在执行*B（424）指令时，如果 Md 和 Mr 不是 BCD 码，将错误标志将置为 ON；如果由于相乘，R 和 R+1 的内容为 0000，则等于标志将置为 ON。

BCD 乘法指令*B（424）指令编程举例如图 2-73 所示。

当输入信号 0.00 有效时，将 D100 和 D110 中的 4 位 BCD 码相乘，并把结果送给 D121 和 D120。

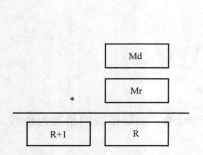

图 2-72 *B (424) 指令运算示意图

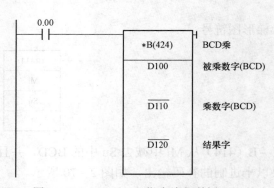

图 2-73 *B (424) 指令编程举例

8. BCD 除法指令：/B (424)

4 位 BCD 相除。

梯形图符号：

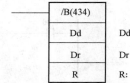

/B (434) 将 Dd 的 BCD 内容除以 Dr 的内容，并把商输出到 R，把余数输出到 R+1，如图 2-74 所示。

在执行/B (434) 指令时，如果 Dd 或 Dr 不是 BCD 码，或者如果余数（R+1）为 0，将错误标志将置 ON；如果由于相除，R 的内容为 0000，将等于标志将置为 ON；如果由于相除，R 的最左边位的内容为 1，将负标志位将置 ON。

BCD 除法指令/B (434) 指令编程举例如图 2-75 所示。

当输入信号 0.00 有效时，将 D100 中的 BCD 码除以 D110，商输出到 D120，余数输出到 D121。

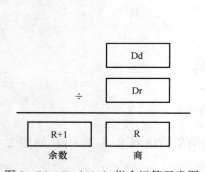

图 2-74 /B (434) 指令运算示意图

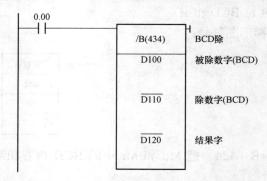

图 2-75 /B (434) 指令编程举例

2.4.2 递增和递减指令

1. BCD 码递增指令：++B (594)

指令功能将指定字的 4 位 BCD 的内容加 1。

其梯形图：

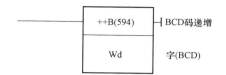

当条件满足时每个扫描周期都执行该指令，若条件满足时只需执行一次可采用@＋＋B 或将执行条件转变为微分上升沿脉冲即可。

2. BCD 码递减指令：－－B（596）

指令功能将指定字的 4 位 BCD 的内容减 1。

其梯形图：

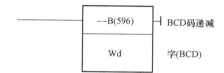

当条件满足时每个扫描周期都执行该指令，若条件满足时只需执行一次可采用@－－B 或将执行条件转变为微分上升沿脉冲即可。

【例 2－8】BCD 码递增指令＋＋B（594）编程举例。

控制要求：由一个按钮控制两个信号灯的通断，第一次按下按钮 SB，第一个信号灯亮，第二个信号灯灭；第二次按下按钮 SB，第一个信号灯灭，第二个信号灯亮；第三次按下按钮时两个信号灯全亮；再次按下按钮两个信号灯都熄灭。

根据控制要求列出的输入/输出点，其功能见表 2－18。

表 2－18　　　　BCD 码递增指令＋＋B（594）编程举例输入/输出元件功能

项目	PLC　I/O 地址分配	元件名称
输入	0.00	按钮 SB
输出	1.00	信号灯 HL1
	1.01	信号灯 HL2

根据控制要求设计的控制梯形图如图 2－76 所示。

程序的执行过程：

（1）当按钮 SB 第一次接通时，输入信号 0.00 有效，控制输出信号 1.00 为 ON，控制指示灯 HL1 点亮。

（2）当按钮 SB 第二次接通时，输入信号 0.00 有效，辅助继电器 200.00 为 ON，控制 1.01 为 ON、控制指示灯 HL2 点亮。

（3）当按钮 SB 第三次接通时，辅助继电器 200.01 为 ON，控制输出信号 1.00 和 1.01 同时为 ON，控制指示灯 HL1 和 HL2 点亮。

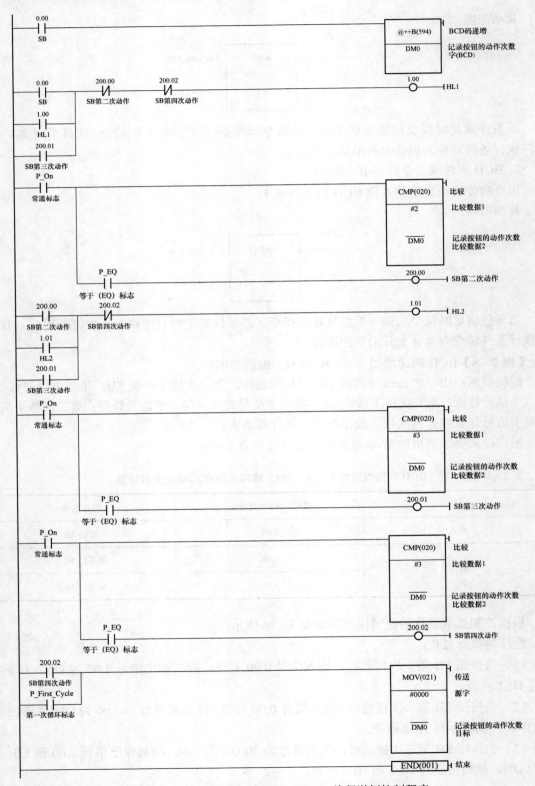

图 2－76　BCD 码递增指令＋＋B（594）编程举例控制程序

（4）当按钮 SB 第四次接通时，辅助继电器 200.02 动作，控制输出信号 1.00 和 1.01 断开，控制指示灯 HL1 和 HL2 熄灭；同时将数据区 DM0 清零。

2.4.3　转换指令

转换指令用于数据转换，转换指令的分类见表 2－19。

表 2－19　　　　　　　　　　　　　　转换指令的分类一览表

指令	助记符	功能代码	指令	助记符	功能代码
BCD 码到二进制数	BIN	023	ASCII 码转换	ASC	086
双字 BCD 码到双字二进制数	BINL	058	ASCII 码到十六进制	HEX	162
二进制数到 BCD 码	BCD	024	列到行	LINE	063
双字二进制数到双字 BCD 码	BCDL	059	行到列	COLM	064
二进制数的补码	NEG	160	带符号 BCD 码到二进制数	BINS	470
双字二进制数的补码	NEGL	161	带符号双字 BCD 码到二进制数	BISL	472
带符号 16 位到 32 位二进制数	SIGN	600	带符号二进制数到 BCD 码	BCDS	471
数据解码	MLPX	076	带符号双字二进制数到 BCD 码	BDSL	473
数据编码	DMPX	077			

重点讲述 BCD 码到二进制数 BIN（023）、二进制数到 BCD 码 BCD（024）指令、译码指令 MLPX（076）和编码指令 DMPX（077）。

1. BCD 码到二进制数指令：BIN（023）

BIN（023）将 BCD 码转换成二进制数。

梯形图符号：

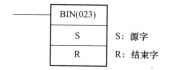

　　　　　　　S：源字
　　　　　　　R：结束字

BIN（023）指令将 S 中的 BCD 码转换成二进制数，并将结果字写进 R。

2. 二进制到 BCD 码指令：BCD（024）

BCD（024）指令将二进制数转换成 BCD 码。

梯形图符号：

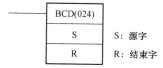

　　　　　　　S：源字
　　　　　　　R：结束字

BCD（024）指令将 S 中的二进制数转换成 BCD 码，并将结果写进 R。S 必须在十六进制 0000～270F（十进制 0000～9999）之间。

3. 译码指令：MLPX（076）

梯形图符号：

MLPX（076）指令将读取源字中指定位的数据，根据控制字的设定，输出到结果字中，即把源字中的数值译码成相应位并输出到结果字使其相应位置为 ON，并把结果字中的其他位置为 OFF，其指令的执行过程如图 2－77 所示。

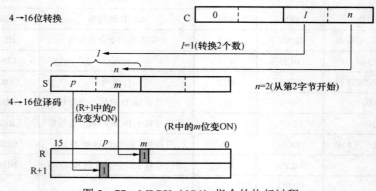

图 2－77　MLPX（076）指令的执行过程

4. 编码指令：DMPX（077）

梯形图符号：

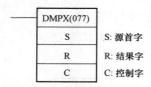

DMPX（077）读取源字中为 ON 的最低位或最高位的位置转换成所对应数值编码，并将该数值输出到结果字中指定的数字，其指令的执行过程如图 2－78 所示。

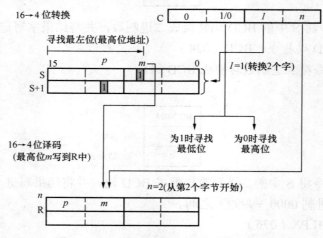

图 2－78　DMPX（077）指令的执行过程

5. 七段译码指令：SDEC（078）

梯形图符号：

SDEC（078）指令将指定数字中的十六进制数转换成相应的 8 位 7 段显示码，并把它存入指定目的字中的高或低 8 位。指令的执行过程如图 2−79 所示。

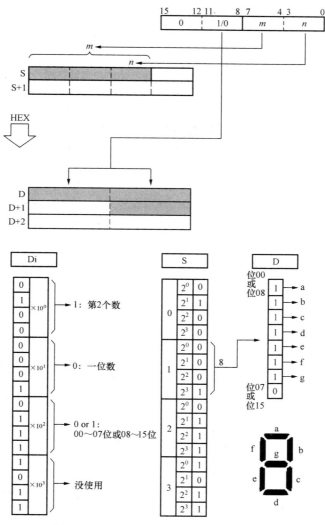

图 2−79　SDEC（078）指令的执行过程

【例 2−9】 SDEC（078）指令的应用举例。

控制要求：通过计数器记录开关接通的次数，并通过数码管显示开关的接通次数，要求当开关接通次数大于 10 时复位显示 0，并重新开始计数并显示。

根据控制要求，设计 PLC 的硬件原理图如图 2-80 所示。

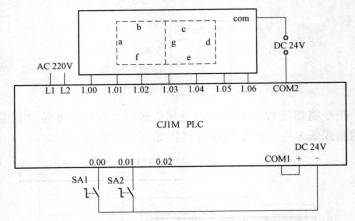

图 2-80 SDEC（078）指令的应用硬件原理

应用计数器、BCD 码递增指令和七段译码指令，将记录的开关通断的次数通过 7 段数码管显示出来。将七段译码指令的控制字设定为#0000，其意义是源字中的最低位转换成相应的 8 位 7 段显示码，并把它存入目标字中的 8 位。SDEC（078）指令的应用控制程序如图 2-81 所示。

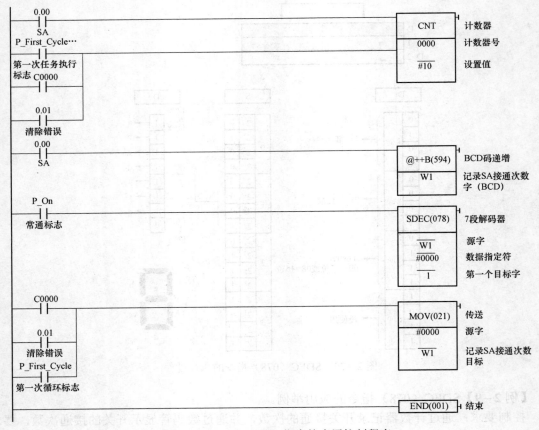

图 2-81 SDEC（078）指令的应用控制程序

控制的执行过程：当开关 SA1 接通时，输入信号 0.00 有效，通过 BCD 码递增指令记录 SA1 的动作次数，并将其存入 W1 通道，同时计数器 C0000 的当前值减 1。通过 7 段译码指令将其输出给 1 通道，将 W1 通道的内容通过 7 段数码管显示出来。当工作开关 SA1 接通次数≥10 时，计数器 C0000 动作，将 W1 通道内容清零，再接通 SA1 时开始重新计数和显示。当清零清除错误开关 SA2 接通，输入信号 0.01 有效，计数器 C0000 被复位，同时 W1 通道的内容也被清零，开始重新计量和显示。

值得注意的是，使用 BCD 码递增指令，当其条件满足时只累加一次，避免每个扫描周期都进行累加，导致记录的次数出错。

2.5　其他应用指令

2.5.1　子程序调用指令

1. 子程序入口指令：SBS（091）

梯形图符号：

N：子程序编号

2. 子程序定义指令：SBN（092）

梯形图符号：

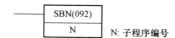

N：子程序编号

3. 子程序返回指令：RET（093）

梯形图符号：

表示子程序结果

调用指定子程序并执行该子程序，通过指定子程序号来开始调用子程序，其过程如图 2-82 所示。

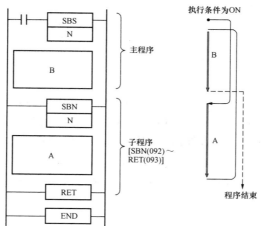

图 2-82　调用指定子程序执行过程

调用子程序举例，如图 2-83 所示。通过指定子程序号来开始调用子程序，其执行过程为：当输入信号 0.00 为 ON 时，执行子程序调用 SBS（091）指令，程序从主程序跳转至子程序 1 的位置，执行子程序 SBN（092）与子程序返回 RET（093）之间的程序。

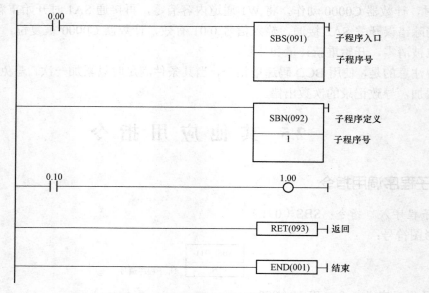

图 2-83   调用子程序的编程举例

2.5.2   步指令

1. 步定义指令：STEP（008）

STEP（008）在 IR 或 HR 区中用一个控制位来定义一个程序段的开始叫作步。其功能为启动一个指定的步或结束该步程序区。STEP（08）不需要执行条件，即它的执行通过控制位来控制。

其梯形图为：

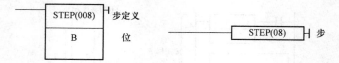

2. 步启动指令：SNXT（009）

SNXT（009）用来定义一个程序段的开始执行步。其功能为启动一个指定的步或结束该步程序区。如果 SNXT（009）执行一个 ON 的执行条件，则将执行有相同控制位的步；如果 SNXT（009）执行一个 ON 的执行条件，继续执行到下一步控制位的步。如果执行条件是 OFF，对应的步不执行。SNXT（009）必须写入程序中，这样它能在程序到达它开始的步之前执行。它能在步之前的不同的位置上根据两个不同的执行条件控制步。程序中任何没有 SNXT（009）启动的步都将不执行。

其梯形图为：

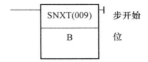

STEP（008）和 SNXT（009）相关说明：

（1）所有的控制位必须在同一个字中并且必须是连续的。

（2）STEP（08）和 SNXT（09）一起用于在一个大程序中设立各段间的断点，这样这些段可作为单元来执行，并在完成后复位。程序的一个段通常定义为对应的应用中一个实际过程。

（3）END（001）、IL（002）/ILC（003）、JMP（004）/JME（005）和 SBN（092）不能编在步指令程序段中。

（4）为了开始步的执行，SNXT（09）和 STEP（08）使用相同的控制位。如果 SNXT（09）执行一个 ON 的执行条件，则将执行有相同控制位的步。如果执行条件是 OFF，对应的步不执行。

（5）一个步的执行结束是通过执行下一个 SNXT（09）或通过将该步的控制位置为 OFF 来实现的。当一个步结束时，在步中的所有的执行条件都变为 OFF 并且在步中所有的定时器复位到它们的设定值（SV）。计数器、移位寄存器和在 KEEP（11）中使用的位都保持原状态。

（6）用作控制位的位不能在程序的任何其他地方使用。

步指令的编程举例如图 2-84 所示，在使用步指令编程时，步可以连续编程。每个步必须从 STEP（008）开始，通常以 SNXT（009）结束。当连续使用步时，可能有三种执行的类型：顺序、分支、平行。SNXT（009）的执行条件和位置决定了步的执行过程。

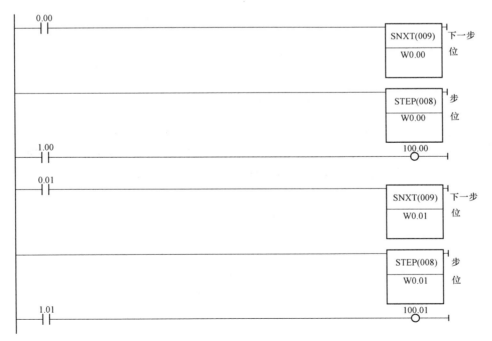

图 2-84　步指令的编程举例（一）

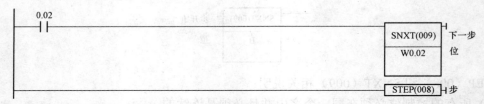

图 2-84　步指令的编程举例（二）

2.5.3　串行通信指令

串行通信发送指令 TXD（236）和接收指令 RXD（235）通过无协议通信向外部设备发送或接收数据。

1. 串行通信传送指令：TXD（236）

梯形图符号：

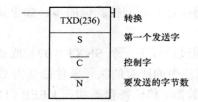

控制字 C 的内容如图 2-85 所示。

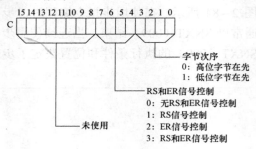

图 2-85　控制字 C 的内容

TXD（236）从字 S～S+(N÷2)-1 读出 N 字节数据，并按无协议模式将数据无变换地从 CPU 单元内置的 RS-232C 端口输出。输出数据时，在 PLC 设置中为无协议模式加入起始和结束码。只有发送准备号标记（A392.05）为 ON 时才能发送数据。

TXD（236）指令编程举例如图 2-86 所示。

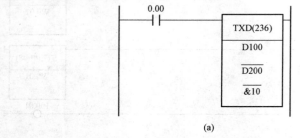

(a)

图 2-86　TXD（236）指令编程举例（一）

(a) 梯形图

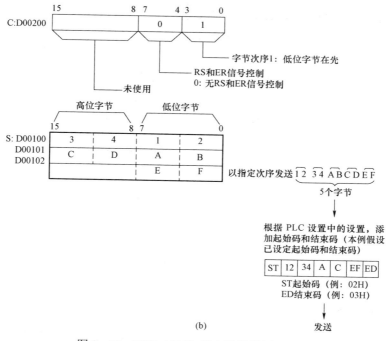

图 2-86　TXD（236）指令编程举例（二）

（b）发送过程示意图

2. 串行通信接收指令：RXD（235）

梯形图符号：

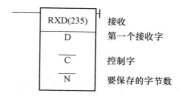

控制字 C 的内容如图 2-87 所示。

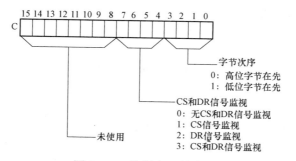

图 2-87　控制字 C 的内容

RXD（235）读入从 CPU 单元内置的 CS-232C 端口接收到的数据，并按无协议模式将 N 字节数据存入字 D～D＋（N÷2）－1 中。接收数据时，也接收了在 PLC 设置中为无协议模式指定的起始和结束代码。若端口接收到不足 N 字节的数据，则只存入已接收的数据。只有当接收准备好标记（A392.06）为 ON 时才能接收数据。

RXD（235）指令编程举例如图 2－88 所示。

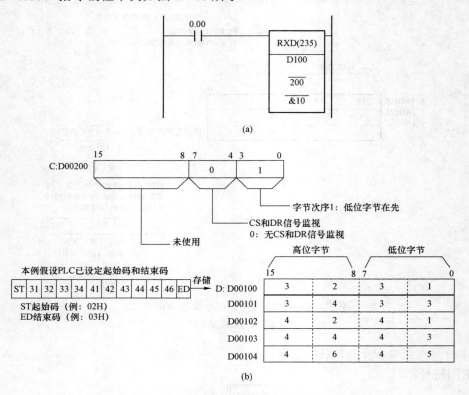

图 2－88　RXD（235）指令编程举例

（a）梯形图；（b）接收过程示意图

2.6　综合应用实例

2.6.1　基本顺序指令练习

1. 触点串联指令应用

使用 3 个开关控制 1 盏灯，要求 3 个开关同时闭合时灯才亮。控制梯形图如图 2－89 所示。

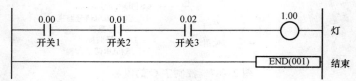

图 2－89　控制梯形图

程序中三个输入信号是与的关系，只有三个输入信号 0.00、0.01 和 0.02 同时满足时，输出信号 1.00 为 ON；只要有一个信号不满足，则输出断开。

2. 触点并联指令应用

使用 3 个开关控制 1 盏灯，要求任意 1 个开关闭合时灯亮。控制梯形图如图 2-90 所示。

图 2-90　控制梯形图

程序中三个输入信号是或的关系，其中三个输入信号有一个满足时，就有输出信号；若三个信号都不满足时，则输出断开。

3. 具有互锁逻辑的程序设计

根据控制要求，设计具有互锁逻辑的控制梯形图如图 2-91 所示。

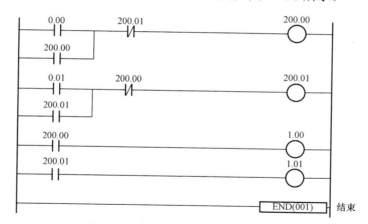

图 2-91　具有互锁逻辑的控制梯形图

当输入信号 0.00 接通时，辅助继电器 200.00 为 ON 并自锁，控制输出信号 1.00 为 ON；同时辅助继电器 200.00 的动断触点断开，即使输入信号 0.01 接通也不能使 200.01 动作。若输入信号 0.01 先接通，则刚好相反。在控制环节中该程序可实现两个信号之间的互锁。

4. 二分频的程序设计

二分频的时序如图 2-92 所示，将输入信号 0.00 的频率转换成频率为二倍的输出信号 1.00。

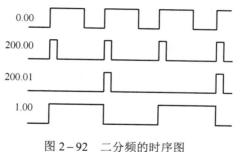

图 2-92　二分频的时序图

根据二分频的时序图设计的梯形图，如图 2－93 所示。当输入信号 0.00 第一次有效时，控制输出信号 1.00 为 ON；当输入信号 0.00 第二次有效时，控制输出信号 1.00 变为 OFF，这样依次循环下去就将输入信号的频率进行了二分频。

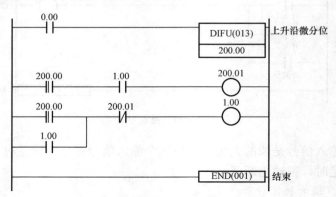

图 2－93　二分频电路的梯形图

2.6.2　定时器/计数器指令的编程练习

1. 扩大定时器定时范围编程

【例 2－10】采用定时器 TIM 和计数器 CNT 指令设计 30min 的定时程序。

（1）采用两个定时器 TIM 指令的编程。采用两个定时器 TIM 指令组合设计一个 30min 的定时器，其梯形图如图 2－94 所示。当输入信号 0.00 有效后，定时器 TIM0000 开始定时，定时 900s 后，其接点闭合，定时器 TIM0001 的工作条件满足开始定时，再过 900s 其接点闭合，控制输出信号 1.00 为 ON，即输入信号 0.00 接通 30min 后控制输出信号 1.00 为 ON。

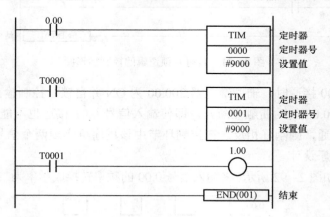

图 2－94　采用两个定时器 TIM 指令的梯形图

（2）采用定时器 TIM 和计数器 CNT 指令的编程。使用一个定时器 TIM 和一个计数器 CNT 组合成一个定时器，其梯形图如图 2－95 所示。当输入信号 0.00 有效后，定时器 TIM 0000 开始定时，定时 10s 后，其动合触点闭合，计数器 CNT 0001 的当前值减 1，同时定时器 TIM 0000 复位又重新开始定时，再过 10s 其动合触点闭合，计数器 CNT 0001 的当前值再减一，以此类推 1800s 后，计数器 CNT0001 的当前值减到零，其对应的动合触点闭合，控制输出信号 1.00 为 ON。当输入信号 0.01 有效后，将计数器复位，为下次重新定时做好准备。

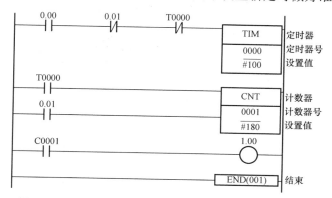

图 2-95　采用定时器 TIM 和计数器 CNT 指令的梯形图

（3）利用时钟脉冲与计数器 CNT 指令的编程。计数器 CNT 指令对 1s 时钟脉冲进行计数，从而产生一个 1800s 定时，其梯形图如图 2-96 所示。

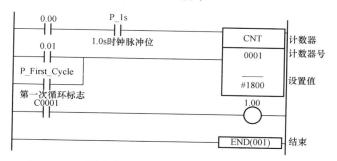

图 2-96　利用时钟脉冲与计数器 CNT 指令的梯形图

当输入信号 0.00 有效时，计数器开始计数，计满 1800 个脉冲即定时 1800s 后，计数器 C0001 动合触点闭合，使输出信号 1.00 变为 ON。当第一个循环标志和复位输入有效时，计数器复位，为下次重新定时做好准备。

采用时钟脉冲方式定时，当其电源中断时，能保持当前值不变，具有掉电保护功能。

2. 扩大计数器的计数范围编程

【例 2-11】设计计数 20000 个脉冲的计数器。

当设置值 SV 大于 9999 时可以把两个计数器组合使用，使用两个 CNT 指令组成一个设置值 SV 为 20000 的计数器。其梯形图如图 2-97 所示。

当输入信号 0.00 有效时，计数器减 1，计数 100 个脉冲后，计数器 C0001 动合触点闭合，使计数器 CNT0002 减 1，同时计数器 CNT0001 复位开始重新计数；当计数器 CNT0002 计满 200 个数时控制输出信号 1.00 为 ON。当第一个循环标志和复位输入有效时，计数器复位。

3. 产生接通延时和断开延时信号的编程

【例 2-12】产生接通延时和断开延时信号。

采用两个 TIM 定时器结合 OUT 指令组成一个接通延时和断开延时功能信号。其梯形图和时序图如图 2-98 所示。

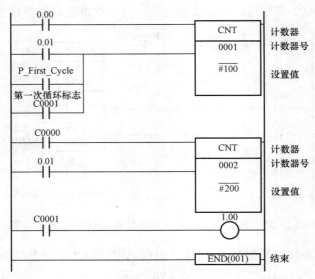

图 2-97 梯形图

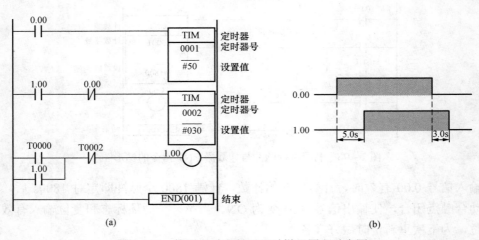

图 2-98 接通延时和断开延时梯形图和时序图

（a）梯形图；（b）时序图

在输入信号 0.00 接通 5.0s 后，输出信号 1.00 变为 ON，而在输入信号 0.00 断开 3.0s 后，输出信号 1.00 变为 OFF。该功能相当于传统继电器控制中的通电型时间继电器和断电型时间继电器，读者可根据需要进行选择。

4. 单稳脉冲位的控制

【例 2-13】产生单稳脉冲位的编程。

根据控制要求采用定时器 TIM 结合 OUT 指令，控制特定位接通或断开状态的持续时间。产生单稳脉冲位的梯形图和时序图如图 2-99 所示。当输入信号 0.00 有效后输出信号 1.01 变为 ON，并保持 1.5s（定时器 T0001 的设定值 SV），1.5s 后输出信号 1.01 复位，与输入信号有效的时间长短无关。

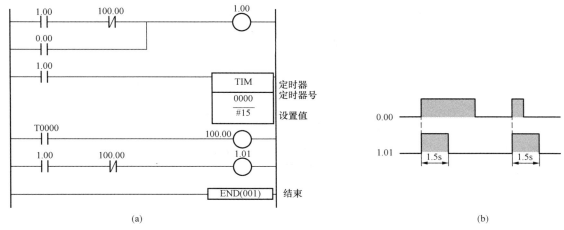

(a)　　　　　　　　　　　　　　　　(b)

图 2-99　产生单稳脉冲位梯形图和时序图

（a）梯形图；（b）时序图

5. 闪烁位的控制

【例 2-14】采用定时器设计输出脉冲的周期和占空比可调的振荡电路。

采用两个 TIM 定时器可在执行条件为 ON 时，以规定的间隔使某一位为 ON 和 OFF，其梯形图和时序图如图 2-100 所示。当输入信号 0.00 为 ON，定时器 TIM0001 开始定时，1.0s 后控制输出信号 1.00 为 ON，同时定时器 TIM0002 开始定时，1.5s 后控制输出信号 1.00 为 OFF。以此类推产生固定宽度的脉冲列。若改变定时器 TIM0001 和 TIM 0002 设定值就可以

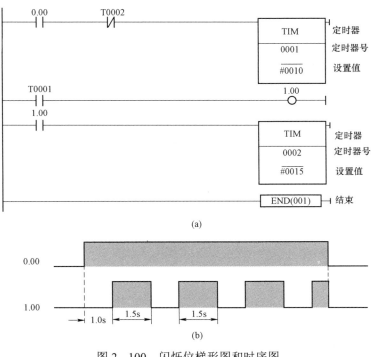

图 2-100　闪烁位梯形图和时序图

（a）梯形图；（b）时序图

改变脉冲的周期和占空比。

2.6.3 电动机不同控制方式编程练习

【例 2-15】有三台电动机，设置 2 种启停方式：① 手动操作方式：用每个电动机各自的启停按钮控制 M1～M3 的启停状态。② 自动操作方式：按下启动按钮，M1～M3 每隔 5s 依次启动；按下停止按钮，M1～M3 同时停止。I/O 分配见表 2-20。

表 2-20　　　　　　　　　　三台电动机不同控制方式 I/O 分配

输入信号	说明	输出信号	说明
0.00	SB1 启动按钮	1.00	电动机 M1
0.01	SB2 停止按钮	1.01	电动机 M2
0.02	SA 方式选择开关	1.02	电动机 M3
0.03	M1 启动按钮		
0.04	M1 停止按钮		
0.05	M2 启动按钮		
0.06	M2 停止按钮		
0.07	M3 启动按钮		
0.08	M3 停止按钮		

根据控制要求设计的梯形图如图 2-101 所示。在本设计中采用了多路跳转指令 JMP0～JME0，当电动机控制方式选择开关接通时，输入信号 0.02 有效，第一条多路跳转指令 JMP0（515）条件满足，在第一条多路跳转指令 JMP0（515）和 JME0（516）之间的程序顺次执行，实现各个电动机的单独控制。当电动机控制方式选择开关断开时，输入信号 0.02 为 OFF，第二条多路跳转指令 JMP0（515）条件满足，在第二条多路跳转指令 JMP0（515）和 JME（516）之间的程序顺次执行，实现电动机顺序自动控制。

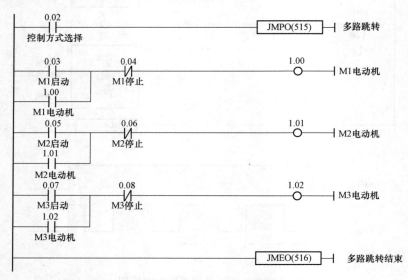

图 2-101　三台电动机不同控制方式控制梯形图（一）

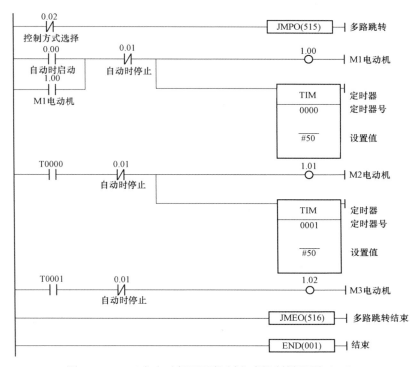

图 2－101　三台电动机不同控制方式控制梯形图（二）

2.6.4　改造继电器控制的三速异步电动机编程练习

【例 2－16】将继电器控制三速异步电动机的电路改造成 PLC 的控制方式，设计控制程序。三速异步电动机的继电器控制，其控制电路如图 2－102 所示。

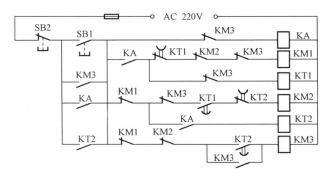

图 2－102　某三速异步电动机的继电器控制电路图

根据继电器控制电路，确定 PLC 的输入和输出信号。SB1 为启动输入信号 0.00，SB2 为停止输入信号 0.01。KM1、KM2 和 KM3 分别为输出信号 1.00、1.01 和 1.02，控制电动机的转速。

对于继电器控制电路的改造问题，遵循的原则为必须保留原电路的功能并在此基础上，克服继电器控制固有的缺点，并完善其控制功能。因为继电器控制电路大多已经过实际的应用，其控制逻辑是正确的。针对这种情况可根据其控制的逻辑关系直接设计控制梯形图，经过初步改造的梯形图程序如图 2－103 所示。

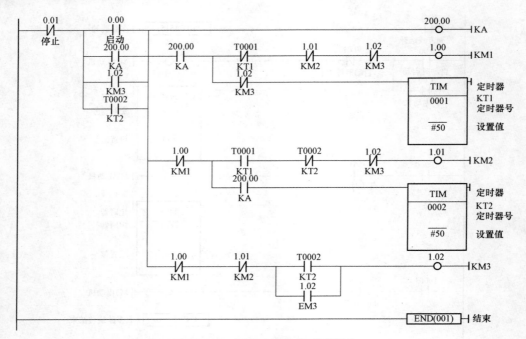

图 2-103　初步改造的梯形图程序

经过初步改造后存在的问题：

（1）由继电器电路图可以看出，与启动按钮 SB1 并联的三个动合触点与停止按钮 SB2 共同控制电机的启动和加速电路，为简化梯形图程序，使用内部辅助继电器 200.00 代替以上功能，这是改造继电器电路常用的方法。

（2）定时器 T0002 的动合触点不能代替时间继电器 KT2 的瞬动触点的功能，需要使用内部辅助继电器 200.01 的动合触点替换。

（3）对于受 200.00 动合触点控制的各条支路，如果使用语句表编程，需要使用暂存继电器 TR 指令，程序的逻辑关系比较复杂，建议将各条支路分开设计。

经过改进后的梯形图程序如图 2-104 所示。图中用了五个 200.00 动合触点控制各条支路，为了使梯形图更加简化和条理清晰，还可以采用互锁和互锁指令（IL—ILC）来实现。采用 IL—ILC 改造的梯形图程序如图 2-105 所示。当 IL 指令条件满足时，IL—ILC 之间的程序顺序执行；IL 指令条件不满足时，IL—ILC 之间的程序复位，断开输出。

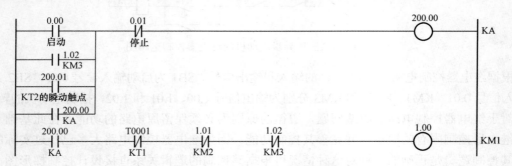

图 2-104　进一步改造的梯形图程序（一）

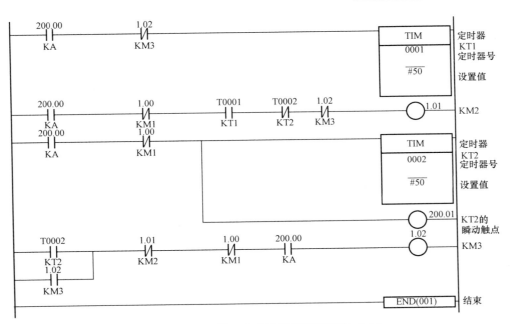

图 2-104 进一步改造的梯形图程序 (二)

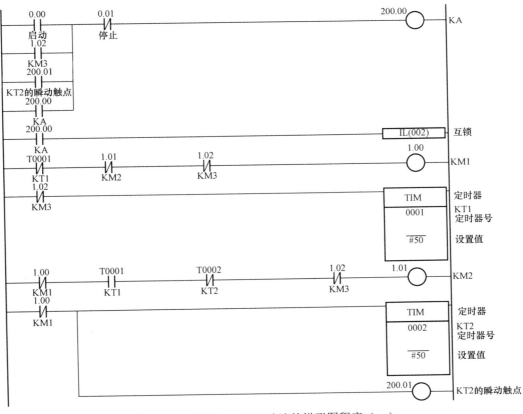

图 2-105 采用 IL—ILC 改造的梯形图程序 (一)

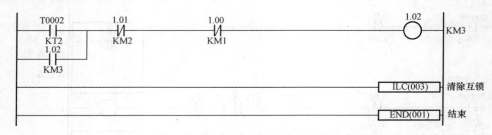

图 2－105　采用 IL—ILC 改造的梯形图程序（二）

2.6.5　顺序控制程序编程练习

【**例 2－17**】设计一个用 PLC 控制的四节皮带传送带控制程序。四节传送带控制动作示意图如图 2－106 所示。

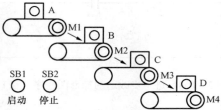

图 2－106　四节传送带控制动作示意图

1. 控制要求

（1）正常启动时，传送带上无物体，先启动 M1 的皮带机，2s 后再依次启动其他的皮带机，其顺序为 M1、M2、M3、M4 依次启动。

（2）停止时，为使传送带上不留物料，要求顺物料流动方向按一定时间间隔顺序停止，先停止最初的皮带机，2s 后再依次停止其他的皮带机，其顺序 M1、M2、M3、M4 依次停止。

（3）当某条传送带发生故障时，按下紧急停止按钮，传送带应立即停止工作。

（4）故障后启动，为避免前段传送带上造成物料堆积，要求按物料流动相反方向并以 2s 的时间间隔顺序启动，其顺序为 M4、M3、M2、M1 依次启动。

（5）要求各个传送带都具有点动功能。

2. I/O 分配及硬件原理图

根据控制要求设计的硬件原理图如图 2－107 所示。

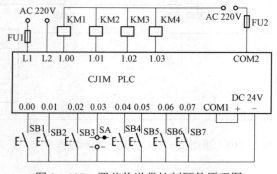

图 2－107　四节传送带控制硬件原理图

（1）输入信号：启动按钮 SB1—0.00、停止按钮 SB2—0.01、故障紧急停止按钮 SB3—0.02、自动/手动选择开关 SA—0.03、M1 点动按钮 SB4—0.04、M2 点动按钮 SB—0.05、M3 点动按钮 SB6—0.06 和 M4 点动按钮 SB7—0.07。

（2）输出信号：KM1—1.00、KM2—1.01、KM3—1.02 和 KM4—1.03。其中 KM1、KM2、KM3、KM4 是分别控制电动机 M1、M2、M3、M4 的接触器线圈。

3. 控制梯形图设计

根据四节传送带控制应用梯形图如图 2-108 所示。

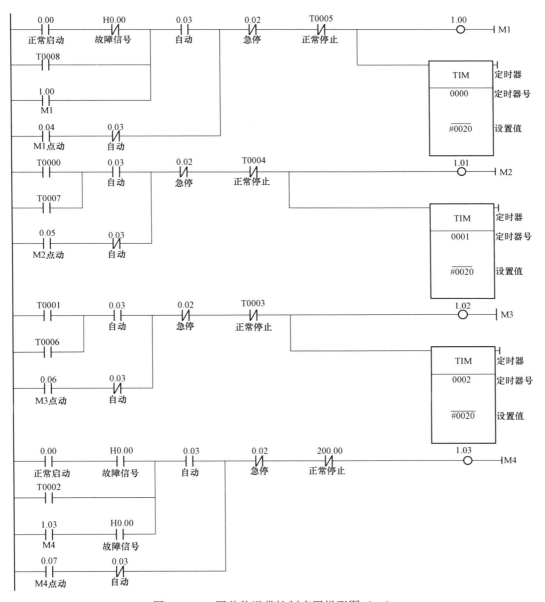

图 2-108　四节传送带控制应用梯形图（一）

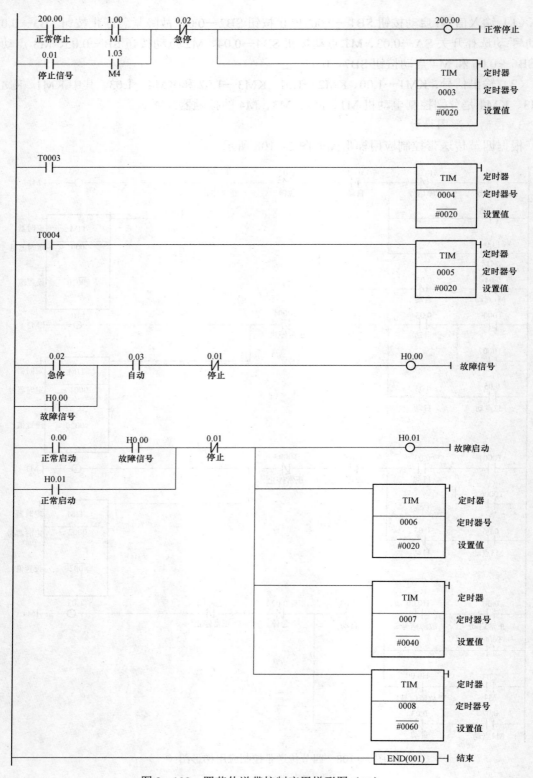

图 2-108 四节传送带控制应用梯形图（二）

将自动/手动开关 SA 选择在自动位置上，输入信号 0.03 有效。正常情况下启动，按下启动按钮 SB1 输入信号 0.00 有效，控制输出信号 1.00 为 ON，定时器 TIM0000 开始定时，2s 后其动合触点闭合控制输出信号 0.01 为 ON，以此类推电动机 M1、M2、M3 和 M4 依次启动，四节传送带顺序启动运行。正常情况下停止，按下停止 SB2 按钮时，电动机 M1、M2、M3 和 M4 依次停止，四节传送带应顺序停止运行。

当某条传送带发生故障时，按下紧急停止按钮输入信号 0.02 有效，四节传送带应立即停止工作；系统发生故障后重新启动，按下启动按钮 SB1，故障启动信号 H0.01 为 ON，并控制定时器 TIM0006、TIM0007 和 TIM0008 工作，控制电动机 M4、M3、M2、M1 依次启动。

将自动/手动开关 SA 选择在手动位置上，输入信号 0.03 断开。分别按下 SB4～SB7，可实现电动机 M1～M4 的点动控制。

2.6.6　移位寄存器指令编程练习

【例 2－18】应用移位寄存器指令实现交通信号灯的控制。

控制要求：启动 PLC 后，首先南北向红灯点亮，延时 30s 后，南北向绿灯接通，同时南北向红灯灭，南北向绿灯点亮延进 25s 后，南北向绿灯灭，接着南北向绿灯闪烁 3 次，南北向黄灯接通，延时 2s 后南北向黄灯灭同时南北向红灯亮。之后南北向信号灯重复上述过程，进行循环。东西向信号灯的工作过程与其相同，当南北向点亮红灯时，东西向点亮绿灯及黄灯；东西向点亮红灯时，南北向点亮绿灯及黄灯。

根据控制要求确定 PLC 输入输出信号：

输入信号：启动信号 SB1—0.00、停止信号 SB2—0.01。

输出信号：南北向红灯 HL1—1.00、南北向黄灯 HL2—1.01、南北向绿灯 HL3—1.02、东西向红灯 HL4—1.03、东西向绿灯 HL5—1.04、东西向黄灯 HL6—1.05。

根据交通信号灯控制要求采用移位寄存器设计的梯形图如图 2－109 所示。

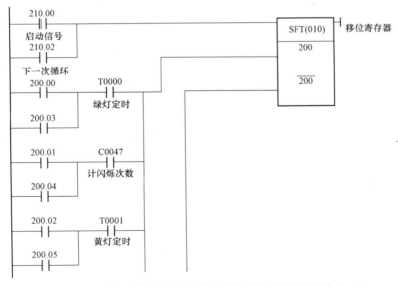

图 2－109　采用移位寄存器控制交通信号灯应用梯形图（一）

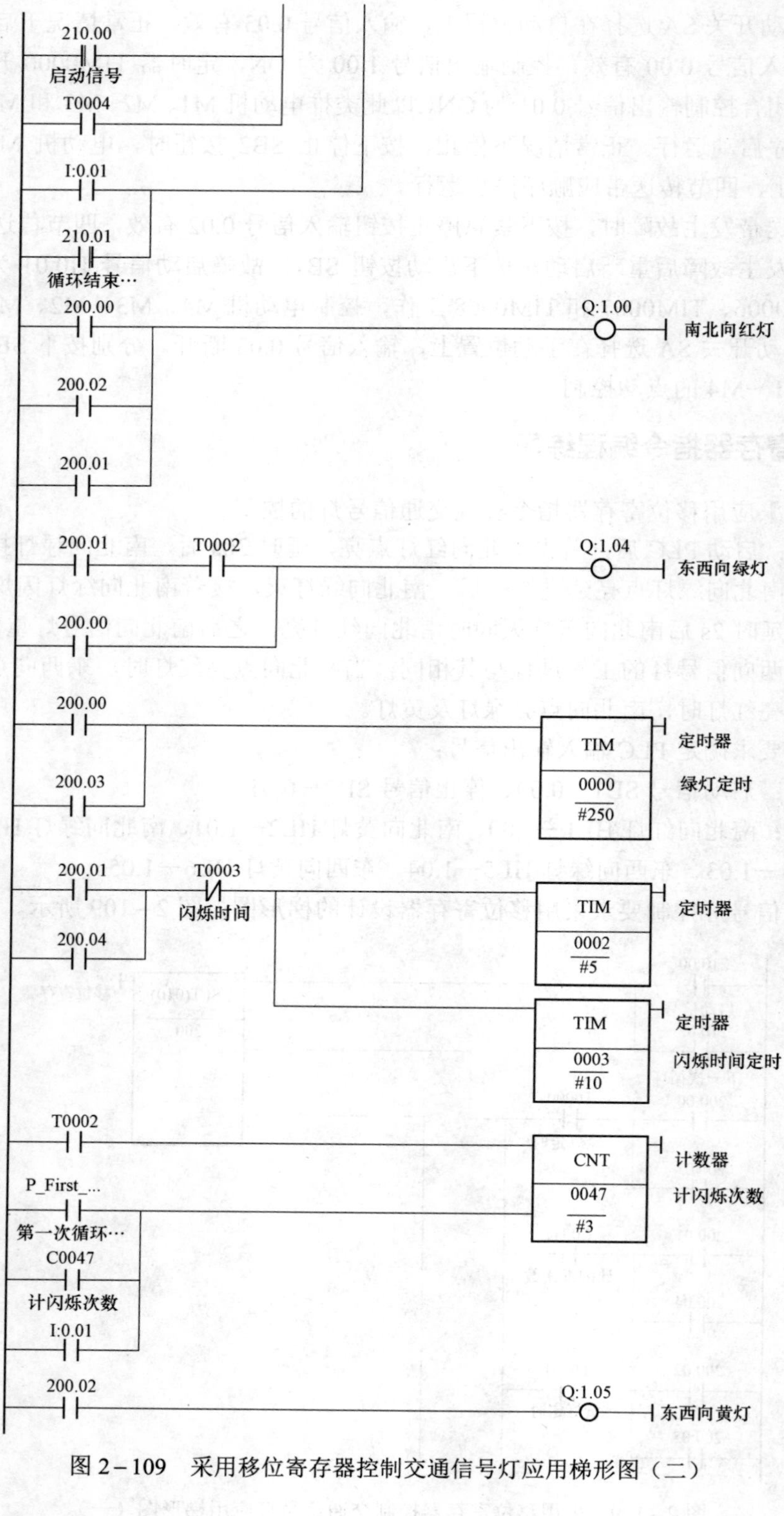

图 2-109 采用移位寄存器控制交通信号灯应用梯形图（二）

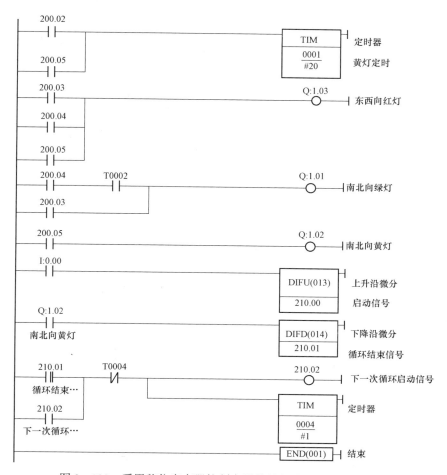

图 2-109　采用移位寄存器控制交通信号灯应用梯形图（三）

当按下 SB1 时，输入信号 0.00 有效，首先输出信号 1.00 为 ON，控制南北向红灯 HL1 亮，同时输出信号 1.04 为 ON，控制东西向绿灯 HL5 亮，延时 25s 后，再闪烁 3 次，东西向绿灯熄灭，输出信号 1.05 为 ON，控制东西向黄灯 HL6 接通，2s 后东西向黄灯熄灭，在此过程中南北向红灯 HL2 一直点亮。东西向黄灯 HL6 熄灭后，输出信号 1.03 为 ON，控制东西向红灯 HL4 点亮；同时输出信号 1.01 为 ON，控制南北向绿灯 HL2 点亮，南北向绿灯延时 25s 后，再闪烁 3 次，南北向绿灯灭，输出信号 1.02 为 ON，控制南北向黄灯 HL3 接通，延时 2s 后南北向黄灯熄灭，在此过程中东西向红灯一直点亮。南北向黄灯熄灭后，南北向红灯点亮，同时东西向绿灯点亮。之后重复上述过程，进行循环。按下 SB2 时，输入信号 0.01 有效，东西向、南北向的信号灯同时熄灭。

2.6.7　比较指令 CMP 指令的应用编程练习

【例 2-19】利用比较指令 CMP 来监视 TIM0000 的当前值。

TIM0000 设定值为 300，用两个比较指令 CMP 来监视它的当前值，每隔 10s 有一个输出，控制梯形图如图 2–110 所示。第一个比较指令 CMP 的常数为#200，第二个 CMP 的常数为 #100。当 TIM0000 开始定时，10s 后第一个 P_EQ 接点为 ON，将 200.00 置为 ON，控制输出 信号 1.00 为 ON；TIM0000 定时到 20s 时，第二个 P_EQ 接点为 ON，将 200.01 置为 ON，控 制输出信号 1.01 为 ON；30s 后 TIM0000 定时时间到控制输出信号 1.02 为 ON。

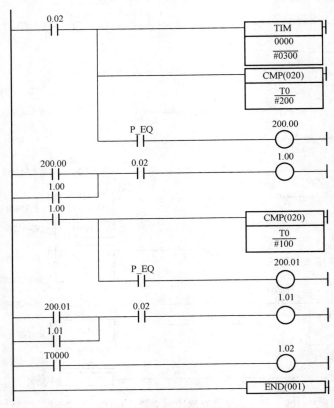

图 2–110　CMP 的控制梯形图

值得注意的是，在程序中两次使用特殊标志位 P_EQ（等于），第一标志位 P_EQ 的输出 结果只取决于其前面的比较指令的比较结果；第二标志位 P_EQ 的输出结果只取决于其前面 的第二条比较指令的比较结果，和第一条比较指令的输出结果无关。

2.6.8　数据传送、输入比较指令编程练习

1. MOV 指令的应用

【例 2–20】使用 MOV 指令改变定时器 TIM0000 的设定值。

D0 通道的内容作为 TIM0000 的设定值，通过 MOV 指令改变其设定值，控制梯形图如 图 2–111 所示。当输入信号 0.02 有效时，通过 MOV 指令将#100 传送到 D0 中，定时器 TIM0000 设定为 10s 定时，经过 10s 后，控制输出信号 1.00 为 ON；当输入信号 0.03 有效时，通过 MOV 指令将#200 传送到 D0 中，定时器 TIM0000 设定为 20s，经过 20s 后，控制输出信号 1.01 为 ON；如果 0.02 和 0.03 同时为 ON，则定时器 TIM0000 不工作。

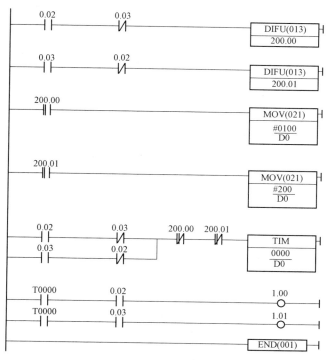

图 2-111　MOV 指令的控制梯形图

【例 2-21】采用数字键设定一个定时器的设定值的程序编程。

控制要求：使用十个数字键设定 TIM 的设定值。当开关 SA1 接通时，通过十个数字键对应的十个数字 0～9，设定 TIM 的设定值，当清除开关 SA2 接通时，定时器设定值被清零。

根据控制要求列出的 I/O 点，其功能见表 2-21。

表 2-21　　　　　采用按钮设定一个定时器 TIM 的设定值的 I/O 元件功能

项目	PLC　I/O 地址分配	元件名称
输入	0.00	设定数字 0 按钮 SB1
	0.01	设定数字 1 按钮 SB2
	0.02	设定数字 2 按钮 SB3
	0.03	设定数字 3 按钮 SB4
	0.04	设定数字 4 按钮 SB5
	0.05	设定数字 5 按钮 SB6
	0.06	设定数字 6 按钮 SB7
	0.07	设定数字 7 按钮 SB8
	0.08	设定数字 8 按钮 SB9

项目	PLC I/O 地址分配	元件名称
输入	0.09	设定数字 9 按钮 SB10
	0.10	定时器工作开关 SA1
	0.11	清除定时器设定值开关 SA2
输出	1.00	定时器输出指示灯 HL

根据 I/O 表和控制要求，设计 PLC 的硬件原理图如图 2−112 所示，其中 COM1 为 PLC 输入信号的公共端，COM2 为输出信号的公共端。

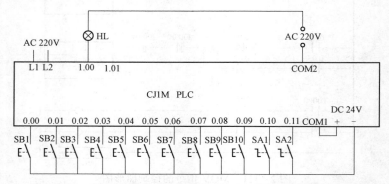

图 2−112 采用按钮设定一个定时器 TIM 的设定值硬件原理图

根据控制要求设计的控制梯形图，如图 2−113 所示。

程序执行过程：将定时器 T0000 的设定值设定 180s（将时间常数设为#1800）为例。按下数字键 SB2 将#1 送入数据区 D500 中；再按下数字键 SB9 将#8 送入数据区 D500 中，同时将 D0000 的数据按字左移一位，其内容为#0010，再与 D500 的内容进行逻辑或，其内容变为#0018；再按下数字键 SB1 将#0 送入数据区 D500 中，同时将 D0000 的数据按字左移一位，其内容为#0180，再与 D500 的内容进行逻辑或，其内容变为#0180；再按下数字键 SB1 将#0 送入数据区 D500 中，同时将 D0000 的数据按字左移一位，其内容为#1800，再与 D500 的内容进行逻辑或，其内容变为#1800。当 SA1 为 ON 时，输入信号 0.10 有效，定时器 TIM0000 的工作条件满足，其设定值为 180s，经过 180s 钟之后，输出信号 1.00 变为 ON。当 SA2 为 ON 时，输入信号有效，定时器 T0000 设定值被清除变为 0。

图 2−113 采用按钮设定一个定时器 TIM 的设定值的控制梯形图（一）

图 2-113　采用按钮设定一个定时器 TIM 的设定值的控制梯形图（二）

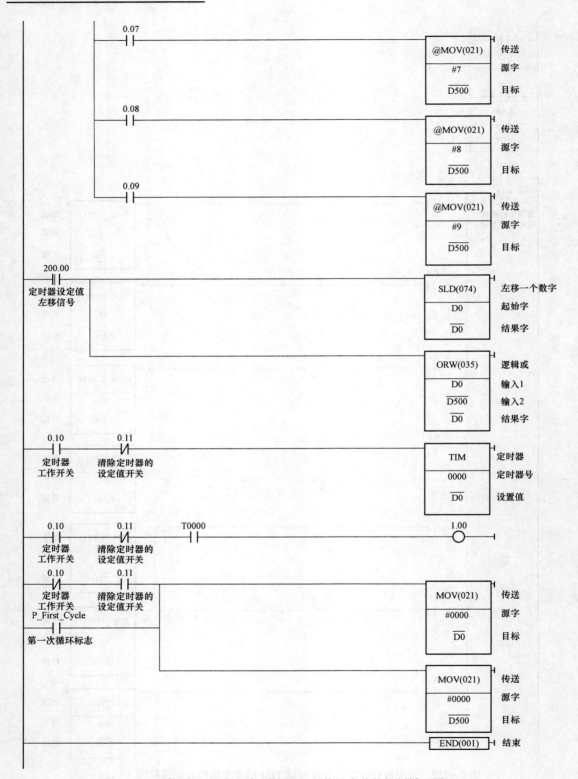

图 2-113　采用按钮设定一个定时器 TIM 的设定值的控制梯形图（三）

2. 比较指令的应用

【例 2－22】用定时器和比较指令组成占空比可调的脉冲发生器。

由比较指令和定时器 T0000 组成脉冲发生器，比较指令用来产生脉冲宽度可调的方波，脉宽的调整由比较指令的第二个操作数实现，控制梯形图如图 2－114 所示，脉冲波形如图 2－115 所示。

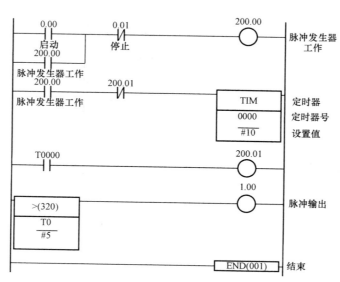

图 2－114　占空比可调的脉冲发生器控制梯形图

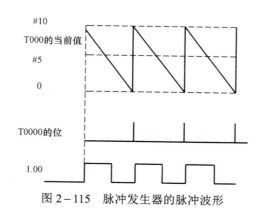

图 2－115　脉冲发生器的脉冲波形

【例 2－23】控制路灯的定时接通和断开编程练习。

控制要求：路灯 18:00 时开灯，06:00 时关灯。

路灯控制的关键在于设计时钟程序，对于 CJ1 系列的 PLC 的 CPU 内部本身具备时钟输出，内部特殊寄存器单元 A351～A354 中存放实时的时钟，其中 A351 存放分和秒、A352 中存放时和日、A353 存放月和年、A354 中存放星期。根据路灯的控制要求，只需要小时的时钟，而小时的时钟存放在 A352 的低八位中。

控制路灯的定时接通和断开控制梯形图如图 2－116 所示。

107

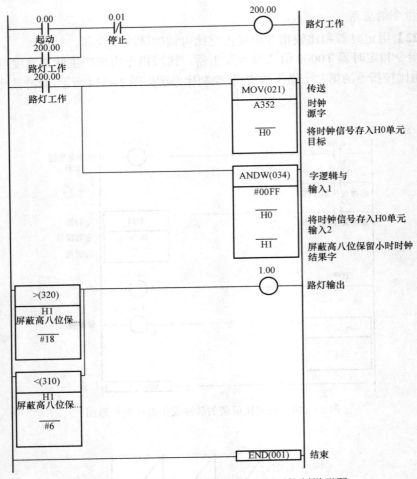

图 2–116　控制路灯的定时接通和断开控制梯形图

路灯控制启动后，通过 MOV 指令将 A352 的内容存入 H0 中，再通过字逻辑与 ANDW 指令将 H0 的高八位屏蔽，并将时钟存入 H1。通过输入比较指令判断 H1 的内容，当 H1 中时钟的变化在大于 18 或小于 6 的条件时满足要求，使输出信号 1.00 为 ON，控制路灯点亮，使路灯 18:00 时开启，6:00 时关闭。

值得注意的是在本程序编写过程中通过使用字逻辑与指令确定 PLC 内部小时的时钟脉冲，再通过输入比较指令实现对路灯的启停的控制，通过使用应用指令达到简化程序的目的。

2.6.9　运算指令编程练习

【例 2–24】4 位 BCD 码加法指令的应用。

4 位数 +4 位数的和为 4 位数或 5 位数。

将 4 位被加数放入数据区 D0 通道中，加数放入数据区 D1 中，和存入数据区 D2 中。若和为 5 位数数据区 D3 中送入 1。控制梯形图如图 2–117 所示。

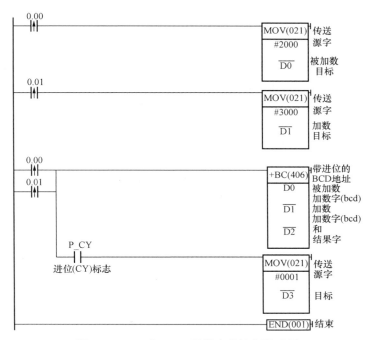

图 2-117 4 位 BCD 码指令的控制梯形图

【例 2-25】减法指令的应用。

被减数存入到数据区 D0 中，减数存入数据区 D1 中，差存入到数据区 D2 中，若有借位将数据区 D2 中的内容取反。控制梯形图如图 2-118 所示。

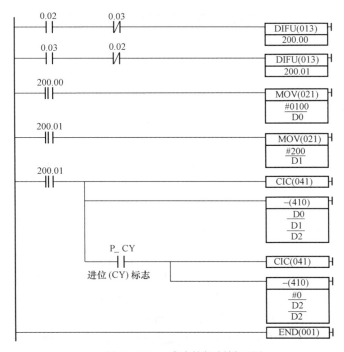

图 2-118 减法的控制梯形图

【例 2 - 26】 调整电动机运行时间的编程。

1. 控制要求

控制一台电动机，按下启动按钮电动机运行一段时间后自动停止；若需要停止时可按下停止按钮，电动机应立即停止。电动机的运行时间可以调整，设置两个按钮一个是增加按钮，另一个是减少按钮，增加或减少的单位为 10s/次。调整范围为 300s。

2. 硬件电路设计

根据控制要求列出的 I/O 点，其功能见表 2 - 22。

表 2 - 22 电动机运行时间调整程序 I/O 元件功能

项目	PLC I/O 地址分配	元件名称
输入	0.00	启动按钮 SB1
	0.01	停止按钮 SB2
	0.02	增加设定时间按钮 SB3
	0.03	减少设定时间按钮 SB4
输出	100.00	接触器 KM

根据 I/O 表和控制要求，设计 PLC 的硬件原理图如图 2 - 119 所示，其中 COM1 为 PLC 输入信号的公共端，COM2 为输出信号的公共端。

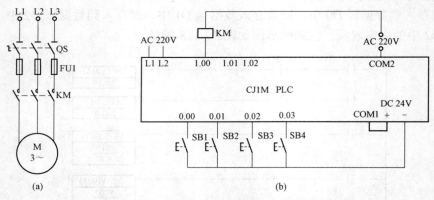

图 2 - 119　电动机运行时间调整程序控制电气原理图
（a）电动机控制电路；（b）PLC 硬件原理图

3. 控制梯形图

根据控制要求设计的控制梯形图，如图 2 - 120 所示。

当按下按钮 SB1 时，输入信号 0.00 有效，输出信号 1.00 为 ON，控制接触器 KM 通电，电动机启动运行，同时定时器 T0000 的设定值初值被设定为 100s 定时，经过 100s 之后，输出 1.00 变为 OFF，电动机停止运行。需要停止时，按下按钮 SB2，输入信号 0.01 有效，控制输出信号 1.00 为 OFF，接触器 KM 断电，电动机停止运行。

电动机启动运行后，若想增加电动机的自动运行时间，按下增加设定按钮 SB3，通过 BCD 加法指令，SB3 每接通一次，定时器的设定值增加 10s；若想减少电动机的自动运行时间，按下减少设定按钮 SB4，通过 BCD 减法指令，SB4 每接通一次，定时器的设定值减少 10s；这样定时器设定值可在 10～300s 之间调整。

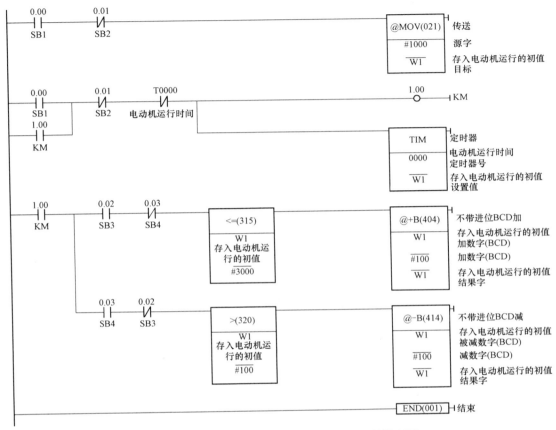

图 2-120 电动机运行时间调整程序的控制梯形图

【例 2-27】密码锁的解锁编程。

1. 控制要求

（1）SB1 为千位按钮，SB2 为百位按钮，SB3 为十位按钮，SB4 为个位按钮。

（2）开锁密码为 1234。即按顺序按下 SB1 一次、SB2 二次、SB3 三次、SB4 四次，再按下确认按钮 SB5 后电磁阀 YA 动作，密码锁打开。

（3）SB6 为撤销按钮，如有操作错误可按此键撤销然后重新操作。

（4）当输入错误三次时，按下确认键后报警灯 HL 闪亮，蜂鸣器 HA 发出报警声响。

2. 硬件电路设计

根据控制要求列出密码锁中所用的 I/O 点，其功能见表 2-23。

表 2-23 　　　　　　　　　　　密码锁输入/输出元件功能

项目	PLC I/O 地址分配	元件名称
输入	0.00	千位按钮 SB1
	0.01	百位按钮 SB2

续表

项目	PLC I/O 地址分配	元件名称
输入	0.02	十位按钮 SB3
	0.03	个位按钮 SB4
	0.04	确认按钮 SB5
	0.05	撤销按钮 SB6
输出	1.00	电磁阀 YA
	1.01	报警灯 HL
	1.02	蜂鸣器 HA

根据 PLC 的 I/O 表和控制要求，设计 PLC 的硬件原理图如图 2－121 所示。

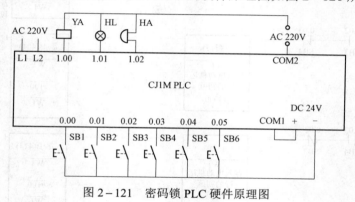

图 2－121　密码锁 PLC 硬件原理图

3. 控制梯形图

根据控制要求设计的控制梯形图如图 2－122 所示。

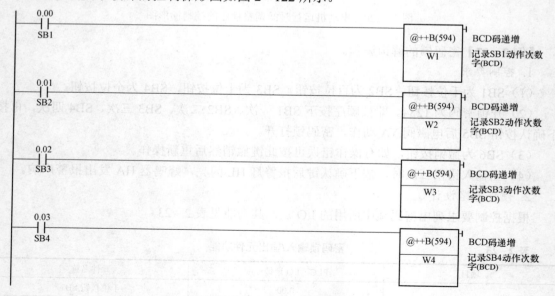

图 2－122　密码锁 PLC 控制梯形图（一）

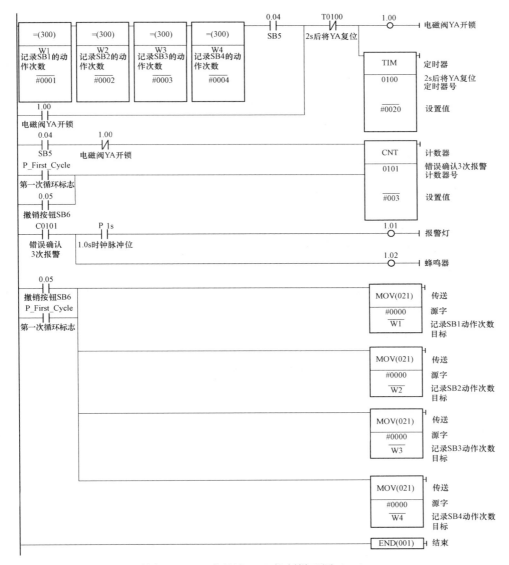

图 2-122 密码锁 PLC 控制梯形图（二）

当按下 SB1 时，输入信号 0.00 有效，通过 BCD 码递增指令记录 SB1 的动作次数，并将其存入 W1 通道。

当按下 SB2 时，输入信号 0.01 有效，通过 BCD 码递增指令记录 SB2 的动作次数，并将其存入 W2 通道。

当按下 SB3 时，输入信号 0.02 有效，通过 BCD 码递增指令记录 SB3 的动作次数，并将其存入 W3 通道。

当按下 SB4 时，输入信号 0.03 有效，通过 BCD 码递增指令记录 SB4 的动作次数，并将其存入 W4 通道。

当千位、百位、十位和个位的数据与设定的密码 1234 相符合时，此时若按下确认按钮 SB5，输入信号 0.04 有效，输出信号 1.00 为 ON，控制电磁阀开锁。

当千位、百位、十位和个位的数据与设定的密码 1234 不符合时，按下确认按钮 SB5，输入信号 0.04 有效，计数器 C0101 记录 SB5 的动作次数，若 3 次操作错误，则计数器 C0101 动作，输出信号 1.01 和 1.02 为 ON，控制报警灯和蜂鸣器工作，报警灯闪烁，蜂鸣器鸣响即发出声光报警信号。

当发出声光报警信号或每次操作失误后，按下撤销按钮 SB6，输入信号 0.05 有效，将 W1、W2、W3 和 W4 通道的内容清零，并清除报警信号。

2.6.10 移位指令编程练习

【例 2-28】 流动彩灯控制程序编程。

1. 控制要求

（1）彩灯按顺序 A～H 依次点亮（间隔 1s）。

（2）移到最后一位时要求所有灯全部熄灭，然后再全亮，点亮 1s 后再全部熄灭。

（3）流动彩灯流动方向按顺序 H～A 依次点亮（间隔 1s），移到最后一位时要求所有灯全部熄灭，然后再全亮，点亮 1s 后再全部熄灭。然后重复上述过程进行循环。

2. I/O 点的确定

根据控制要求列出的 I/O 点，其功能见表 2-24。

表 2-24　　　　　　　　　　　流动彩灯 I/O 元件功能

项目	PLC I/O 地址分配	元件名称
输入	0.00	停止按钮 SB1
	0.01	启动按钮 SB2
输出	1.00	彩灯 HL1
	1.01	彩灯 HL2
	1.02	彩灯 HL3
	1.03	彩灯 HL4
	1.04	彩灯 HL5
	1.05	彩灯 HL6
	1.06	彩灯 HL7
	1.07	彩灯 HL8

3. 控制梯形图

根据控制要求设计的控制梯形图如图 2-123 所示。

图 2-123　流动彩灯控制梯形图（一）

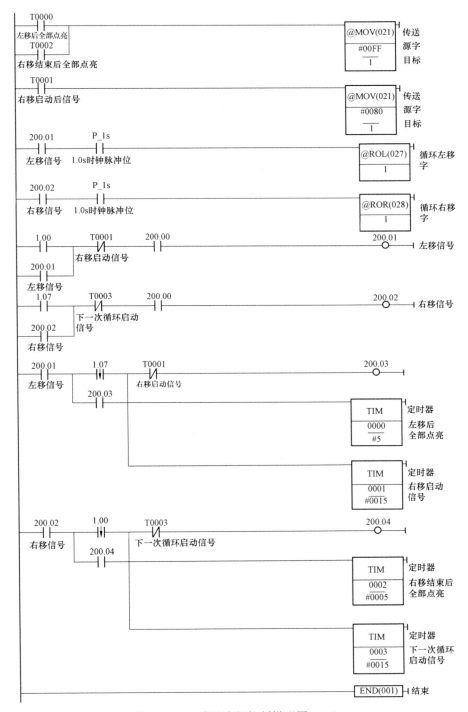

图 2 - 123 流动彩灯控制梯形图（二）

当按下 SB2 时，输入信号 0.01 有效，内部辅助继电器 200.00 为 ON，同时将#0001 存入输出通道 1，即将输出通道 1 的 1.00 位置为 1，流动彩灯的第一位点亮，在秒脉冲的作用下，控制循环左移指令工作，彩灯按顺序 HL1～HL8 依次点亮（间隔 1s），当移动到最高位 1.07

时，采用一条下降沿指令，将 1.07 断开的信号接通定时器 T0000，经过 0.5s 后将输出输出通道 1 的低八位全部置 1，即将常数#00FF 传送到输出通道 1 即可。再经过 1s 的定时，定时器 T0001 动作，输出通道 1 的第八位置为 1，即将#0080 存入输出通道 1，将输出通道 1 的 1.07 位置为 1，流动彩灯的第八位点亮，在秒脉冲的作用下，控制循环右移指令工作，彩灯按顺序 HL8～HL1 依次点亮（间隔 1s），当移动到最低位 1.00 时，采用一条下降沿指令，将 1.00 断开的信号接通定时器 T0002，经过 0.5s 后将输出通道 1 的低八位全部置为 1，即将常数#00FF 再次传送到输出通道 1 即可。再经过 1s 的定时，定时器 T0003 动作，断开右移控制信号，接通左移控制信号，重新将输出通道 1 的最低位 1.00 置为 1，重复上述过程进行循环。

按下按钮 SB1，输入信号 0.00 有效，200.00 复位，将左移控制信号 200.01 和右移控制信号 200.02 断开，流动彩灯停止工作。

【例 2－29】 流动彩灯的流动方向和可预置流动彩灯个数的编程练习。

1. 控制要求

（1）流动彩灯的流动方向可由外部开关控制。

（2）彩灯按顺序 A～H 依次点亮（间隔 1s），然后重复上述过程进行循环。

（3）选择流动彩灯流动方向按顺序 H～A 依次点亮（间隔 1s），然后重复上述过程进行循环。

（4）可预置流动彩灯同时点亮的个数 1～4，改变其变化规律。

2. 硬件原理接线图

根据流动彩灯控制要求设计的硬件原理接线图如图 2－124 所示。

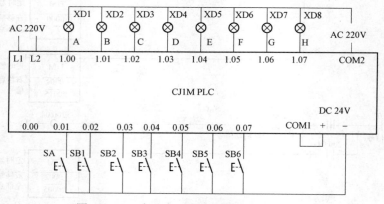

图 2－124　流动彩灯实验的硬件原理接线图

输入信号：彩灯流动方向选择开关 SA—0.01、启动按钮 SB1—0.02、停止按钮 SB2—0.03、1 号预置按钮 SB3—0.04、2 号预置按钮 SB4—0.05、3 号预置按钮 SB5—0.06 和 4 号预置按钮 SB6—0.07。

输出信号：8 个彩灯（A～H）—1.00～1.07。

3. 控制梯形图

根据流动彩灯控制要求设计的梯形图如图 2－125 所示。

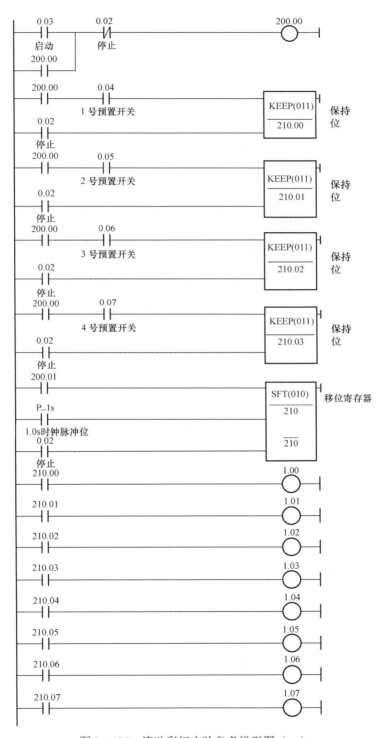

图 2-125　流动彩灯实验参考梯形图（一）

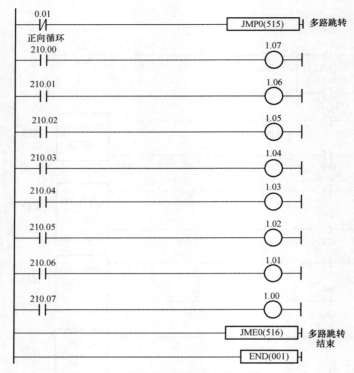

图 2-125 流动彩灯实验参考梯形图（二）

4. 工作过程

（1）选择流动彩灯的流动方向，将 SA 接通，输入信号 0.01 有效时，多路跳转指令 JMP0 与 JME0 之间的程序不满足，流动彩灯按顺序 A～H 依次点亮（间隔 1s）。

（2）按下 SB1，辅助继电器 200.00 为 ON，若只按下 SB3，输入信号 0.03 有效，将移位寄存器的移位数据第一位 210.00 置为 ON，移位寄存器在移位脉冲的作用下开始移位，控制输出信号 1.00～1.07 为 ON 彩灯按顺序 A～H 依次点亮（间隔 1s），然后重复上述过程进行循环。按下 SB2，流动彩灯停止工作。

（3）将 SA 断开，输入信号 0.01 无效，多路跳转指令 JMP0 与 JME0 之间的程序满足，程序的执行结果以多路跳转指令 JMP0 与 JME0 之间的程序输出结果为准，流动彩灯按顺序 H～A 依次点亮（间隔 1s）。按下 SB1，然后重复上述过程进行循环。按下 SB2，流动彩灯停止工作。

（4）改变流动彩灯的变化规律，如使两个彩灯同时点亮，按下置位按钮 SB3 和 SB4，将 210.01 和 210.01 置位为 ON，将移位寄存器的移位数据第一位和第二位同时为 ON；启动后可以两个灯同时点亮，进行移位，然后进行循环。其他情况读者可自行分析。

2.6.11 电动机启动制动程序编程练习

【例 2-30】电动机自动往复循环的正反转 PLC 控制编程练习。

1. 控制要求

电动机正向启动，当按下 SB2 时，输入信号 0.01 有效，电动机正向启动，压下行程开关 SQ1，输入信号 0.03 有效，电动机应自动反转。若电动机反向启动，当按下 SB3 时，输入信号 0.02 有效，电动机反向启动，压下行程开关 SQ2，输入信号 0.04 有效，电动机应自动正转。若长时间不能压下行程开关，电动机应自动停止。当电动机过载时，输入信号 0.05 有效，电动机应立即停止。电动机在任意时刻都能停止。

2. 硬件原理接线图

电动机正反向控制应用硬件原理接线图如图 2−126 所示。

输入信号：停止按钮 SB1—0.00、正向启动按钮 SB2—0.01、反向启动按钮 SB3—0.02、正向限位行程开关 SQ1—0.03、反向限位行程开关 SQ2—0.04、热继电器 FR—0.05。

输出信号：正向接触器 KM1—1.00、反向接触器 KM2—1.01。

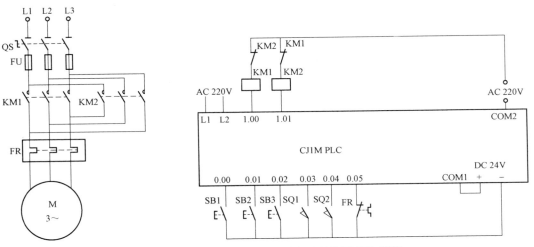

图 2−126　电动机正反向控制应用硬件原理接线图

3. 控制梯形图

电动机正反向控制应用梯形图如图 2−127 所示。

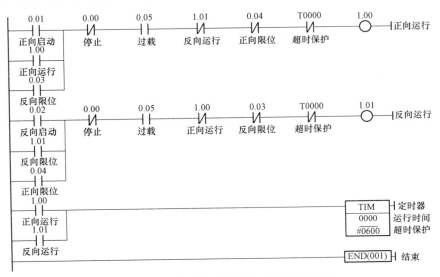

图 2−127　电动机正反向控制应用梯形图

【例 2－31】 电动机 Y－△启动程序编程练习。

1. Y－△降压启动的控制过程

在整个控制过程中，保证星接接触器接通或断开的情况下无电弧产生。为了确保线路安全可靠，应设有必要的保护环节。

控制过程如下：

$$KM3(+) \xrightarrow{0.5s} KM1(+) \xrightarrow{0.5s} KM1(-) \xrightarrow{0.5s} KM3(-) \xrightarrow{0.5s} KM2(+) \xrightarrow{0.5s} KM1(+)$$

2. 控制要求

（1）四个 0.5s 的延时时间分别用四个定时器，设计其程序。

（2）四个 0.5s 的延时间用一个定时器，设计其程序。

3. 硬件原理接线图

Y－△降压启动的控制应用硬件原理接线图如图 2－128 所示。

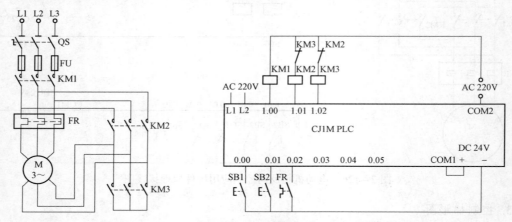

图 2－128　Y－△降压启动的控制应用硬件原理接线图

输入信号：SB1—0.00 停止信号、SB2—0.01 启动信号。

输出信号：KM1—1.00 为电源接触器线圈，KM3—1.01 为星形联结接触器线圈、KM2—1.02 为三角形联结接触器线圈。KM1 和 KM2 的动断触点是为了防止 KM1 和 KM2 同时通电而增加的电气互锁。

4. 参考梯形图

（1）应用梯形图一。4 个 0.5s 的延时时间使用四个定时器控制梯形图如图 2－129 所示。

（2）应用梯形图二。4 个 0.5s 的延时时间使用 1 个定时器，控制应用梯形图如图 2－130 所示。需要说明的是启动信号的时间应大于 0.5s 且小于 5.5s，否则程序的执行结果将出现错误。

【例 2－32】 PLC 控制电动机正反转反接制动编程练习。

1. 控制要求

电动机正向启动，当按下 SB2 时，输入信号 0.01 有效，接触器 KM1 通电，电动机正向启动运行。按下停止按钮时，电动机进入反接制动状态，当速度接近零时，接触器 KM2 复位，反接制动结束。电动机反向启动 SB3 时，输入信号 0.02 有效，电动机正向启动运行，电动机反向制动过程与正向相同。当电动机过载时，输入信号 0.05 有效，电动机应立即停止。电动机在任意时刻都能停止。

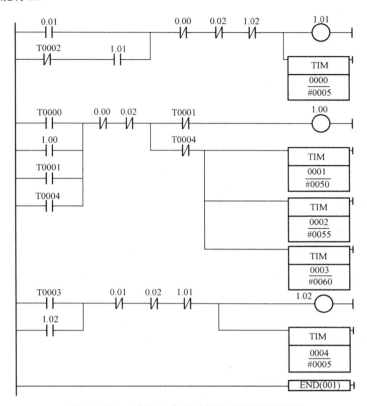

图 2-129　采用 5 个定时器控制应用梯形图

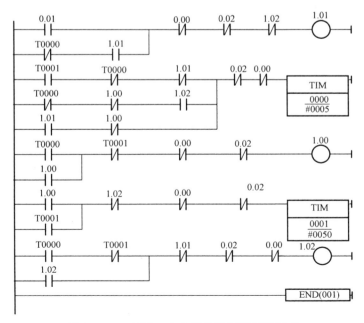

图 2-130　采用 2 个定时器控制应用梯形图

2. 硬件原理接线图

电动机正反转反接制动硬件原理接线图如图 2–131 所示。

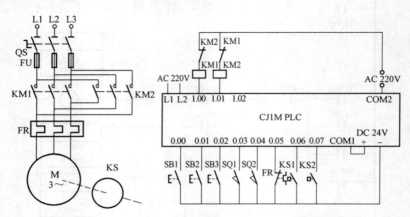

图 2–131　电动机正反转反接制动硬件原理接线图

输入信号：停止按钮 SB1—0.00、正向启动按钮 SB2—0.01、反向启动按钮 SB3—0.02、正向限位行程开关 SQ1—0.03、反向限位行程开关 SQ2—0.04、热继电器 FR—0.05、速度继电器正向触点 KS1—0.06、速度继电器反向触点 KS2—0.07。

输出信号：正向接触器 KM1—1.00、反向接触器 KM2—1.01。

3. 控制梯形图

电动机正反转反接制控制梯形图如图 2–132 所示。

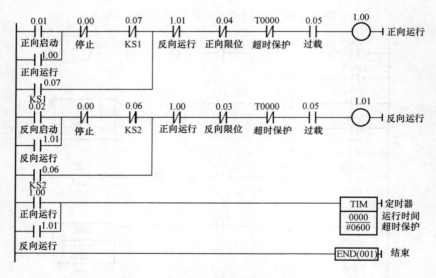

图 2–132　电动机正反向反接制动控制应用梯形图

按下正向启动按钮 SB2 输入信号 0.01 有效，电动机正向启动运行，输入信号 0.06 有效为反接制动做好准备。按下停止 SB1 按钮，输入信号 0.00 有效，电动机进入反接制动状态，当速度接近零时，输入信号 0.06 断开，输出信号 1.01 断开，接触器 KM2 复位，反接制动结束。电动机反向运行的制动过程与正向相同，这里就不再详细分析了。若电动机拖动工作台运行，长时间不能压下行程开关，则定时器 T0000 动作，控制电动机自动停止。当电动机过载时，输入信号 0.05 有效，电动机应立即停止。值得注意的是，在整个反接制动过程中没有考虑串接反接制动电阻，读者可根据需要加以考虑。

2.6.12　多种液体混合装置的控制程序编程练习

1. 控制要求

（1）初始状态。多种液体混合装置的结构示意图如图 2－133 所示。初始状态是各阀门关闭，容器内无液体。电磁阀 YA1、YA2 和 YA3 为 OFF。

（2）启动操作。按下启动按钮，开始工作：

电磁阀 YA1 通电，液体 A 开始进入容器，当液体达到 SQ3 位置时，控制电磁阀 YA1 断电，YA2 通电，开始注入 B 液体。

液面达到 SQ1 位置时 YA2 断电，电动机 M 工作，开始搅拌。

混合液体搅拌均匀后（设时间为 30s），电动机 M 停止工作，电磁阀 YA3 通电，放出混合液体。

当液体下降到 SQ2 位置时，SQ2 从 ON 变为 OFF，再过 20s 后容器放空，关闭电磁阀 YA3，完成一个操作周期。

只要没按下停止按钮，则自动进入下一操作周期。

（3）停止操作。按下停止按钮，则在当前混合操作周期结束后，才停止操作，系统停止在初始状态。

2. PLC 硬件原理接线

根据多种液体混合装置控制要求设计的硬件原理接线图如图 2－134 所示。

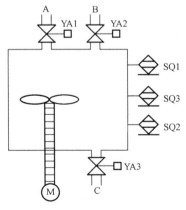

图 2－133　多种液体自动混合装置的结构示意图

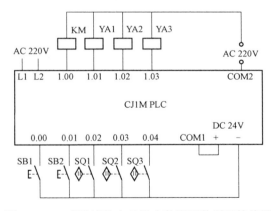

图 2－134　多种液体自动混合装置硬件原理接线图

3. 控制梯形图

根据多种液体自动混合装置控制要求设计的控制梯形图如图 2－135 所示。

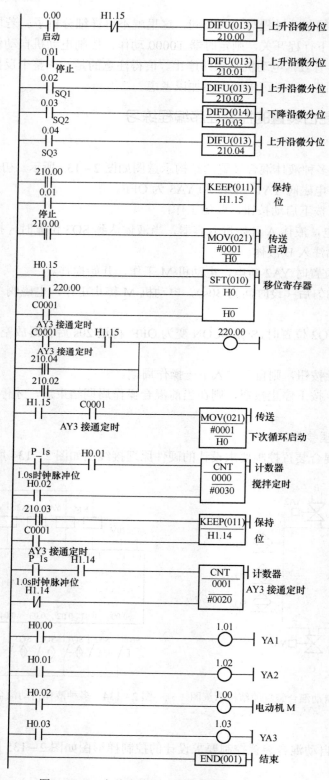

图 2-135　多种液体自动混合装置控制梯形图

（1）启动操作。

1）按下启动按钮 SB1，控制系统开始工作，传送指令将常数#0001 传送至 H0 通道，移位寄存器输出 H0.00 为 ON，控制输出信号 1.01 为 ON，电磁阀 YA1 通电，液体 A 开始进入容器。

2）当液体达到 SQ3 时，移位寄存器再次移位输出 H0.01 为 ON，控制输出信号 1.02 为 ON，电磁阀 YA2 通电，开始注入 B 液体。

3）液面达到位置 SQ1 时，移位寄存器再次移位输出 H0.02 为 ON，控制输出信号 1.00 为 ON，电磁阀 YA2 断电，电动机 M 工作开始搅拌。

4）混合液体搅拌均匀后（设时间为 30s），移位寄存器再次移位 H0.03 为 ON，控制输出信号 1.03 为 ON，电磁阀 YA3 通电，放出混合液体。

5）当液面下降到 SQ2 位置时，SQ2 从 ON 变为 OFF，计数器 C0001 开始工作，再过 20s 后容器放空，计数器 C0001 将移位寄存器复位，控制输出信号 1.03 复位，电磁阀 YA3 断开，完成一个操作周期。

6）计数器 C0001 又使传送指令工作，将常数#0001 传送至 H0 通道，自动进入下一操作周期。

（2）停止操作。按下停止按钮，输入信号 0.01 有效，将保持继电器 H1.15 复位，第二条传送指令的条件不再满足，断开下次循环的启动信号，系统完成工作周期后自动停止。

通过分析上述程序可知，若想改变液体搅拌所需的时间可以通过改变计数器的设定值实现。可以分别设置两个按钮选择所需控制时间。

I/O 分配：SB3—0.05 选择 10min，SB4—0.06 选择 20min，控制液体搅拌时间的梯形图如图 2-136 所示。需要注意的是，还要将图 2-135 中计数器 C0000 的设定值改为工作字 W0。

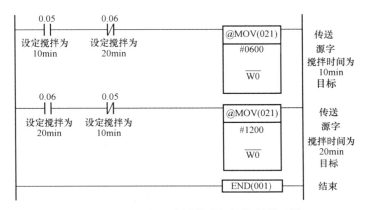

图 2-136　设定两种搅拌时间的控制梯形图

2.6.13　应用定时器的交通灯控制程序编程练习

1. 控制要求

PLC 启动工作后，首先南北向红灯点亮，延时 30s 后，南北向绿灯接通，同时南北向红灯灭，南北向绿灯点亮延进 25s 后，南北向绿灯灭，接着南北向绿灯闪烁 3 次，南北向黄灯接通，延时 2s 后南北向黄灯灭同时南北向红灯亮，以后南北向信号灯重复上述过程，进行循环。东西向信号灯的工作过程与其相同，当南北向点亮红灯时，东西向点亮绿灯或黄灯；东西向点亮红灯时，南北向点亮绿灯或黄灯。其具体动作时序如图 2-137 所示。交通信号灯控制示意图如图 2-138 所示。

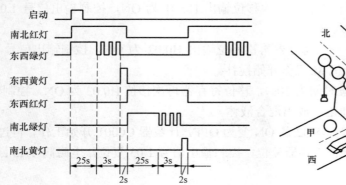

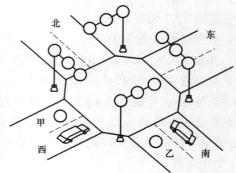

图 2-137　交通信号灯控制时序图　　　　图 2-138　交通信号灯控制示意图

2. 硬件原理接线图

根据交通信号灯控制要求设计的交通信号灯控制硬件原理图如图 2-139 所示。

输入信号：启动信号 SB1—0.00、停止信号 SB2—0.01。

输出信号：南北向红灯—1.00、南北向黄灯—1.01、南北向绿灯—1.02、东西向红灯—1.03、东西向黄灯—1.04、东西向绿灯—1.05。

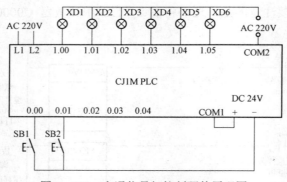

图 2-139　交通信号灯控制硬件原理图

3. 控制梯形图

采用定时器设计交通信号灯控制梯形图如图 2-140 所示。

当按下 SB1 时，输入信号 0.00 有效首先南北向红灯亮，同时东西向绿灯亮，延时 25s 后，东西向绿灯闪烁 3 次后熄灭，东西向黄灯接通，2s 后东西向黄灯熄灭，在此过程中南北向红灯一直点亮。东西向黄灯熄灭后，东西向红灯点亮，同时南北向绿灯点亮，南北向绿灯延时 2s 后，南北向绿灯闪烁 3 次后熄灭，南北向黄灯接通，延时 2s 后南北向黄灯熄灭，在此过程中东西向红灯一直点亮。南北向黄灯熄灭后，南北向红灯点亮，同时东西向绿灯点亮，以后重复上述过程，进行循环。按下 SB2 时，输入信号 0.01 有效，东西向、南北向的信号灯同时熄灭。

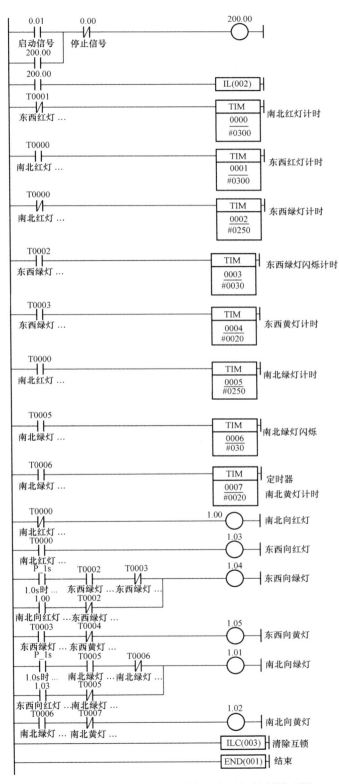

图 2-140　应用定时器控制交通信号灯控制梯形图

2.6.14 滤波程序编程练习

在模拟量数据采集中，为了防止干扰，经常加入数字滤波程序，其中一种方法为平均值滤波法。要求按一定的周期连续采集五次数据并将采集的数据累加的结果除以采样的次数，计算出平均值。根据控制要求设计的控制梯形图如图 2−141 所示。

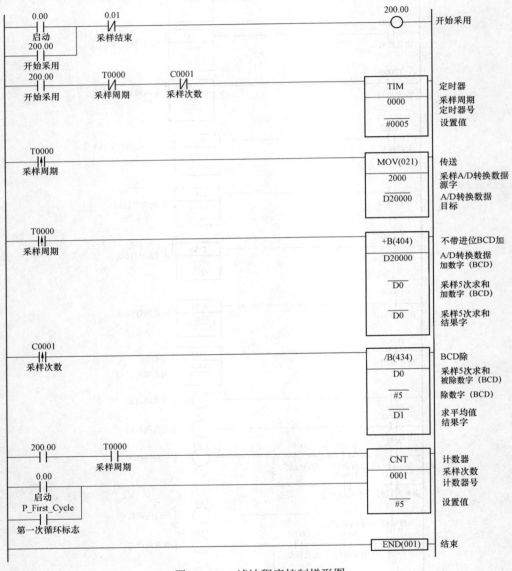

图 2−141 滤波程序控制梯形图

2.6.15 多故障标准预警控制编程练习

1. 控制要求

在实际工程应用中，当多个故障同时发生时，一个故障对应一个报警指示灯闪烁，蜂鸣器鸣响。操作人员知道发生故障后，按消铃按钮，将蜂鸣器关掉，报警指示灯从闪烁变为长亮。故障消失后，报警灯熄灭。

2. 硬件电路设计

根据控制要求列出实例 52 中所用到的 I/O 点，其功能见表 2-25。

表 2-25　　　　　　　　　　　多故障标准预警控制 I/O 元件功能

项目	PLC I/O 地址分配	元件名称
输入	0.00	故障 1 信号 SA1
	0.01	故障 2 信号 SA2
	0.02	故障 3 信号 SA3
	0.03	消铃按钮 SB1
	0.04	试验按钮 SB2
输出	1.00	故障 1 报警指示灯 HL1
	1.01	故障 2 报警指示灯 HL2
	1.02	故障 3 报警指示灯 HL3
	1.03	蜂鸣器 HA

根据控制要求设计 PLC 的硬件原理图如图 2-142 所示。

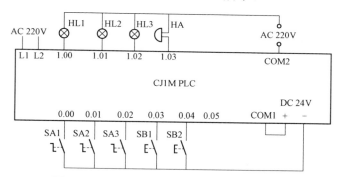

图 2-142　多故障报警控制 PLC 硬件原理图

根据控制要求设计的控制梯形图如图 2-143 所示。

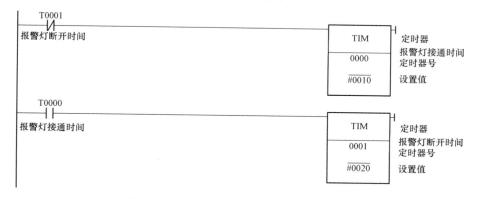

图 2-143　多故障报警的控制梯形图（一）

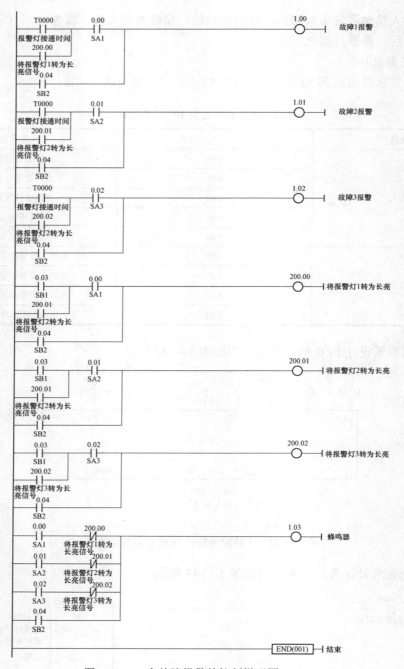

图 2-143　多故障报警的控制梯形图（二）

定时器 T0000 与 T0001 组成一个接通 2.0s，断开 1.0s 的脉冲信号，为报警灯提供闪烁控制信号。

当故障信号开关 SA1 接通时，输入信号 0.00 有效，使输出信号 1.00 为 ON 接通，报警指示灯闪烁，同时蜂鸣器（或报警电铃）鸣响。操作人员知道发生故障后，按消铃按钮 SB1，输入信号 0.03 有效，控制信号 200.00 为 ON，其动合触点将闪烁脉冲"短接"报警指示灯从闪烁变为长亮，如果是单故障，其动断触点将输出信号 1.03 断开，变为 OFF，将蜂鸣器关掉。故障消失后，报警指示灯熄灭。

当故障信号开关 SA2 接通时，输入信号 0.01 有效，使输出信号 1.01 为 ON 接通，报警指示灯闪烁，同时蜂鸣器（或报警电铃）鸣响。操作人员知道发生故障后，按消铃按钮 SB1，输入信号 0.03 有效，控制信号 200.01 为 ON，其动合触点将闪烁脉冲"短接"报警指示灯从闪烁变为长亮，如果是单故障，其动断触点将输出信号 1.03 断开，变为 OFF，将蜂鸣器关掉。故障消失后，报警指示灯熄灭。

当故障信号开关 SA3 接通时，输入信号 0.02 有效，使输出信号 1.02 为 ON 接通，报警指示灯闪烁，同时蜂鸣器（或报警电铃）鸣响。操作人员知道发生故障后，按消铃按钮 SB1，输入信号 0.03 有效，控制信号 200.02 为 ON，其动合触点将闪烁脉冲"短接"报警指示灯从闪烁变为长亮，如果是单故障，其动断触点将输出信号 1.03 断开，变为 OFF，将蜂鸣器关掉。故障消失后，报警指示灯熄灭。

当测试按钮 SB2 接通时输入信号 0.04 有效即 0.04 为 ON，1.00、1.1、1.02 和 1.03 同时为 ON，断开 SB2 时，1.00、1.01、1.02 和 1.03 同时断开，测试报警指示灯和蜂鸣器是否正常工作。

程序中没有考虑当多个故障同时发生的情况，若有多个故障发生时，按下消铃按钮 SB1 后，蜂鸣器继续鸣响，提示操作人员有多个故障发生，该功能可由读者自行完善。

2.6.16 自动循环送料装置综合编程练习

1. 控制要求

自动循环送料装置的控制方式分为手动工作方式和自动工作方式。手动工作方式可以实现对电动机的点动控制。自动工作方式为送料装置循环工作方式，而循环次数的设定分为手动按钮置数和程序置数两种选择方式。自动循环送料装置工作过程示意如图 2-144 所示。

（1）送料车由原位出发，前进至 A 处压下 SQ2 停止，延时 30s 自动返回至原位压下 SQ1 停止，再延时 30s 自动前进，经过 A 不停前进至 B 点压下 SQ3 停止，再延时 30s 自动返回原位停。

（2）在原位再停留 30s，再自动前进，按上述过程自动循环。

（3）要求循环到预定次数，送料车自动停止在原位。

（4）循环次数可以通过外部按钮和更改计数器的设定值来设定。

（5）在运行的任意位置停止，停止后可手动返回原位。

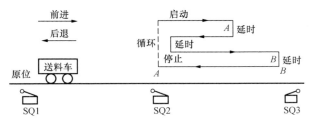

图 2-144　自动循环送料装置工作过程示意图

2. I/O 点的确定

根据控制要求及送料装置的工作过程，确定 I/O 点见表 2-26。从节省 PLC 的 I/O 点数的角度考虑，因停止按钮的作用与过载保护的热继电器的作用相同都是使电动机停止运行，将其合并为一点，并且都使用了其动断触点。

表 2-26 送料装置 I/O 状态一览表

	地址	功能说明	地址	功能说明
输入信号	0.00	正向启动按钮 SB1	0.05	自动工作方式 SA2
	0.01	反向启动按钮 SB2	0.06	手动工作方式 SA2
	0.02	原位行程开关 SQ1	0.07	手动置数按钮 SB3
	0.03	A 点行程开关 SQ2	0.08	过载 FR 和停止按钮 SB4
	0.04	B 点行程开关 SQ3	0.09	手动/程序置数选择 SA1
输出信号	1.00	正向接触器线圈 KM1	1.01	反向接触器线圈 KM2

注 KM1、KM2 为拖动送料车电动机正、反向运行的接触器。

3. 自动循环送料装置电气原理

根据控制要求设计的电气原理图如图 2-145 所示。

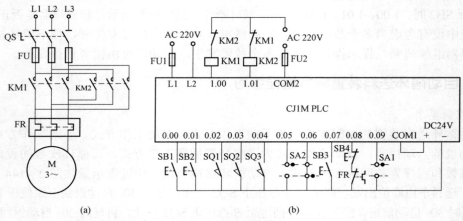

(a)　　　　　　　　　　　(b)

图 2-145　自动循环送料控制装置电气原理图

(a) 主电路；(b) PLC 硬件原理图

根据自动循环送料控制装置电气原理图，选择电器元件的型号和个数，表 2-27 为送料控制装置所用电器元件一览表。

表 2-27 送料控制装置所用电器元件一览表

电器元件名称	型号	使用个数	备注
转换开关	HZ15	1	—
三相异步电动机	Y801-4	1	—
交流接触器	LC1-12	2	需配辅助触点组件
热继电器	JR20-20	1	热元件 0.6~1.2A
控制按钮	LY3	6	—
行程开关	LX33	3	—
主令开关	LW6	2	—
熔断器	RL6	2	熔体电流 2A

续表

电器元件名称	型号	使用个数	备注
熔断器	RL6	3	熔体电流 10A
PLC 主机	CJ1 – CPU12	1	—
输入单元	CJ1W – ID211	1	16 点输入
输出单元	CJ1W – OC201	1	8 点输出

4. 系统工作流程图

根据控制要求及送料装置的工作过程绘制的流程图如图 2 – 146 所示。

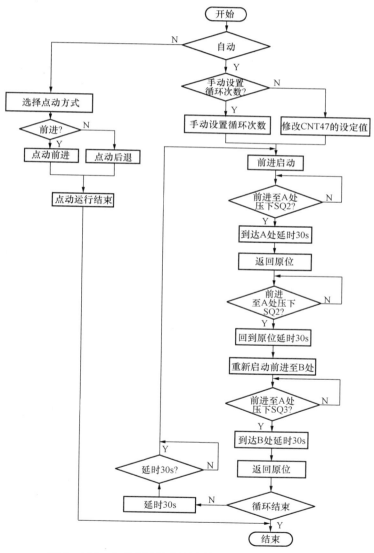

图 2 – 146　自动循环送料控制装置软件控制流程图

5. 控制系统参考梯形图

根据自动循环送料控制装置控制要求设计的梯形图如图 2-147 所示。

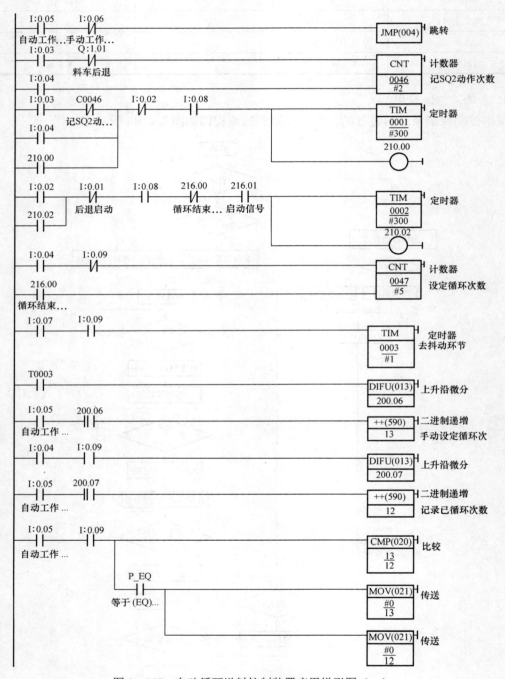

图 2-147　自动循环送料控制装置应用梯形图（一）

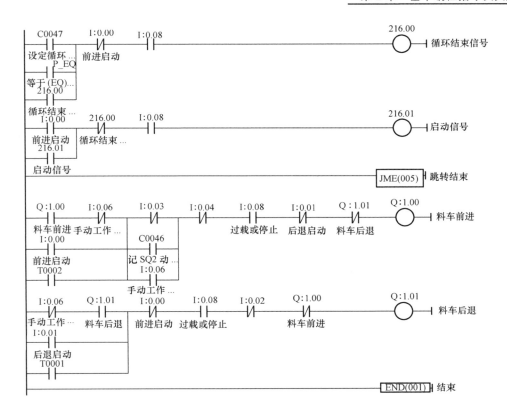

图 2-147 自动循环送料控制装置应用梯形图（二）

6. 工作过程

（1）工作方式选择开关 SA2 选择手动方式时，PLC 输入信号 0.06 有效，自动循环送料装置处于手动工作状态，送料装置工作时，按下按钮 SB1 和 SB2，输入信号 0.00 或 0.01 有效，输出信号 1.00 或 1.01 为 ON，控制接触器 KM1 或 KM2 通电，运料装置前进或后退。输入信号 0.06 切断输出信号 1.00 或 1.01 的自锁控制回路，此时电动机处于点动控制状态，同时短接 0.03 的动断触点，使电动机前进至 A 点不停。

（2）工作方式选择开关 SA2 选择自动方式时，PLC 输入信号 0.05 有效，自动循环送料装置处于自动工作状态。再将 SA1 接通，输入信号 0.09 有效，系统工作在手动置数工作状态，按下手动置数按钮 SB3，若循环 3 次，则按下按钮 SB3 三次，通过二进制递增指令使 13 通道内容的数据为 3。按下正向启动按钮 SB1，输入信号 0.00 有效，控制输出信号 1.00 为 ON，接触器 KM1 接通，送料装置由原位出发，前进至 A 处压下 SQ2，输入信号 0.03 有效，其动断触点断开，输出信号 1.00 变为 OFF，接触器 KM1 断电，电动机停止运行。同时定时器 T0001 工作，延时 30s 后控制输出信号 1.01 为 ON，接触器 KM2 接通，电动机反转，送料装置自动返回至原位，压下 SQ1，输入信号 0.02 有效，其动断触点断开，输出信号 1.01 变为 OFF，接触器 KM2 断电，电动机停止运行。同时定时器 T0002 工作，延时 30s 后控制输出信号 1.00 为 ON，接触器 KM1 接通，送料装置由原位继续出发，前进至 A 处压下 SQ2，计数器 C0046 记录行程开关 SQ2 的动作次数达到计数器 C0046 的设定值，其接点动作短接输入信号 0.03，经过 A 不停继续前进，前进至 B 点压下 SQ3，输入信号 0.04 有效，其动断触点断开，输出信号 1.00 变为 OFF，接触器 KM1 断电，电动机停止运行。同时通过二进制递增指令使 12 通道的数据自动加 1（记录已工作的工作次数），定时器 T0001 的工作条件再次满足，延时 30s 后控制输出信号 1.01 为 ON，接触器 KM2 通电，电动机反转，送料装置自动返回原位后压下 SQ1，输入信号 0.02 有效控制输出信号 1.01 为 OFF，接触器 KM2 断电，电动机停止运行。在原位再停留 30s 后，送料装置再自动前进，按上述过程自动循环 3 次后，12 通道的数据记录已工作的次数为 3，与设定的循环次数 13 通道的数据比较，此时 12 通道和 13 通道的数据相等，通过比较指令的比较结果使辅助继电器 216.00 为 ON，切断定时器 T0002 的工作回路，送料装置停在原位待命。

（3）在系统处于自动工作状态时，将 SA1 断开，输入信号 0.09 无效，系统工作在程序置数工作状态，通过上位机修改计数器 C0047 的设定值，假如系统循环 5 次，将计数器 C0047 的设定值定为 5 即可。按下正向启动按钮 SB1，送料车由原位出发，送料装置按上述的工作周期运行，完成一次工作周期后计数器 C0047 减 1，循环 5 次后，计数器 C0047 动作，使辅助继电器 216.00 为 ON，切断定时器 T0002 的工作回路，送料装置停在原位待命。

（4）在送料装置运行过程中，按下开始按钮 SB4，输入信号 0.08 断开，送料装置应立即停止运行。

（5）在送料装置运行过程中，发生过载时，热继电器 FR 动作其动断触点断开，输入信号 0.08 断开，送料装置应也立即停止运行。

在实际工作过程中，对于 C0046 的复位信号问题的考虑：为了保证送料装置能够正确的工作，应在原位启动时将其复位，使其能够正确地计数。可将正向启动输入信号并联到计数器的复位端。

而对于记录循环次数的计数器、12 通道和 13 通道的数据，如出现意外停止，为保证下次工作循环次数的准确，在自动工作启动时，也将其初值进行复位。

对于防抖问题的考虑，在程序设计和程序工作过程的分析中，只对设定循环次数的按钮进行防抖考虑，而其他的开关没有考虑，对于检测已循环次数的输入信号也应考虑防抖问题。

 【思考题】

1. 用计数器设计一个定时器，定时时间为 30s。

2. 在图 2-44 计数器 CNT 指令中，第一次循环标志（A20011）的作用。

3. 说明跳转指令（004）与多路跳转指令 JMP0（515）的使用场合。

4. MOV 指令对传送的数据有何要求？

5. 在控制程序图 2-110 中，若将 P_EQ 改为 P_LT 或 P_GT，程序的运行结果将如何变化？

6. 在控制程序图 2-98CMP 的应用梯形图中，两次使用 P_EQ 指令的作用是什么？

7. 结合图 2-84 说明步定义指令 STEP（008）和步启动指令 SNXT（009）的工作过程。

8. 在应用程序图 2-118 减法的应用梯形图中，DIFU（013）指令起何作用？不用 DIFU（013）指令程序能否运行？为什么？

9. 说明图 2-120 电动机运行时间调整程序的应用梯形图中，小于等于指令的执行过程。

10. 在 Y-△ 降压启动过程中。

$$KM3(+) \xrightarrow{0.5s} KM1(+) \xrightarrow{5s} KM1(-) \xrightarrow{0.5s} KM3(-) \xrightarrow{0.5s} KM2(+) \xrightarrow{0.5s} KM1(+)$$

其延时时间能否用一个定时器实现其转换过程？采用何种方法？试设计其程序？

11. 试说明串行通信传送指令 TXD（236）中控制字 C 的内容的含义。

12. 试分析图 2-83 调用子程序中，子程序是如何执行的？

13. 在图 2-111 控制路灯定时接通和断开的程序中，说明字逻辑与指令的作用。

14. 在图 2-120 电动机运行时间调整程序的应用梯形图中，分析两个比较指令的作用。

15. 试说明图 2-122 密码锁 PLC 控制程序中，自动开锁的工作过程。

16. 在图 2-124 流动彩灯控制程序中，要使彩灯亮至最后一个后全部点亮，应如何修改程序？

17. 试分析图 2-124 流动彩灯控制梯形图中，采用多路跳转指令的操作过程。

18. 在图 2-130 采用 2 个定时器控制应用梯形图，试分析启动信号的接通时间的长短对程序运行结果的影响？

19. 在图 2-135 多种液体自动混合装置应用梯形图中，采用保持继电器设计有何优点？若用一般的继电器会对程序运行结果有何影响？

20. 试分析移位寄存器的数据输入端信号保持时间的长短对程序运行结果的影响？

21. 试分析图 2-140 中，计数器记录绿灯闪烁次数的过程。

22. 试分析图 2-141 滤波程序的执行过程。

23. 试分析图 2-143 多故障报警的控制梯形图中，故障报警的过程。

24. 试分析 ++（590）指令的工作过程。

25. 在图 2-143 多故障报警的控制梯形图中，说明故障复位的过程。

26. 试分析图 2-145 自动循环送料控制装置电气原理图中接触器的两个动断触点的作用。

27. 试分析图 2-147 自动循环送料控制装置控制梯形图中置数按钮是如何防抖的？

28. 试分析图 2-147 自动循环送料控制装置控制梯形图中计时器 C0046 的作用如何？

第 3 章　欧姆龙 PLC 编程工具

CX–Programmer（PLC 编程软件）是一个用于对 C、CV/CVM1、CS1、CJ1、CP1H、CP1E 等 OMRON 全系列的 PLC 建立、测试和维护程序的工具。它是一个支持 PLC 设备和地址信息、OMRON PLC 和这些 PLC 支持的网络设备进行通信的方便工具。

本章主要介绍 Windows 环境下的编程软件 CX–Programmer 的应用。

3.1　CX–Programmer 概述

3.1.1　CX–Programmer 编程软件简介

CX–One 是一个 FA 集成工具包，它集成了欧姆龙 PLC 和元器件的所有支持软件。在一台个人计算机上，只需要安装 FA 集成工具包"CX–One"，就可以实现对欧姆龙的 CPU 总线单元、特殊 I/O 单元和器件的设置，以及网络的启动/监视，从而提升了 PLC 系统的组建效率。CX–One 软件由以下几部分组成：

CX–Programmer（PLC 编程软件）（支持功能块，结构文本）；

CX–Integrator（网络配置软件）；

CX–Simulator（PLC 仿真软件）（支持 CS1，CJ1）；

NS–Designer（NS 系列触摸屏组态软件）；

CX–Motion（运动控制软件）；

CX–Motion–NCF（NCF 系列运动控制软件）；

CX–Position（位置控制软件）；

CX–Protocol（协议创建软件）；

CX–Process Tool（过程控制软件）；

Face Plate Auto–Builder for NS（NS 系列触摸屏画面自动生成软件）；

CX–Thermo（器件参数调节软件）；

Switch Box（调试支持软件）。

其中 CX–Programmer 在 Windows 环境下运行，计算机辅助编程便于程序管理，提高系统的性能和运行效率，是一种广泛应用的编程方式。目前，计算机的编程软件已成为主流的编程工具。熟练使用程序的调试工具，掌握调试方法和调试技巧是 PLC 专业人员必须具备的一项基本技能。

CX–Programmer 形成的文件，扩展名为"CXP"或"CXT"，通常使用的是"CXP"。CX–Programmer 的文件称为工程，CX–Programmer 以工程来管理 PLC 的硬件和软件。

3.1.2 CX – Programmer 通信口

CX – Programmer 支持 Controller Link、Ethernet、Ethernet（FINS/TCP）、SYSMAC Link、FinsGateway、SYSMAC WAY、Toolbus 接口。

CX – Programmer 与 PLC 通信时，通常使用计算机上的串行通信端口，即选 SYSMAC WAY 方式。大多为 RS – 232C 端口，有时也用 RS – 422 端口。PLC 则多用 CPU 单元内置的通信端口，也可用 Host Link 单元的通信端口。

CX – Programmer 使用串行通信端口与 PLC 通信时，要设置计算机串行通信端口的通信参数，使其与 PLC 通信端口的相一致，两者才能实现通信。简单的做法是计算机和 PLC 都使用默认设置，PLC 可用 CPU 单元上的 DIP 开关设定通信参数为默认的。如果无法确定 PLC 通信接口的参数，可以使用 CX – Programmer 的自动在线功能，在"PLC"菜单中，选中"自动在线"项，选择使用的串行通信端口后，CX – Programmer 会自动使用各种通信参数，尝试与 PLC 通信，最终建立与 PLC 在线连接。

3.1.3 CX – Programmer 特性

CX – Programmer 是一个用来对 OMRON PLC 进行编程和对 OMRON PLC 设备配置进行维护的工具。CX – Programmer 最新的版本为 9.5，主要特性如下：

（1）Windows 风格的界面，可以使用菜单、工具栏和键盘快捷键操作。用户可自定义工具栏和快捷键。鼠标可以使用拖放功能，使用右键显示上下文菜单进行各种操作等。

（2）在单个工程下支持多个 PLC，一台计算机可与多个 PLC 建立在线连接，支持在线编程；单个 PLC 下支持一个应用程序，其中，CV/CVM1、CS1、CJ1、CP1H、CP1E 等系列的 PLC，可支持多个应用程序（任务）；单个应用程序下支持多个程序段，一个应用程序可以分为一些可自行定义的、有名字的程序段，因此能够方便地管理大型程序。可以一人同时编写、调试多个 PLC 的程序；也可以多人同时编写、调试同一 PLC 的多个应用程序。

（3）提供全部 PLC 内存区的操作。对 PLC 进行初始化操作，清除 CPU 单元的内存，包括用户程序、参数设定区、I/O 内存区。

（4）可对 PLC 进行设定，例如，CX – Programmer 对 CPM1A，可设定"启动""循环时间""中断/刷新""错误设定""外围端口""高速计数器"，设定下载至 PLC 后才能生效。

（5）支持梯形图、语句表、功能块和结构文本编程。CX – Programmer 支持 OMRON 的 PLC 梯形图和语句表的编程语言，对于 OMRON 的 CS1、CJ1、CP1H 等型号的 PLC 还可用功能块和结构文本语言编程。

（6）CX – Programmer 除了可以直接采用地址和数据编程外，还提供了符号编程的功能，编程时使用符号而不必考虑其位和地址的分配。符号编程使程序易于移植、拖放。

（7）可对程序（梯形图、语句表和结构文本）的显示进行设置，例如，颜色设置，全局符号、本地符号设为不同的颜色，梯形图中的错误显示设为红色，便于识别。

（8）程序可分别显示以监控多个位置。一个程序能够在垂直地和水平地分开的屏幕上被显示，可同时显示在 4 个区域上，这样可以监控整个程序，同时也监控或输入特定的指令。

（9）提供丰富的在线监控功能，方便程序调试。CX – Programmer 与 PLC 在线连接后，可以对 PLC 进行各种监控操作，例如，置位/复位，修改定时器/计数器设定值，改变定时器/计数器的当前值，以十进制、有符号的十进制、二进制或十六进制的形式观察通道内容，修改通道内容等。

（10）可对 PLC I/O 表进行设定，为 PLC 系统配置各种单元（板），并对其中的 CPU 总线单元和特殊 I/O 单元设定参数。I/O 表设定完成后要下载到 PLC 中进行登记，一经 I/O 表登记，PLC 运行前将检查其实际单元（板）与 I/O 表是否相符，如不符 PLC 不能运行，以免出现意外情况。

（11）可对 PLC 程序进行加密。OMRON C 系列的 PLC 用可以 CX–Programmer 做加密处理，密码为 8 位字母或数字。

（12）通过 OMRON CX–Server 软件的应用，可以使 PLC 与它支持的各类网络进行全面通信，使用 CX–Server 中的网络配置工具 CX–Net 可以设置数据连接和路由表。

（13）具有远程编程和监控功能。上位机通过连接的 PLC 可以访问本地网络或远程网络的 PLC。上位机还可以通过 Modem，利用电话线访问远程 PLC。

3.2 欧姆龙编程软件 CX–Programmer 的使用

3.2.1 CX–Programmer 基本设定

1. CX–Programmer 的启动

在 Windows 环境下启动 CX–Programmer 软件，如图 3–1 所示，也可单击桌面上的启动。首先显示软件的版本如图 3–2 所示，然后进入主画面，显示 CX–Programmer 创建或打开工程后的主窗口，如图 3–3 所示。

图 3–1　启动 CX–Programmer

图 3 - 2　软件的版本

图 3 - 3　CX - Programmer 主窗口

　　CX - Programmer 提供了一个生成工程文件的功能，此工程文件包含按照需要生成的多个 PLC，对于每一个 PLC，可以定义梯形图，地址和网络细节、内存、I/O、扩展指令和符号。

CX – Programmer 编程时的操作有建立新工程、生成新符号表、输入梯形图程序和编译程序等过程。

2. 编程的准备工作

（1）选择 PLC 的类型。在"文件"菜单中选择"新建"项，或单击标准工具条中的"新建"按钮，出现"更改 PLC"的对话框，如图 3-4 所示。

在"设备名称"栏输入用户为 PLC 定义的名称"交通信号灯"，如图 3-5 所示，确定新项目的名称。

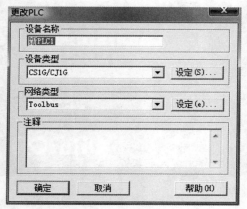

图 3-4 "更改 PLC"对话框

图 3-5 输入项目名称

在"设备类型"栏中，选择 PLC 的系列，如图 3-6 所示。选择"CJ1M"，单击"CJ1M"即可，显示如图 3-7 所示。单击右边"设定"按钮，显示如图 3-8 所示的"设备型号设定"对话框。配置 CPU 型号，选择"CPU12"，显示如图 3-9 所示。

（2）选择 PLC 的网络类型。在"网络类型"栏选择 PLC 的网络类型，一般选择系统默认项"Toolbus"即可，如图 3-10 所示。单击右边"设定"按钮，选择"驱动"选项，设定通信端口和波特率，如图 3-11 所示。

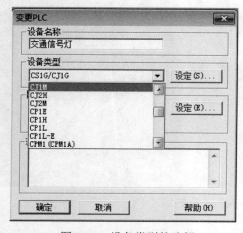

图 3-6 设备类型的选择

图 3-7 设备类型的配置

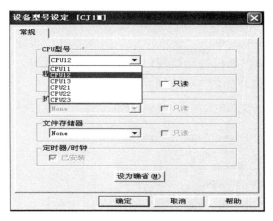

图 3-8　CPU 型号的选择

图 3-9　CPU 型号的配置

图 3-10　网络类型的选择

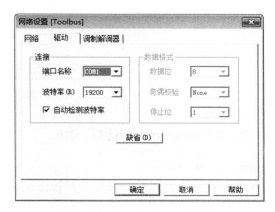

图 3-11　"网络设置"对话框

上述设置完成后，在主窗口中出现了工程窗口和梯形图编辑窗口。在工程栏中双击"新工程"图标下的"新 PLC"项，可以进入"变更 PLC"对话框，如图 3-12 所示。在该对话框中可以修改已选定的 PLC 的型号等内容，单击"确定"按钮，表明建立了一个新工程。若单击"取消"按钮，则放弃操作。

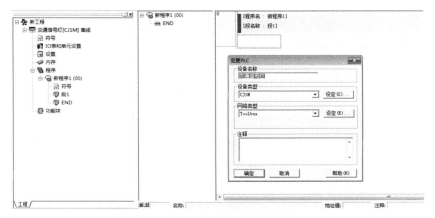

图 3-12　修改已选定的 PLC 的型号

若需要注释可在"注释"栏输入与此 PLC 相关的注释。

（3）设置上位机的通信参数。在工程窗口中，单击"设置"项，出现"PLC 设定"对话框，选择"上位机链接端口"选项，可以选择计算机的通信端口、设定通信参数等。计算机与 PLC 的通信参数应设置一致，否则不能通信，如图 3-13 所示。

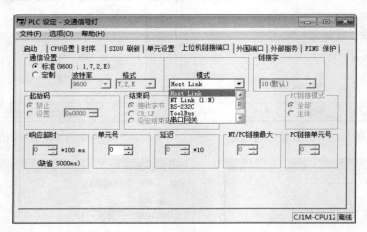

图 3-13　计算机的通信端口、通信参数设定

3.2.2　CX-Programmer 主窗口组成

1. 创建编辑梯形图窗口

当 PLC 配置设定完成后，即可在梯形图编辑窗口编辑梯形图程序，如图 3-14 所示。

图 3-14　CX-Programmer 新建的梯形图输入主窗口

CX－Programmer 主窗口的组成如下：

（1）标题栏。显示打开的工程文件名称、编程软件名称和其他信息。

（2）菜单栏。将 CX－Programmer 的全部功能按各种不同的用途组合起来，以菜单的形式显示，如图 3－15 所示。

图 3－15　CX－Programmer 的菜单栏

主菜单有 10 个选项："文件""编辑""视图""插入""PLC""编程""模拟""工具""窗口""帮助"。单击主菜单的选项会出现一个下拉菜单，其中的各个命令项表示该主菜单选项下所能进行的操作。

CX－Programmer 的全部功能都可以通过主菜单实现。具体操作时，先选中操作对象，然后到主菜单中单击相应的选项，在下拉菜单中选择各种命令。CX－Programmer 除了通过主菜单操作外，还可以通过上下文菜单，有时后者更为方便。在不同窗口、不同位置，单击鼠标右键，会弹出一个菜单，此菜单称为上下文菜单，显示各个能够进行操作命令项。

（3）工具栏。将 CX－Programmer 中经常使用的功能以按钮的形式集中显示，工具栏内的按钮是执行各种操作的快捷方式之一。工具栏中有多个工具条，可以通过"视图"下拉菜单中的"工具栏"来选择要显示的工具条。

1）标准工具条。CX－Programmer 的标准工具条如图 3－16 所示，与 Windows 界面相同，使用 Windows 的一些标准特性。

图 3－16　CX－Programmer 标准工具条

新建、打开和保存：新建、打开和保存是对工程文件的操作，与 Windows 应用软件的操作方法是一样的。

打印、打印预览：CX－Programmer 支持打印的项目有梯形图程序、全局符号表和本地符号表等。

剪切、复制和粘贴：可以在工程内、工程间、程序间复制和粘贴一系列对象；可以在梯形图程序、助记符视图、符号表内部或两者之间来剪切、复制和粘贴各个对象。

拖放：在能执行剪切、复制、粘贴的地方，通常都能执行拖放操作，单击一个对象后，按住鼠标不放，将鼠标移动到接受这个对象的地方，然后松开鼠标，对象将被放下。例如，可以从符号表里拖放符号，来设置梯形图中指令的操作数；可以将或梯形图元素（触点、线圈、指令操作数）拖放到监视窗口中。

撤销和恢复：撤销和恢复操作是对梯形图、符号表中的对象进行的。

查找、替换和改变全部：能够对工程工作区中的对象在当前窗口中进行查找和替换。在工程工作区使用查找和替换特性，此操作将搜索所选对象下的一切内容。例如，当从工程工作区内的一个 PLC 程序查找文件时，该程序的本地符号表也被搜索；当从工程对象开始搜索时，将搜索工程内所有 PLC 中的程序和符号表。

查找和替换可以是文本对象（助记符、符号名称、符号注释和程序注释），也可以是地址和数字。

删除：PLC 离线时，工程中的大多数项目都可以被删除，但工程不能被删除。PLC 处于离线状态时，梯形图视图和助记符视图中所有的内容都能被删除。

重命名一个对象：PLC 离线时，工程文件中的一些项目可以重命名。

2）梯形图工具条。如图 3-17 所示为梯形图工具条，主要用于梯形图的编辑。

图 3-17　梯形图工具条

3）PLC 工具条。PLC 工具条如图 3-18 所示，主要用于 CX_P 与 PLC 通信，例如，联机、监控、脱机、上载、下载、微分监控、数据跟踪或时间图监视器、加密、解密等。

图 3-18　PLC 工具条

4）程序工具条。CX-Programmer 的程序工具条如图 3-19 所示，主要用于选择监控、程序编译、程序在线编辑。

图 3-19　CX-Programmer 的程序工具条

5）查看工具条。CX-Programmer 的查看工具条如图 3-20 所示，主要用于显示窗口的选择。

图 3-20　CX-Programmer 查看工具条

6）状态栏。位于窗口的底部，状态栏显示即时帮助、PLC 在线/离线状态、PLC 工作模式、连接的 PLC 和 CPU 类型、PLC 扫描循环时间、在线编辑缓冲区大小和显示光标在程序窗口中的位置。可以通过"视图"下拉菜单中的"状态栏"命令来打开或关闭状态栏。

7）CX-Simulator 在线模拟仿真器工具条。CX-Simulator 在线模拟仿真器工具条如图 3-21 所示。

图 3-21　CX-Simulator 在线模拟仿真器工具条

2. CX-Programmer 工程

（1）工程窗口。在工程工作区，工程中的项目以分层树形结构显示，如图 3-22 所示。

分层树形结构，可以压缩或扩展，工程的每一个项目都有图标相对应。在线状态下，还会显示出"错误日志"。

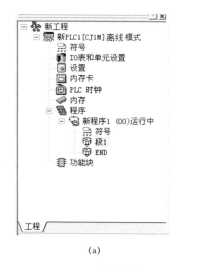 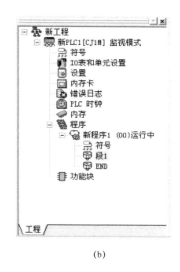

(a)　　　　　　　　　　(b)

图 3-22　CX-Programmer 工程窗口

(a) 离线模式；(b) 在线模式

对工程中的某一项目进行操作时，可以选中该项目，单击主菜单的选项，弹出下拉菜单后，选择相应的命令；也可以选中该项目，单击工具栏中的命令按钮；也可以选中该项目，使用键盘上的快捷键；还可以右击该项目的图标，弹出上下文菜单后，选择相应的命令。

图 3-22 中的工程、PLC、程序、符号、段这些项目均是有属性设置。选中对象，单击鼠标右键，在上下文菜单中选择"属性"，即可在弹出的"属性"对话框中改名称、添加注释内容等。

（2）PLC 的属性。一个 PLC 包括的项目有全局符号、I/O 表和单元设置、设置、内存、程序、功能块等。PLC 的型号不同，包括的项目会有差别。

对项目"新 PLC【CJ1M】离线"能够进行的操作，包括对 PLC 修改、插入程序、在线工作、操作模式、符号自动分配、编译所有的 PLC 程序、传送、比较程序以及属性设置等。工程窗口 PLC 的设置菜单如图 3-23 所示。

在新 PLC"设置"菜单中，双击"属性"，进入"PLC 属性"窗口，如图 3-24 所示。用其可定义 PLC 名称，并对一些编程中的重要特性进行设定。未选定，系统默认 TIM 等以 BCD 码形式执行的定时/计数器指令。在

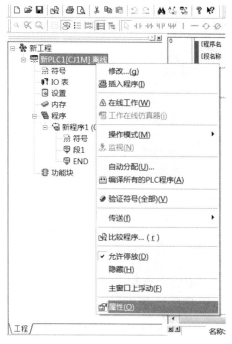

图 3-23　工程窗口的 PLC 的设置菜单

该窗口上, 若单击"保护"选项, 将出现密码设定窗口, 如图 3-25 所示。在其上可键入程序保护的密码。密码为 8 位, 26 个英文字母或数字。"UM 读取保护密码"是对 PLC 中所有的用户程序加密,"任务度保护密码"只是对用户程序中的一个或几个任务加密。密码设定后, CX-Programmer 操作人员在不输入密码时, 不能读取 PLC 中加密的用户程序或加密的任务。

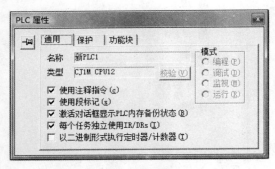

图 3-24 "PLC 属性"窗口

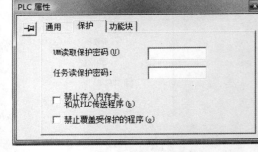

图 3-25 密码设定窗口

(3) 全局符号和本地符号表。符号表是一个可以编辑的符号列表, 包括名称、数据类型、地址/值和注释等。当工程中添加了一个新的 PLC 时, 根据 PLC 型号的不同, 全局符号表中会自动添入预先定义好的符号, 通常是该型号 PLC 的特殊继电器。

双击"新 PLC"下的"符号"图标, 可以显示出全局符号表, 如图 3-26 所示。全局符号表中最初自动填进的一些预置的符号取决于 PLC 类型, 例如, 许多 PLC 都能生成的符号"P_1s"(1s 时钟脉冲位)。所有的预置符号都具有前缀"P_", 不能被删除或者编辑, 但用户可以向全局符号表中添加新的符号。

名称	数据类型	地址 / 值	机架位置	使用	注释
P_0.02s	BOOL	CF103		工作	0.02s 时钟脉冲位
P_0.1s	BOOL	CF100		工作	0.1s 时钟脉冲位
P_0.2s	BOOL	CF101		工作	0.2s 时钟脉冲位
P_1min	BOOL	CF104		工作	1min 时钟脉冲位
P_1s	BOOL	CF102		工作	1.0s 时钟脉冲位
P_AER	BOOL	CF011		工作	访问错误标志
P_CIO	WORD	A450		工作	CIO 区参数
P_CY	BOOL	CF004		工作	进位 (CY) 标志
P_Cycle_Time_...	BOOL	A401.08		工作	循环时间错误标志
P_Cycle_Time...	UDINT	A264		工作	当前扫描时间
P_First_Cycle	BOOL	A200.11		工作	第一次循环标志
P_First_Cycle...	BOOL	A200.15		工作	第一次任务执行标志
P_GE	BOOL	CF000		工作	大于或等于 (GE) 标志
P_GT	BOOL	CF005		工作	大于 (GT) 标志
P_HR	WORD	A452		工作	HR 区参数
P_IO_Verify_E...	BOOL	A402.09		工作	I/O 确认错误标志
P_LE	BOOL	CF002		工作	小于等于 (LE) 标志
P_Low_Battery	BOOL	A402.04		工作	电池电量低标志
P_LT	BOOL	CF007		工作	小于 (LT) 标志

图 3-26 全局符号窗口

双击"新程序 1"下的"符号"图标将显示出本地符号表, 如图 3-27 所示。本地符号由用户自行定义, 并添加到本地符号表中。

在符号表中, 可以对符号进行添加、编辑、剪切、复制、粘贴、删除和重命名等操作; 可以对当前符号表或当前 PLC 所有的符号表进行验证, 检查是否存在符号重命名等问题, 并给出警告信息。

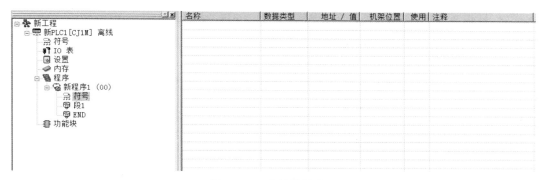

图 3 - 27　本地符号窗口

（4）I/O 表和单元设置。

1）I/O 表。模块式 PLC 的 I/O 表可自动生成，也可自行设计。自动生成，其 I/O 地址按默认值确定。自行设计时，有的 PLC（如 CJ1）的地址可以按给定的变化范围选定，较灵活。

要自行设计时，可双击工程工作区的"I/O 表和单元设置"图标，将弹出 I/O 表设计窗口。该窗口提供了可能的 I/O 配置，可按系统实际配置进行选择。

I/O 表设计后，传送给 PLC 就完成了 I/O 登记。一经 I/O 表登记，PLC 运行前，CPU 就要检查实际运行模块连接与 I/O 表是否相符。如果不相符会出现 I/O 确认错误，PLC 无法进入运行模式。

自动生成的 I/O 表也可作登记。登记时，首先，CX_Programmer 与 PLC 在线连接，并且 PLC 处于编程的工作模式。双击工程工作区中的"I/O 表和单元设置"图标，弹出 I/O 表设计窗口。在其上的"选项"菜单中单击"创建项"即可。

2）单元设置。在生成 I/O 表时，对选中的特殊 I/O 单元、CPU 总线单元等可以同时进行设置。在程序下载时，I/O 表设置将一并传到 PLC 中。

（5）设置。系统设定区，用来设置各种系统参数。通过单击工程窗口"设置"图标进入系统设定区，进行各种设定。在程序下载时，设定传到 PLC 后才生效。

（6）内存。CX‒Programmer 通过单击"内存"图标可以查看、编辑和监视 PLC 内存区，监视地址和符号，强制位地址，以及是扫描和处理强制状态信息。

（7）程序。OMRON 的 CS1、CJ1、CP1H 等新型 PLC 支持多任务编程，把程序分成多个不同功能及不同工作方式的任务。任务有两个类：循环任务和中断任务。

在工程中，PLC 程序下可以包含多个任务。

（8）任务。任务是一段独立的具有特定功能的程序，每一个任务的最后一个指令应是 END，表示任务的结束。任务可以单独上载或下载。

在工程中，任务由本地符号、段组成。最后一个段应为 END，自动生成。

（9）段。为了便于对任务的管理，可将任务分成一些有名称的段，一个任务可以分成多个段，PLC 按照顺序来搜索各段。程序中的段可以重新排序和重新命名。

可以直接用鼠标拖放一个段，在当前任务中拖放将改变段的顺序，也可将段拖到另一个任务中。

（10）功能模块。对于 OMRON 的 CS1、CJ1、CP1H 等型号的 PLC 可以使用功能块编程，功能块可以从 OMRON 的标准功能块库文件或其他库文件中调入，也可由用户使用梯形图或结构文本自己编辑产生。

（11）错误日志。在线状态时，工程工作区中的树形结构中将显示 PLC "错误日志"图标。双击该图标，出现"PLC 错误"窗口。窗口中有 3 个选项卡："错误""错误日志""信息"。

"错误"：显示 PLC 当前的错误状态。

"错误日志"：显示有关 PLC 的错误历史。

"信息"：可显示由程序设置的信息。

3. CX – Programmer 视图选项

对于 CX – Programmer 的视图操作时，单击工具条中"视图"按钮将激活对应的视图，如图 3 – 28 所示，根据需要选择对应项目即可。

4. PLC 选项

对 CX – Programmer 的"PLC"操作，单击工具条中的"PLC"按钮将激活对应的视图，如图 3 – 29 所示，根据需要选择对应项目即可。

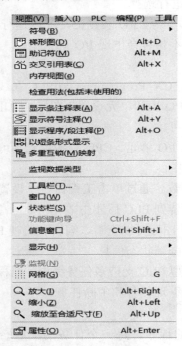
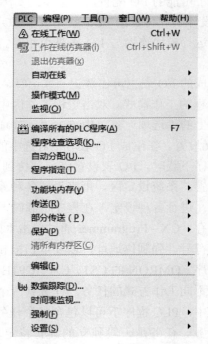

图 3 – 28　视图选项菜单　　　　图 3 – 29　PLC 选项菜单

5. 梯形图视图

选中工程工作区中"段 1"，双击"段 1"或在视图选项中单击"梯形图（D）"将显示如图 3 – 30 所示的梯形图视图。

（1）梯形图视图的特征描述。

1）光标：一个显示在梯级里面的当前位置的方形块。光标的位置随时显示在状态栏。

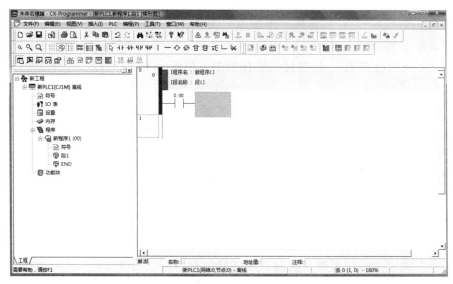

图 3-30　梯形图视图

2）梯级（条）：梯形图程序的一个逻辑单元，另一个梯级能够包含多个行和列，所有的梯级都具有编号。

3）梯级总线（母线）：左总线是指梯形图的起始母线，每一个逻辑行必须从左总线画起。梯级的最右边是结束母线，即右总线。右总线是否显示可以设定。

4）梯级边界：指左总线左边的区域，其中左列数码为梯级（条）编号，右列数码为该梯级的首步编号。

5）自动错误检测：编程时，在当前选择的梯级左总线处显示一条粗线，粗线为红色高亮表示编程出错，绿色表示输入正确。梯形图中如果出现错误，则元素的文本为红色。

6）网络点：显示各个元素连接处的点。可单击工具栏中的"切换网络"按钮来显示网络。

7）选中元素：单击梯级中的一个元素，按住鼠标左键，拖过梯级中的其他元素，选中后元素的颜色发生变化。

在用梯形图编程时，可以利用工具栏中的触点、线圈、指令等按钮以图形方式输入程序。

（2）梯形图的设置。在梯形图视图中可进行程序的编辑、监视等。可用"工具"菜单中的"选项"对梯形图的显示内容和显示风格进行设置。

选中"工具"菜单中的"选项"后，显示"选项"对话框，单击"程序"选项卡，显示如图 3-31 所示。

1）"程序"选项卡中常用选项：

图 3-31　"选项"对话框

151

选中"显示条和步号",将在梯形图左边的梯级边界显示条和步号码。

选中"显示缺省网络",将在梯形图的每一个单元格的连接处显示一个点。

选中"显示条批注列表",将在梯级注释的下方显示一个注释列表,为梯级里所有元素的注释。

选中"水平显示输出指令",使特殊指令能够水平显示,可以增加屏幕上显示的梯级数目,改进程序的可读性,减少打印所需的纸张数。

"右母线"组合框:选中"显示右母线",则显示右总线。当选中"扩展到最宽的条"时,通过对"初始位置"的设置,可调整梯形图左右总线间的空间,右总线的位置将自动匹配程序段最宽的一个梯级。

2)"PLC"选项卡。主要设置向工程中添加新的 PLC 时出现的默认的 PLC 类型及 CPU 型号。

3)"符号"选项卡。可设置是否确认所链接的全局符号的修改。

4)"梯形图信息"选项卡,显示如图 3-32 所示的对话框,在对话框中可对梯形图中的元素(如接触点、线圈、指令和指令操作数)的显示信息进行设置。

图 3-32　工具选项中梯形图信息对话框

通过"名称"可决定显示还是隐藏符号名称,规定显示行数及在元素的上方还是下方显示。

通过"注释"可决定显示还是隐藏注释,规定显示的行数及显示的位置。

在监视状态下,通过设置"指令"栏中的选项来决定指令的监视数据的显示位置。不选"共享"时,监视数据显示在名称、地址或注释的下方;选"共享"时,监视数据与名称、地址或注释显示在一行。

通过"显示在右边的输出指令"栏可选在输出的右边显示的一系列有关输出指令的信息,包括以下选项:"符号注释""指令说明""存在的附加注释""操作数说明"。选中后则显示,否则不显示。

通过"程序/段注释"栏可决定显示还是隐藏程序/段注释。

5)"通用"选项卡。主要改变 CX-Programmer 的窗口环境,设置 CX-Programmer 创建或打开工程时的视窗风格,如可只显示梯形图窗口,其他窗口被隐藏;也可在工程工作区、输出、查看和地址引用工具这些窗口中选择显示。

6."助记符"视图

助记符视图是一个使用助记符指令进行编程的格式化编辑器。选中工程工作区中的"段1",单击工具栏的"查看助记符"按钮,显示如图 3-33 所示的"助记符"视图。

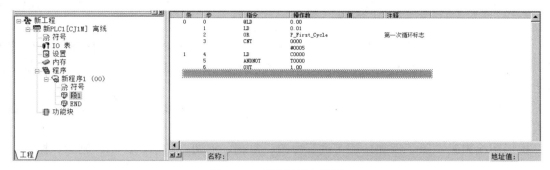

图 3-33　"助记符"视图

7. 输出窗口

输出窗口位于主窗口的下面，可以显示编译程序结果、查找报表和程序传送结果等。

单击查看工具栏上的"切换输出窗口"按钮来激活此窗口，"输出"窗口通常显示在主窗口的下方。再次单击"切换输出窗口"按钮可关闭此窗口。"输出"窗口下方有"编译""寻找报表""传送" 3 个选项，它们对应 3 个不同的窗口。

（1）"编译"窗口：显示由程序编译产生的输出。选择其中一个错误，可使梯形图相关部分高亮。"编译"窗口也能显示其他信息，例如，警告及相关信息。

（2）"寻找报表"窗口：显示在工程文件内对特定条目进行查找的输出结果。

（3）"传送"窗口：显示文件或者程序传送的结果。

8. 查看窗口

能够同时监视多个 PLC 中指定的内存区的内容。单击查看工具栏上的"切换查看窗口"按钮来激活此窗口。"查看窗口"通常显示在主窗口的下方，它显示程序执行时 PLC 内存的值。

从上下文菜单中选择"添加"命令，显示"添加查看"对话框。在"PLC"栏中选择 PLC 类型，在"地址和名称"栏中输入要监视的符号或地址。

3.2.3　CX-Programmer 编程

CX-Programmer 编程时的操作有建立新工程、生成新符号表、输入梯形图程序、编译程序等。

1. 建立新工程

启动 CX-Programmer 后，窗口显示如图 3-3 所示。

（1）在"文件"菜单中选择"新建"项，或单击标准工具条中的"新建"按钮，出现如图 3-4 所示的"变更 PLC"对话框。

（2）在"设备名称"栏输入用户为 PLC 定义的名称。在"设备类型"栏选择 PLC 的系列。

（3）在"网络类型"栏选择 PLC 的网络类型，一般选择"Toolbus"。

（4）"注释"栏输入与此 PLC 相关的注释。

（5）通过上述设定后，单击"变更 PLC"对话框中的"确定"按钮，则显示如图 3-14 所示的 CX–Programmer 主窗口，表明建立了一个新工程。若单击"取消"按钮，则放弃操作。

2. 梯形图编程

在工程工作区中双击"段 1"，显示梯形图视图。使用梯形图工具条中的按钮来编辑梯形图，可输入动合触点、动断触点、线圈、指令等，单击按钮会出现一个编辑对话框，根据提示进行输入。

在编辑梯形图时，为了提高程序的可读性，可为梯级和梯形图元素添加注释。注释通过梯级、梯形图元素的上下文菜单中的"属性"项添加。

梯形图编辑时，除了添加，还可进行修改、复制、剪切、粘贴、移动、删除、撤销、恢复、查找、替换等操作。

编程时梯级中错误的地方以红色显示，梯级中出现一个错误，在梯形图梯级的左边将会出现一道红线。在梯级的上方或下方可插入梯级，可通过梯级的上下文菜单中的命令完成。在一个梯级内，通过梯形图元素的上下文菜单中的命令，可插入行、插入元素、删除行、删除元素。

（1）使用 CX–Programmer 软件对图 3-34 所示的梯形图进行编辑。

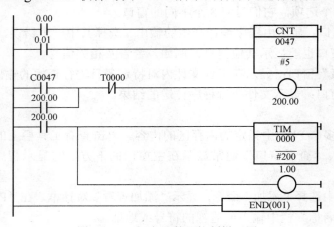

图 3-34　定时/计数器控制梯形图

将上述的梯形图输入到编程界面中。首先输入新接点 0.00，用鼠标单击梯形图状态栏的动合触点 ，然后将鼠标移至梯形图编辑区，单击图 3-35 所示位置，输入接点编号 0.00，最后单击"确定"按钮即可。

图 3-35　输入新接点

再输入新接点 0.01，计数器的两个输入端输入完成后，输入计数器指令。用鼠标单击梯形图状态栏的新指令图标 甘，将鼠标移至梯形图编辑区，单击图 3−36 所示位置，输入新指令 "CNT"，输入空格，再输入计数器的编号 "0047"，再输入空格，然后输入计数器的设定值 "#0005"，最后单击 "确定" 按钮，至此第一段程序输入完毕，如图 3−37 所示。

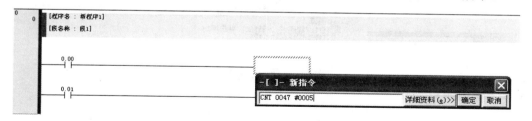

图 3−36 输入新指令

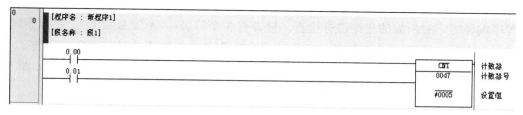

图 3−37 计数器输入

继续将梯形图输入至梯形图编辑区，输入梯形图完成后的状态如图 3−38 所示。

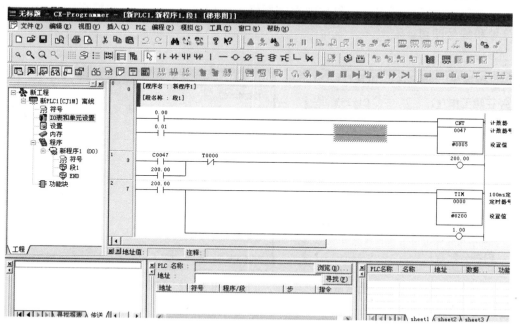

图 3−38 编程结束的梯形图显示

（2）程序的编译。编程工具条上有两个编译按钮："编译程序" 🔲 和 "编译 PLC 程序" 🔲。前者只是编译 PLC 下的单个程序，后者则编译 PLC 下的所有程序。

还可以选中工程工作区中的 PLC 对象，单击编程工具条的 "编译（C）" 项，如图 3−39

所示。单击"编译（C）"项，系统对所编制的梯形图自动编译，并将结果显示在输出窗口的编译标签中，如图3-40所示。

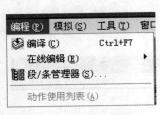

图3-39　编程工具条

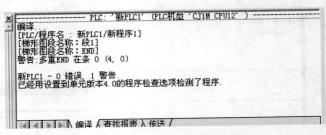

图3-40　编译信息结果显示

程序编译时，对所编的程序进行检查，检查有3个等级："A""B""C"，等级不同，检查的项目也不同，其中，"A"最多，"B"次之，"C"最少。检查项目还可自行定制。

选择"PLC"菜单中的"程序检查选项"命令，显示"程序检查选项"对话框，如图3-41所示，进行相应的选择，编译时将按选定的项目检查程序的正确性。

在其下拉菜单中单击"程序检查选项"子项，单击"确定"按钮弹出一个列表框，选取"A""B""C""定制"4级中的某项，如图3-42所示，最后单击"确定"按钮即可。选取主菜单中的"PLC"，在其下拉菜单中单击"编译所有的 PLC 程序（A）"项，检查结果将显示在输出窗口中的编译区内。如果发现有需要修改的程序，只需在错的梯形图上写入正确的图形符号和编号即可。

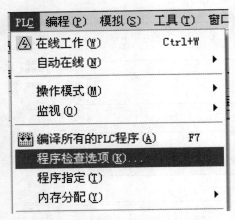

图3-41　选择程序检查选项命令

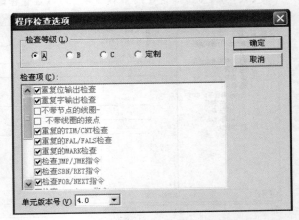

图3-42　"程序检查选项"对话框

（3）梯形图编辑。

1）编辑接触点和线圈。在编辑接点对话框或者编辑线圈对话框中，输入接点或者线圈的名称或者地址，或者直接在全局和本地符号列表中直接进行选择；也可以用名称或者地址定义成一个新的符号，并把其添加到本地或者全局符号表中去，如图3-43所示。编辑完成后，单击"确定"按钮即可。

2）指令条的复制。在编写梯形图时，经常会遇到结构相同的指令条，为了提高编程的效率，可使用系统的复制功能。如图 3—44 将指令条 2 复制到 END 指令之前，先选中被复制的指令条，接着按鼠标右键再次弹出快捷菜单，单击"复制"命令即可。

用鼠标单击结束指令条所在的指令条，接着单击鼠标右键再次弹出快捷菜单，单击"粘贴"命令即可，如图 3—45 所示。完成该复制后，其状态如图 3—46 所示。

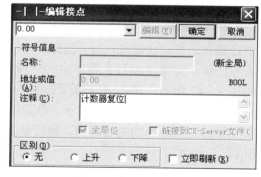

图 3—43 新接点编辑

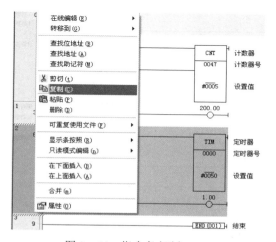

图 3—44 指令条复制

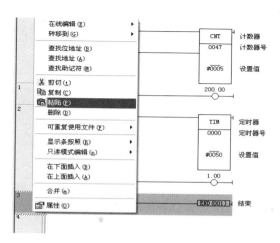

图 3—45 指令条粘贴

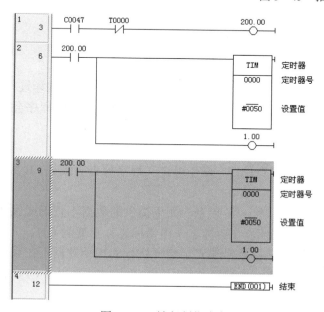

图 3—46 被复制指令条

157

关于剪切、删除的操作与复制的过程基本相同。

3）创建指令条注释。对于大型的程序大多数是由若干相对独立的程序段组成，为了提高程序的可读性，增加指令条的注释。选择"编程"菜单中的"段/条管理器"命令，如图 3-47 所示。单击"段/条管理器"命令，显示段/条管理器的对话框，如图 3-48 所示。希望第一条增加注释，在

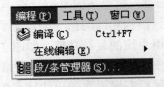

图 3-47 选择"段/条管理器"命令

条注释栏写入注释的内容即可，然后单击"编辑注释"按钮完成对第一条的注释，如图 3-49 所示。

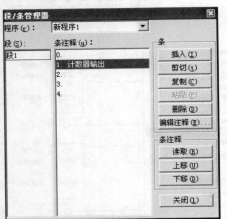

图 3-48 "段/条管理器"对话框

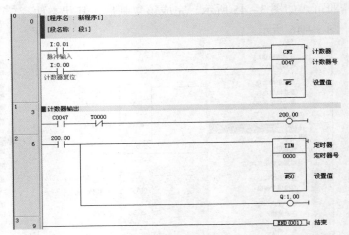

图 3-49 条注释显示

4）程序的保存。单击主菜单中"保存"按钮，弹出保存文件对话框，填入保存路径和文件夹名，单击"保存（S）"按钮即可。

3.2.4 CX-Programmer 检查程序

1. 编译程序

当程序编制完成后，可对程序进行编译。CX-Programmer 在编译过程中会自动检查程序。检查的结果会在输出窗口表格中给出。同样以梯形图显示的程序会对非法程序部分的左母线用红色显示。

2. 检查程序

当用 CX-Programmer 检查程序，操作可定义程序检查等级 A、B 或 C（出错严重程度），以及用户检查级。

（1）指令处理出错。当执行一条指令，如果提供的数据不正确或试图执行一条任务之外的指令，指令处理出错就会出现，ER 标志（出错标志）将变为 ON。

（2）非法指令错误。非法指令错误表示想要执行的指令数据不在系统定义范围内。在实际应用中，即使这种错误出现，也把这种错误当作程序错误对待，CPU 将会停止运行（致命错误），并且非法指令标志（A295.14）将会变为 ON。

（3）UM（用户内存）溢出错误。UM 溢出错误表示在定义为程序存储区的用户内存最后

的地址后存放执行指令数据。

在实际应用中，即使这种错误出现，也把这种错误当作程序出错对待，CPU 将会停止运行（致命错误），且 UM 溢出标志（A29515）将会变为 ON。

（4）检查致命错误。PLC 在执行用户程序时，CPU 检查硬件及软件错误，若存在致命错误（如 PROGRAM ERR、I/O SET ERR）发生，CPU 单元将停止运行。在工程窗口单击"错误日志"，查看详细错误信息。

（5）检查非致命错误。PLC 在执行用户程序时，CPU 检查硬件及软件错误，若存在非致命错误（如系统 FAL 错误）发生，CPU 单元不停止运行。在工程窗口单击"错误日志"，查看详细错误信息。

3.2.5　梯形图在线调试

梯形图的在线操作主要包括梯形图的在线/离线切换、程序的下载与上载、监视程序运行和在线调试等工作。

1. 离线方式与在线方式

离线方式下，CX-Programmer 不与 PLC 通信。在线方式下，CX-Programmer 与 PLC 通信。选用何种方式根据需要而定。例如，修改程序必须在离线方式下进行；而要监控程序运行，则应在在线方式下进行。

在工程工作区选中"PLC"后，单击 PLC 工具条中"在线工作"按钮，将出现一个确认对话框，如图 3-50 所示。选择"是"，则计算机与 PLC 联机通信，处于在线方式；再单击"在线工作"按钮，则转换到离线方式。

CX-Programmer 与 PLC 建立在线连接时，CX-Programmer 选用的通信端口与计算机实际使用的要相符，

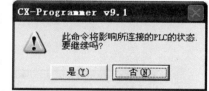

图 3-50　在线工作的对话栏

而且计算机端口的通信参数要与 PLC 的相一致，否则无法建立连接。如果无法确定 PLC 端口的通信参数，建议使用 CX-Programmer 的自动在线功能。

2. PLC 工作模式

PLC 通常有三种工作模式：编程、监视和运行。工作模式可通过单击 PLC 工具条中的相应按钮来切换。

监视模式与运行模式基本相同。只是在运行模式下，计算机不能改写 PLC 内部的数据，对运行的程序只能监视；而在监视模式下，计算机可以改写 PLC 内部的数据，对运行的程序进行监视和控制。

3. 程序传送到 PLC（下载）

当 PLC 处于编程模式时，可以将程序下载到 PLC。如果没有处于这种状态，CX-Programmer 将自动改变模式。将 CX-Programmer 与 PLC 建立在线连接，在线时一般不允许编辑，所以程序区变成灰色，如图 3-51 所示。

单击菜单栏"PLC"下拉菜单的"编程模式"按钮，把 PLC 的操作模式设为编程。再单击菜单栏 PLC 下拉菜单的"传送到 PLC"按钮，如图 3-52 所示。

显示"下载选项"对话框，如图 3-53 所示。可以选择的项目有"程序""设置""I\O 表"

"特殊单元设置"等。按照需要选择后，单击"确定"按钮，显示如图 3-54 所示的对话框。单击"是"按钮，出现"下载"进程对话框，如图 3-55 所示。当下载成功后，单击"确定"按钮，结束下载，如图 3-56 所示。

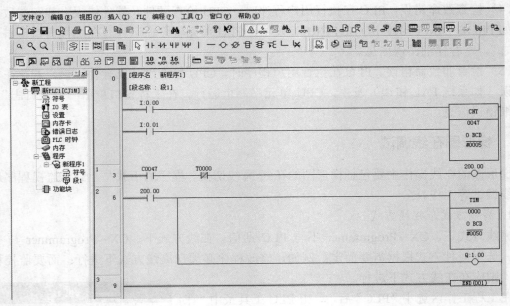

图 3-51　在线工作梯形图显示

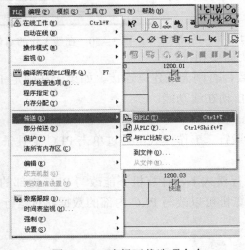

图 3-52　选择下载选项命令

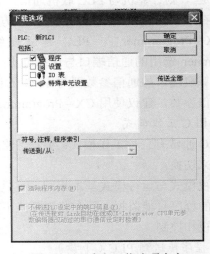

图 3-53　确定下载选项内容

4. 从 PLC 传送程序到计算机（上载）

单击菜单栏 PLC 下拉菜单的"从 PLC"按钮，显示"上载选项"对话框，可以选择的项目有"程序""设置""I\O 表""特殊单元设置"等，单击"确定"按钮确认操作，将出现"上载"对话框，开始从新 PLC 中上载程序，其过程与"下载"过程基本相同，在"上载"过程中，出现"上载"进程对话框，如图 3-57 所示。

图 3-54　下载选择继续对话框

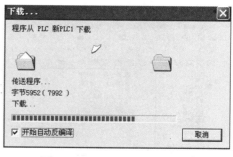

图 3-55　梯形图下载进程窗口

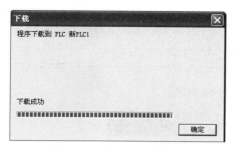

图 3-56　梯形图下载成功

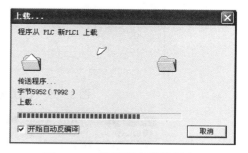

图 3-57　梯形图上载进程窗口

当上载成功后，单击"确定"按钮，上载过程结束。

3.2.6　在线编辑

程序下载到 PLC 后，如果需要简单的修改，可选择在线编辑功能来修改 PLC 中的程序。

使用在线编辑功能时，要使 PLC 处在"监视"模式下。选择工具栏的在线工作按钮，出现一个确认对话框，选择"是"按钮，PLC 进入在线工作状态。梯形图程序的背景颜色将发生变化，显示其现在不是可编辑区域。选择主菜单中的"编程"，在下拉菜单中选中"在线编辑"项，又在它的子菜单中选择"开始"，如图 3-58 所示。

图 3-58　选择在线编辑命令

并单击"开始"按钮后，所选择的编辑区域的背景颜色发生变化，如图 3-59 所示，表明其现在已经是可编辑区域，此时可以进行在线编辑工作。但是其他的梯级仍然不能被编辑，可以把其他梯级里面的元素或者梯级本身复制到可编辑区域。

梯形图修改完毕后，单击编程中下拉菜单"在线编译"的子菜单"发送变更（S）"按钮，如图 3-60 所示，将所编辑的内容发送到 PLC 中，完成在线编译后，编辑区域再次编程变成只读。

若想取消所做的编辑，单击"编程"下拉菜单"在线编译"子菜单中的"取消"按钮，可以取消所做的任何在线编辑，编辑区域也将变成只读，PLC 中的程序没有任何改动。

值得注意的是，进入在线编辑时，PLC 中的程序必须与 CX-Programmer 上激活的程序是相同的，否则无法进入。

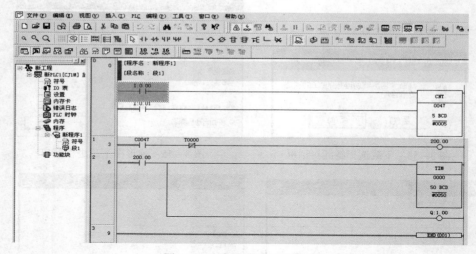

图 3-59　在线编辑的编辑区

图 3-60　在线编辑发送变更选项

3.2.7　CX-Programmer 监控

　　CX-Programmer 具有强大的监控功能,可以监控 PLC 的运行,调试 PLC 的程序。

　　CX-Programmer 调试程序时要和 PLC 建立在线连接,要保证梯形图窗口中显示的程序和实际 PLC 中的相一致。如果不确定,使用 PLC 工具条中的"与 PLC 比较"按钮进行校验,程序不一致时,可以根据需要将 CX-Programmer 中的程序下载,或将 PLC 中的程序上载至CX-Programmer 中。

　　在编程模式下,PLC 的程序不执行,CX-Programmer 可以对 PLC 改变位的状态、修改通道的内容、修改定时/计数器的设定值等。

　　在 PLC 控制系统调试时,CX-Programmer 在监控模式下可直接控制输出点的接通或断开,检查 PLC 输出电路的正确性。

　　在监视模式下,PLC 的执行用户程序,CX-Programmer 除了监视外,还可以对 PLC 改变位的状态、修改通道的内容、修改定时/计数器的设定值和当前值等,通常在监视模式下调试 PLC 的程序。

　　在运行模式下,PLC 执行用户程序,CX-Programmer 不能进行改写位的状态或通道的内容等操作。

　　CX-Programmer 与 PLC 在线连接后，单击 PLC 下拉菜单中的"编程模式""监视模式"
"运行模式"，选定 PLC 的工作模式，如图 3-61 所示。

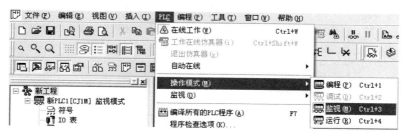

图 3-61　PLC 工作模式的选择

　　单击"切换 PLC 监视"按钮，可以看到梯形图中触点接通将有"电流"通过，凡是接通
的地方都有"电流"通过的标志，形象地反映了 PLC 的 I/O 点、内部继电器的通断状态，可
以看到 PLC 中的数据变化及程序的执行结果，如图 3-62 所示。在监视或运行模式下执行，
可以看到输入信号、输出信号的状态及定时器 TIM 和计数器 CNT 的工作时的变化过程。

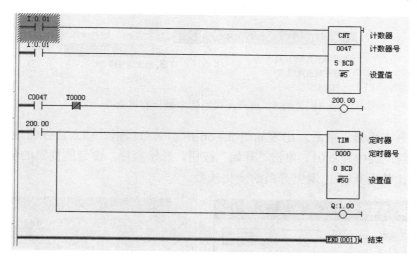

图 3-62　监控模式下的梯形图

3.2.8　PLC 程序调试

1. 强制置位

　　CX-Programmer 软件中的"强制"命令，可以方便地模拟真实的控制过程，有效地验证
程序的正确性。

　　对位的操作有强制 ON、强制 OFF、强制取消、置为 ON、置为 OFF。某一位被强制后，
其状态将不受 I/O 刷新或程序的影响，不需要强制时，可以取消。在图 3-63 中，要想强制
输入信号 0.01 为"ON"，将鼠标单击强制置位的节点处，在工程工作区选中"PLC"后，单
击 PLC 工具条中"强制"按钮，选取子菜单中为"ON"选项，单击后显示输入信号 0.01 上
出现强制置位标志，绿色线条表示第一指令条逻辑导通，如图 3-64 所示。

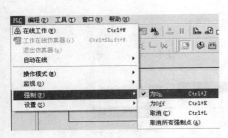

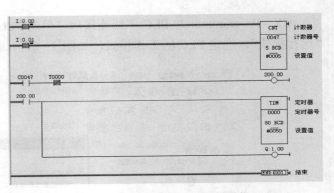

图 3-63　CX-Programmer 强制命令的选项　　　　图 3-64　输入接点 I 0.01 强制置位

2. 微分监视

如果位状态被置为 ON 或 OFF 时只能保持一个扫描周期，应选取微分监视。

利用微分监视器可看到上升沿或下降沿出现的情况，还有声音提示，并能够统计变化的次数。使用微分监视器时需要设置，在 PLC 菜单中，选取"监视"的子菜单"微分监视"，如图 3-65 所示。

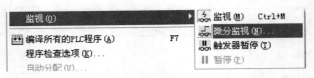

图 3-65　选择在线监视中微分监视命令

选中"微分监视器"项后，出现如图 3-66 所示的对话框，填入监视的地址，选择边沿和声音，图中监视的位是 0.01。单击"开始"按钮，开始监视。微分监视器的输出如图 3-67所示，图中的计数为 0.01 出现上升沿的变化次数。

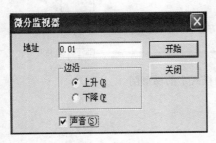

图 3-66　微分监视选项　　　　　　图 3-67　微分监视器输出

3.3　在　线　模　拟

CX-Simulator 仿真软件可以在个人计算机上模拟调试 CS/CJ CPU 单元的梯形图执行。使用 CX-Simulator，在计算机上的虚拟 CPU 单元通过 CX-Programmer 连接后，可以实现各种在线功能，如 I/O 点的状态、监控 I/O 内存的当前值、强制/复位、微分监控、数据跟踪及在线编译等。

CX-Simulator 具有梯形图步执行、断点等调试功能；CS/CJ 具有各种检测功能，包括梯形图步执行（指令执行）、起点设定、断点设定、I/O 中断条件及扫描执行。可以通过模拟中断任务，使得调试更加接近实际状态。

单击菜单栏中的"模拟"，选择下拉菜单中的"在线模拟"，如图 3-68 所示，则进入在线模拟的界面，如图 3-69 所示。

图 3-68　在线模拟选项

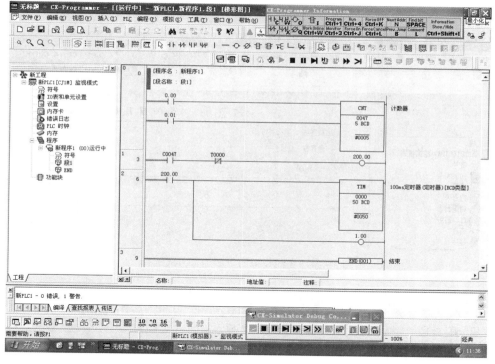

图 3-69　在线模拟界面

在线模拟的运行方式分单步运行、连续单步运行和扫描运行三种。其快捷方式在工具栏中都有相应的按钮图标，如图 3-70 所示。

为了更好地了解 PLC 的工作过程，下面以单步运行为例，说明 PLC 在线模拟的过程。首先单击单步运行按钮图标如图 3-71 所示。单击后第一个节点 0.00 变为粉色，如图 3-72 所示，意味着程序从第一条指令开始执行。继续单击单步运行按钮图标，如图 3-73 所示，第二个节点 0.01 变为粉色，指令执行到第二步；再继续单击单步运行按钮图标，如图 3-74 所示，指令执行到计数器。

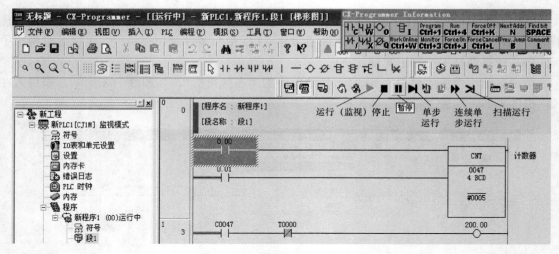

图 3-70 在线模拟的运行方式

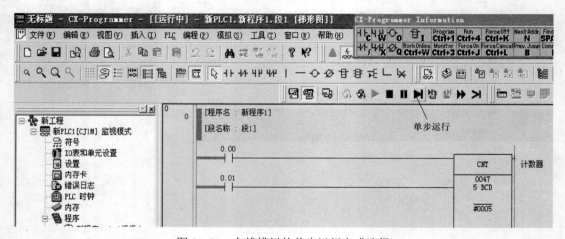

图 3-71 在线模拟的单步运行方式选择

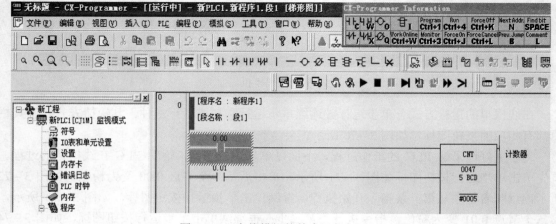

图 3-72 在线模拟的单步运行（一）

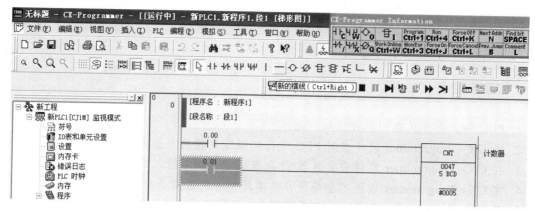

图 3-73　在线模拟的单步运行（二）

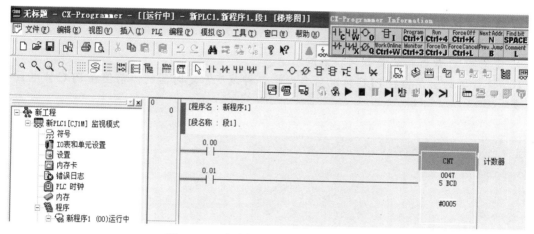

图 3-74　在线模拟的单步运行（三）

为了观察计时器的工作情况，可将计数器的脉冲输入端置成 1，再观察计数器的计数值的变化，如图 3-75 所示。可以看到计数器的当前值减 1。

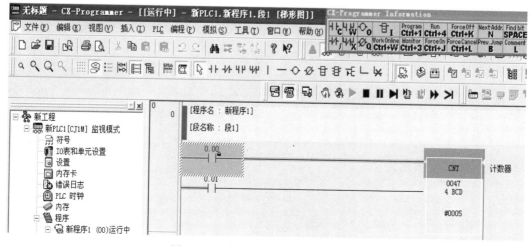

图 3-75　在线模拟计数器工作工程

通过上述操作，就可以基本上掌握了欧姆龙 CX – Programmer 编程软件的基本使用方法。更详细的操作请参阅相关的手册。

【思考题】

1. PLC 的工作方式有哪几种？如何选择？

2. 在 CX – Programmer 软件中对 PLC 进行初始设置包括哪些内容？

3. 在 CX – Programmer 软件中定时器/计数器指令是如何输入的？

4. 在 CX – Programmer 软件中全局符号与本地符号的区别是什么？如何设置？

5. 在 CX – Programmer 软件中，编译程序时，出现的"错误"与"警告"信息有何区别？

6. 离线状态与在线状态的含义是什么？有何区别？如何切换？

7. 在线"强制"命令，如何使用？

8. 在 PLC 清除内存时包括哪些步骤？

9. 定时器/计数器指令是如何输入的？

10. 计数器的当前值在 PLC 掉电后会发生何种改变？定时器的当前值在 PLC 掉电后会不会改变？

第4章　PLC程序设计基础

PLC控制系统的设计主要包括系统设计、程序设计、施工设计和安装调试四方面的内容。本章主要介绍PLC控制系统的设计内容和步骤以及设计与实施过程中应该注意的事项，使读者初步掌握PLC控制系统的设计方法。

4.1　PLC程序设计基本内容与原则

4.1.1　梯形图编程基本概念

PLC执行用户程序的顺序是按指令在存储器中存储的次序进行，因此必须正确理解编程的基本概念以及执行顺序。

1. 梯形图的基本结构

梯形图的基本结构如图4-1所示。

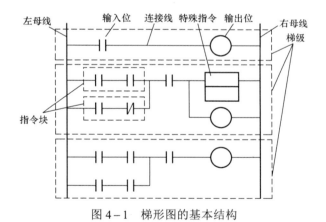

图4-1　梯形图的基本结构

梯形图由左母线和右母线（右母线可不用）、连接线、输入位、输出位和特殊指令组成，一段程序由一个或多个梯级组成。当母线平行分开时，一个程序梯级是一个可分割的单元。对助记符而言，一个梯级是包含从LD/LD NOT指令开始到下一个LD/LD NOT前输出指令间的所有指令，一个程序梯级由表示逻辑加载的LD/LD NOT指令开始的指令块组成。

2. 梯形图编程原则

（1）程序中的驱动流向是由左向右，梯形图中指令的执行是从左母线至右母线，并从上到下按顺序进行，其执行顺序与助记符的列序一致。如图 4-2 所示。

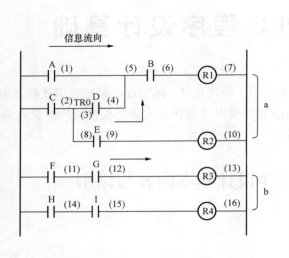

执行顺序	助记符	操作数
1	LD	A
2	LD	C
3	OUT	TR0
4	AND	D
5	OR LD	—
6	AND	B
7	OUT	R1
8	LD	TR0
9	AND	E
10	OUT	R2
11	LD	F
12	AND	G
13	OUT	R3
14	LD	H
15	AND	I
16	OUT	R4

(a)　　　　　　　　　　　　(b)

图 4-2　程序中的驱动流向

（a）梯形图；（b）指令表

（2）编程过程中对 I/O、工作位、定时器和其他可使用的输入位的使用次数是不受限制的。

（3）梯级中对串联、串并联、并联支路中连接的输入位的个数不受限制。

（4）两个以上输出位可以并联连接，如图 4-3 所示。

（5）输出位也可被多次用作编程输入位，如图 4-4 所示。

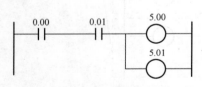

图 4-3　输出位并联连接

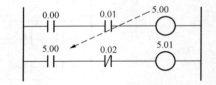

图 4-4　输出位被多次用作编程输入位

3. 注意事项

（1）梯形图必须封闭，这样信号（驱动流向）就可以从左母线流向右母线。如果梯形图不封闭，一个梯级错误信息将会出现（但程序仍可运行），如图 4-5 所示。

（2）输出位、定时器、计数器和其他输出指令不允许与左母线直接连接。如果有一个与左母线直接连接，编程装置在程序检查时将出现梯级出错指示（程序仍可执行，但这个 OUT 或 MOV（021）指令不执行），如图 4-6 所示。值得注意的是，在上位机输入程序时，编译后会提示错误信息，需改正出错的程序。

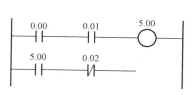

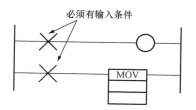

图 4-5　梯形图不封闭　　　　　　　图 4-6　输出指令与左母线直接连接

如果需要输入条件保持常 ON，可插入一个未使用输入动断工作位或常 ON 标志作为虚拟输入位，如图 4-7 所示。

（3）输入位必须总是位于输出指令之前而不能插入到输出指令之后。如果输入指令插在输出指令之后，那么编程装置在程序检查时会给出位置出错提示，如图 4-8 所示。

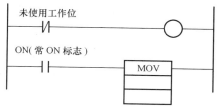
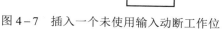

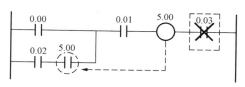

图 4-7　插入一个未使用输入动断工作位　　　图 4-8　输入位位于输出指令之后产生错误

（4）同一输出位不能在输出指令编程时重复使用，否则，重复输出出错提示会出现，且第一次编程使用的那条输出指令无效，而第二梯级处的输出结果有效，如图 4-9 所示。

（5）输入位不能用于输出（OUT）指令，如图 4-10 所示。

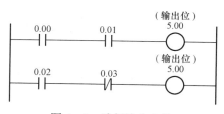

图 4-9　重复输出出错　　　　　　　图 4-10　输入位用于输出

4.1.2　PLC 控制系统设计基本原则和内容

1. PLC 控制系统设计的基本原则

在确定控制系统方案的时候，首先应考虑是否有必要使用 PLC。当被控系统相对很简单，所需的 I/O 点数较少；或者 I/O 点数虽然较多，但是控制要求并不复杂，各部分的相互联系很少时，应考虑采用继电器控制的方案。

在以下几种情况下，可以考虑采取使用 PLC：

（1）系统所需的 I/O 点较多，控制要求较复杂。如果采用继电器控制，需要大量的中间继电器、时间继电器、计数器等器件。

（2）系统对可靠性要求较高，继电器控制不能满足要求。

（3）由于系统生产工艺流程或加工产品经常需要变化，需要经常改变系统的控制关系，需要经常修改系统参数，或存在着系统扩充的可能。

（4）可以用一台 PLC 控制多台设备的系统。

（5）需要与其他设备实现通信或联网的系统。

由于使用 PLC 实现系统控制，可以比使用继电器控制节省大量的元器件，控制柜体积较小，控制柜安装接线工作量较小，安装调试方便而且比采用继电器控制的可靠性高。

任何一种控制系统的设计都要满足被控对象的工艺要求，以提高生产效率和产品质量。因此，在设计 PLC 控制系统时，应遵循以下基本原则：

（1）充分发挥 PLC 的功能，最大限度地满足被控对象的控制要求，这是设计 PLC 控制系统的首要前提，这也是设计中最重要的一条原则。这就要求设计人员在设计前就要深入现场进行调查研究，收集控制现场的资料，收集相关先进的国内、国外资料。同时要注意和现场的工程管理人员、工程技术人员、现场操作人员紧密配合，拟订控制方案，共同解决设计中的重点问题和疑难问题。

（2）保证 PLC 控制系统能够长期安全、可靠、稳定运行，这是设计控制系统的重要原则。这就要求设计者在系统设计、元器件选择、软件编程上要全面考虑，以确保控制系统安全可靠。

（3）在满足控制工艺要求的前提下，力求使控制系统简单、经济、操作和维护简便。

（4）在硬件选择时，应考虑到生产的发展和工艺的改进，应适当留有余量。由于技术的不断发展，控制系统的要求也将会不断地提高，设计时要适当考虑今后控制系统发展和完善的需要。这就要求在选择 PLC、I/O 模块、I/O 点数和内存容量时，要适当留有余量，以满足今后生产的发展和工艺的改进。

2. PLC 控制系统设计的基本内容

PLC 控制系统是由 PLC 与现场的输入、输出设备连接而成的。PLC 控制系统设计的基本内容如下：

（1）选定被控系统的 I/O 设备以及由输出设备驱动的控制对象。如电动机、电磁阀等执行机构。

（2）选择 PLC 类型。

（3）分配 PLC 的 I/O 点，绘制 PLC 的 I/O 硬件接线图。

（4）设计控制系统软件（梯形图）并调试。

（5）设计控制系统的操作台、控制柜（箱）等并绘制接线图。

（6）编写控制系统的技术文件。包括电气原理图、电器元件接线图、电器元件明细表和使用说明书。

4.1.3　PLC 控制系统设计一般步骤

PLC 控制系统设计的一般步骤分为：分析控制系统、总体设计、确定 PLC 型号及确定硬件配置、分配 I/O 点、硬件电路设计、控制程序设计及控制程序仿真调试、现场接线、联机调试和编制技术文件。控制系统设计步骤流程，如图 4-11 所示。

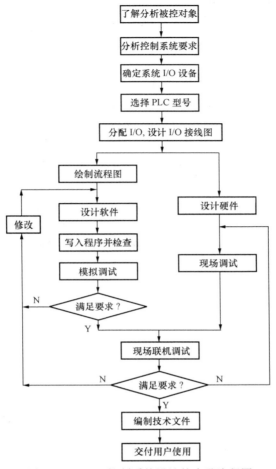

图 4-11　PLC 控制系统设计的步骤流程图

1. 分析被控对象

这一过程是系统设计的基础。首先应了解控制系统的全部工艺过程和工艺特点，了解被控对象的全部功能、操作方式、控制方式、确定输入信号的方式和输出信号的种类、特殊功能接口、互联设备关系、通信内容及方式等。如系统内部的机械、液压、气动、仪表、电气各部分之间的关系，必需的保护和联锁，必要的抗干扰措施、操作方案；PLC 与其他智能设备（如其他 PLC、计算机、变频器等）之间的关系，是否有通信联网功能，是否需要报警、显示及紧急处理等情况。从而确定被控对象对 PLC 控制系统的控制要求。

另外，还应确定哪些信号需要输入到 PLC 中，哪些负载应由 PLC 驱动，应分类统计出各个输入量和输出量的性质（是数字量还是模拟量，是直流量还是交流量和电压等级等）。并考虑是否需要设置人机界面及与上位机通信的接口。

2. 确定 I/O 设备

在熟悉被控制对象、生产工艺、信号响应要求和信号用途的基础上，深入分析控制信号的形式、功能、规模、相互关系和可能出现的问题。

根据系统的控制要求，确定系统所需的全部输入设备（如按钮、位置开关、转换开关及各种传感器等）和输出设备（如接触器、电磁阀、信号指示灯及其他执行器等），从而确定与 PLC 有关的 I/O 设备，以便确定 PLC 的 I/O 点数。

3. 选择 PLC

PLC 选择包括对 PLC 的机型、程序容量、I/O 模块、电源等的选择。

4. 分配 I/O 点并设计 PLC 硬件线路

（1）分配 I/O 点。画出 PLC 的 I/O 点与 I/O 设备的连接图或对应关系表，该部分也可在第 2 步中进行。

（2）设计 PLC 硬件线路。设计系统其他部分的电气线路图，包括主电路和辅助电路等。由 PLC 的 I/O 硬件原理图和 PLC 外围电气线路图组成系统的电气原理图，确定完系统的硬件电气线路后，应详细分析硬件电路的原理、结构、作用及特点。

5. 程序设计

（1）程序设计。根据系统的控制要求，采用合适的设计方法来编制 PLC 程序。程序要以满足系统控制要求为主线，逐一编写实现各控制功能或各子任务的程序，逐步完善系统指定的功能。除此之外，程序通常还应包括以下内容：

1）初始化程序。在 PLC 上电后，一般都要做一些初始化的操作，为启动做必要的准备，避免系统发生误动作。初始化程序的主要内容有对某些数据区、计数器等进行清零，对某些数据区所需数据进行恢复，对某些继电器进行置位或复位，对某些初始状态进行显示等。

2）检测、故障诊断和显示等程序。这些程序相对独立，一般在程序设计基本完成时再考虑如何实现。

3）保护和联锁程序。保护和联锁是程序中不可或缺的部分，必须认真加以考虑。它可以避免由于非法操作而引起的控制逻辑混乱。

（2）程序模拟调试。程序模拟调试的基本思想是，以方便的形式模拟产生现场实际状态，为程序的运行创造必要的环境条件。根据产生现场信号的方式不同，模拟调试分为硬件模拟法和软件模拟法两种形式。

1）硬件模拟法是使用一些硬件设备模拟产生现场的信号，并将这些信号以硬接线的方式连接到 PLC 系统的输入端，其时效性较强。

2）软件模拟法是在 PLC 中另外编写一套模拟程序，模拟提供现场信号，其简单易行，但时效性不易保证。

3）利用编程软件进行仿真调试，目前大多数的编程软件都具有在线模拟功能，调试验证程序的执行过程。

程序的许多功能修改和完善是在模拟仿真和测试中进行，模拟仿真和测试是为现场测试服务的，其作用非常重要。模拟仿真和测试工作做得越细致，在现场调试的问题就会越少。

6. 硬件实施

硬件实施方面主要是进行控制柜（台）等硬件的设计及现场施工。主要内容有：

（1）设计控制柜和操作台等部分的电器布置图及安装接线图。

（2）设计系统各部分之间的电气互连图。

（3）根据施工图纸进行现场接线。

由于程序设计与硬件实施可同时进行，因此，PLC 控制系统的设计周期可大大缩短。

7. 联机调试

联机调试是将通过模拟调试的程序进一步进行在线统调。联机调试过程应循序渐进，首先调试 PLC 输入设备，先连接 PLC 的输入信号，观察相应的输入信号准确无误，再进行输出设备的连接，接上实际负载后按控制功能逐步进行调试。如不符合要求，则对硬件和程序做调整。通常只需修改部分程序即可。

全部调试完毕后，交付试运行。经过一段时间运行，如果工作正常、程序不需要修改，应将程序固化到 EPROM 中，以防程序丢失。

8. 整理和编写技术文件

技术文件包括设计说明书、控制系统硬件原理图、电气安装接线图、电器元件明细表、PLC 程序以及使用说明书等。

4.2　PLC 程序设计方法

PLC 控制系统主要有三种设计方法：分析设计法、逻辑代数设计法和顺序功能图设计法。下面将分别介绍 PLC 程序设计的方法。

4.2.1　分析设计法

1. 分析设计法

所谓分析设计法是根据生产工艺的要求选择一些成熟的典型基本环节来实现这些基本要求，而后再逐步完善其功能，并适当配置联锁和保护等环节，使其组合成一个整体，成为满足控制要求的完整电路。这种设计方法比较简单，容易被人们掌握，但是要求设计人员必须掌握和熟悉大量的典型控制环节和控制电路，同时具有丰富的设计经验，故又称为经验设计法或继电器控制线电路移植设计法。

由于继电器电路图与梯形图在表示方法和分析方法上有很多相似之处，因此，根据继电器电路图来设计梯形图是一条捷径。对于一些成熟的继电器－接触器控制线路可以按照一定的规则转换为 PLC 控制的梯形图。这样既保证了原有的控制功能，又能方便地得到 PLC 梯形图，程序设计也变得十分方便。这种方法虽然不是最优的，但对于老设备改造是一种十分有效和快速的方法。同时，由于这种设计方法一般不需要改动控制面板，因而保持了系统原有的外部特性，操作人员不需要改变长期形成的操作习惯。

在分析 PLC 控制系统的功能时，可以将它想象成一个继电器控制系统中的控制箱，其外部接线图描述了这个控制箱的外部接线，梯形图是这个控制箱的内部"线路图"。梯形图中的输入继电器和输出继电器是控制箱与外部世界联系的"接口继电器"，这样就可以用分析继电器电路图的方法来分析 PLC 控制系统了。在分析和设计梯形图时，可以将输入信号想象成对应的外部继电器的触点，将输出信号的软继电器线圈想象成对应的外部负载的线圈。外部负载的线圈除了受梯形图的控制外，还可以受外部触点的控制。

2. 分析设计法的步骤

（1）了解控制系统。对所要设计的被控系统的工艺过程和机械动作情况进行熟悉，并对其继电器电路图进行分析，从中掌握继电器控制系统的各个组成部分的功能和工作原理。

（2）两种电路的元件和电路的对应变换。

1）将继电器电路图中的按钮、控制开关、行程开关等控制信号作为 PLC 的输入信号，为 PLC 控制系统提供控制命令和反馈信号。继电器电路图中的接触器、指示灯和电磁阀等执行机构作为 PLC 的输出信号，由 PLC 的输出控制。据此可以画出 PLC 的外部接线图，同时可以确定 PLC 的各个输入信号和输出信号的编号。

2）将继电器电路图中的中间继电器和时间继电器作为 PLC 内部的辅助继电器和定时器，与 PLC 的输入继电器和输出继电器无关，并确定辅助继电器和定时器的元件编号。

（3）设计梯形图。根据两种电路转换得到的 PLC 外部电路图、内部元件以及编号，将原来继电器电路的控制逻辑转换成对应的 PLC 梯形图。

下面通过实例来介绍经验设计方法。

【例 4-1】 有一个在两处往返装/卸料的小车，工作过程如图 4-12 所示。控制要求如下：

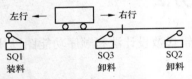

图 4-12　两处装/卸料小车的工作过程示意图

小车在行程开关 SQ1 处装料；奇数次运行时，在 SQ3 处卸料；偶数次运行时，在 SQ3 处不卸料，而在 SQ2 处卸料；装料时间为 20s，卸料时间为 15s。

（1）控制过程分析。

本系统中，被控对象是一个往返运行的小车，可以采用电动机正反转控制。

由于控制要求中奇数次和偶数次运料小车卸料位置的不同，使得小车右行相对要复杂一些。奇数次时，在 SQ3 处卸料，偶数次时在 SQ2 处卸料。那么可以采用一个中间继电器的动合触头与 SQ3 的动断触头并联，偶数次时屏蔽掉 SQ3 的作用。即奇数次时，小车碰到 SQ3，中间继电器得电并自锁，其与 SQ3 动断触头并联的动合触头闭合；偶数次时，小车碰到 SQ3 无作用，继续右行，到达 SQ2 处，停车卸料，同时中间继电器失电，其动合触头断开，为奇数次运行做好准备。

（2）传统继电器控制电路设计。

根据控制要求及控制过程的分析，采用传统继电器设计的装/卸料小车运行控制电路，如图 4-13 所示。

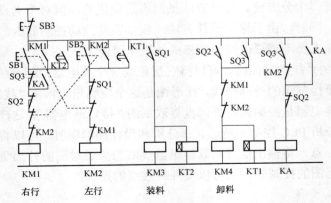

图 4-13　传统继电器设计的装/卸料小车运行控制电路图

（3）控制系统 I/O 分配和硬件原理图。

根据系统控制要求及分析图 4-13 所示的传统继电器控制电路图，可以确定 PLC 控制系统的输入和输出信号。

输入信号：右行启动按钮 SB1—0.00、左行启动按钮 SB2—0.01、停止按钮 SB3—0.02、装料行程开关 SQ1—0.03、卸料行程开关 SQ2—0.04、卸料行程开关 SQ3—0.05。

输出信号：右行 KM1—1.00、左行 KM2—1.01、装料 KM3—1.02、卸料 KM4—1.03。

PLC 控制的装/卸料小车运行控制硬件接线图，如图 4-14 所示。

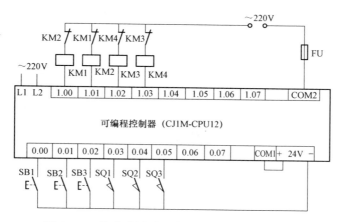

图 4-14　装/卸料小车运行 PLC 控制硬件接线图

（4）设计装/卸料小车运行 PLC 控制梯形图。

设计装/卸料小车运行 PLC 控制梯形图，如图 4-15 所示。

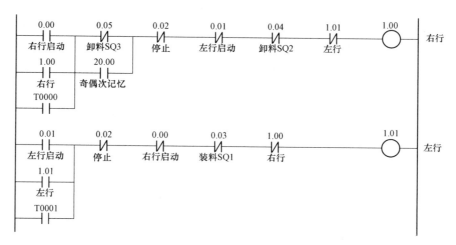

图 4-15　装/卸料小车运行 PLC 控制梯形图（一）

177

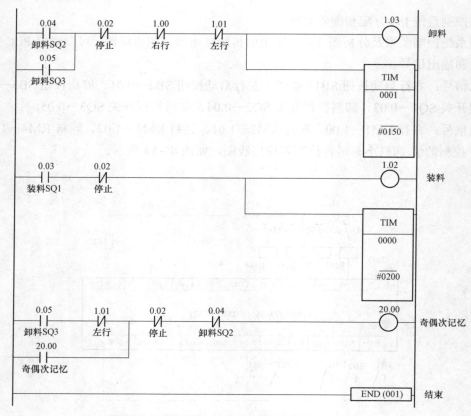

图 4-15　装/卸料小车运行 PLC 控制梯形图（二）

4.2.2　逻辑设计法

1. 逻辑设计法

逻辑设计法是根据生产工艺的要求，利用逻辑代数来分析、化简、设计程序的方法。这种设计方法是将控制程序中各个节点的通、断状态看成逻辑变量，并根据控制要求将它们之间的关系用逻辑函数关系式来表达，然后再运用逻辑函数基本公式和运算规律进行简化，根据最简式画出相应的控制逻辑结构图，最后再做进一步的检查和完善，即能获得需要的控制程序。

逻辑设计法较为科学，能够确定实现一个自动控制过程所必需的最少的中间记忆元件（辅助继电器）的数目，以达到使逻辑电路最简单的目的，设计的控制程序比较简化、合理。但是当设计的控制系统比较复杂时，这种方法就显得十分烦琐，工作量也大。因此，如果将一个较大的、功能较为复杂的控制系统分成若干个互相联系的控制单元，用逻辑设计方法先完成每个单元控制线路的设计，然后再用经验设计方法把这些控制单元组合起来，各取所长，也是一种简捷的设计方法。

逻辑设计方法是以组合逻辑的方法和形式来设计电气控制系统。这种设计方法既有严密可循的规律性、明确可行的设计步骤，又有简捷、直观和规范的特点。

在逻辑代数中有 3 种基本运算，分别为"与""或"和"非"，它们都有明确的物理含义，逻辑函数表达式的线路结构与 PLC 指令表程序完全一样，因此可以进行直接转换。

多变量的逻辑函数"与"运算为：

$$f_{Y1} = \prod_{i=1}^{n} X_i = X_1 \cdot X_2 \cdots X_n$$

多变量的逻辑函数"或"运算为：

$$f_{Y1} = \sum_{i=1}^{n} X_i = X_1 + X_2 + \cdots + X_n$$

多变量的逻辑函数"或"/"与"运算为：

$$f_{Y1} = (M_1 + M_2) \cdot M_3 \cdot \overline{M_4}$$

2. 逻辑设计法的步骤

（1）明确控制系统的任务和控制要求。通过分析工艺过程，明确控制任务和控制要求，绘制出工作路径和检测元件分布图，得到电气执行机构功能表。

（2）绘制电气控制系统状态转换表。通常电气控制系统状态转换表由输入信号状态表、输出信号状态表、状态转换主令表和中间记忆装置状态表四部分组成。状态转换表全面、完整地展示了电气控制系统各部分、各时段的状态和状态之间的联系及转换，非常直观，对建立电气控制系统的整体联系、动态变化的概念有很大帮助，是进行电气控制系统分析和设计的有效工具。

（3）电气控制系统的逻辑设计。有了状态转换表后，便可以进行电气控制系统的逻辑设计了。设计内容包括列出中间记忆元件的逻辑函数式和列出执行机构（输出点）的逻辑函数式。

（4）编制 PLC 程序。编制 PLC 程序是将逻辑设计的表达式转换成为 PLC 程序。由于 PLC 指令的结构和形式都与逻辑函数非常类似，很容易直接由逻辑函数式转化。如果设计者采用梯形图设计程序则可首先由逻辑函数式转化为梯形图。

（5）完善和补充程序。程序的完善和补充是逻辑设计方法的最后一步。包括手动调试、自动运行等。

下面通过实例来介绍逻辑设计方法。

【例 4－2】 某系统中有四台通风机，要求在以下几种运行状态下，发出不同的显示信号：三台及三台以上开机时，绿灯常亮；两台开机时，绿灯以 5Hz 的频率闪烁；一台开机时，红灯以 5Hz 的频率闪烁；全部停机时，红灯常亮。

（1）I/O 分配和硬件接线图。

为了讨论问题的方便，设四台通风机分别为 A、B、C 和 D，作为系统的输入；红灯为 F1 和绿灯为 F2，作为系统的输出。

输入信号：A—0.00、B—0.01、C—0.02、D—0.03。

输出信号：红灯 F1—1.00、绿灯 F2—1.01。

PLC 控制四台通风机的运行状态显示的硬件接线图，如图 4－16 所示。

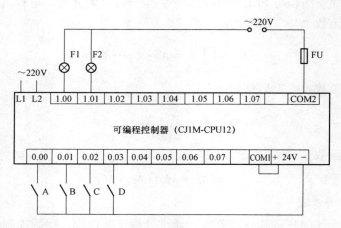

图 4-16　四台通风机运行状态显示的 PLC 控制硬件接线图

（2）逻辑分析。

设灯常亮为"1"，灭为"0"；通风机开机为"1"，停机为"0"。

1）红、绿灯常亮控制的程序设计。由控制要求可知，当四台通风机全部停机时红灯常亮，能引起绿灯常亮的情况有五种，综合二者，得到状态表，见表 4-1。

表 4-1　　　　　　　　　　　　　　灯 常 亮 状 态 表

输入				输出	
A	B	C	D	F1	F2
0	1	1	1	—	1
1	0	1	1	—	1
1	1	1	1	—	1
1	1	1	0	—	1
1	1	1	1	—	1
0	0	0	0	1	—

由表 4-1 可得 F1 的逻辑函数

$$F1 = \overline{ABCD} \tag{4-1}$$

$$F2 = \overline{A}BCD + A\overline{B}CD + ABC\overline{D} + ABCD \tag{4-2}$$

化简式 4-2 的逻辑函数，可得到

$$F2 = AB(C+D) + CD(A+B) \tag{4-3}$$

这样就得到了输入和输出之间的逻辑关系式（4-1）和式（4-3），就可以很容易得到灯常亮的梯形图程序，如图 4-17 所示。

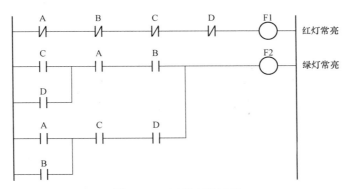

图 4–17 灯常亮梯形图

2）红、绿灯闪烁控制的程序设计。由控制要求可知，能引起绿灯闪烁的情况有 6 种，能引起红灯闪烁的情况有 4 种。综合二者，得到状态表，见表 4–2。

表 4–2 灯 闪 烁 状 态 表

输　　入				输　　出	
A	B	C	D	F1	F2
0	0	1	1	—	1
0	1	0	1	—	1
0	1	1	0	—	1
1	0	0	1	—	1
1	0	1	0	—	1
1	1	0	0	—	1
0	0	0	1	1	—
0	0	1	0	1	—
0	1	0	0	1	—
1	0	0	0	1	—

由表 10–2 可得 F1、F2 的逻辑函数

$$F1 = \overline{A}\,\overline{B}\,\overline{C}D + \overline{A}\,\overline{B}C\overline{D} + \overline{A}B\overline{C}\,\overline{D} + A\overline{B}\,\overline{C}\,\overline{D} \qquad (4-4)$$

$$F2 = \overline{A}\,\overline{B}CD + \overline{A}B\overline{C}D + \overline{A}BC\overline{D} + A\overline{B}\,\overline{C}D + A\overline{B}C\overline{D} + AB\overline{C}\,\overline{D} \qquad (4-5)$$

化简式（4–4）和式（4–5）可得到

$$F1 = \overline{A}\,\overline{B}(\overline{C}D + C\overline{D}) + \overline{C}\,\overline{D}(\overline{A}B + A\overline{B}) \qquad (4-6)$$

$$F2 = (\overline{A}B + A\overline{B})(\overline{C}D + C\overline{D}) + AB\overline{C}\,\overline{D} + \overline{A}\,\overline{B}CD \qquad (4-7)$$

这样就得到了输入和输出之间的逻辑关系式（4–6）和式（4–7），可以很容易得到红、绿灯闪烁的梯形图程序，如图 4–11 所示。

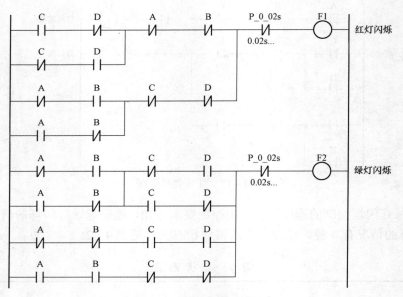

图4-18　灯闪烁梯形图

（3）画出最终梯形图控制程序。

根据 I/O 分配、控制要求及图4-17和图4-18，综合在一起得到四台风机运行状态显示梯形图，如图4-19所示。

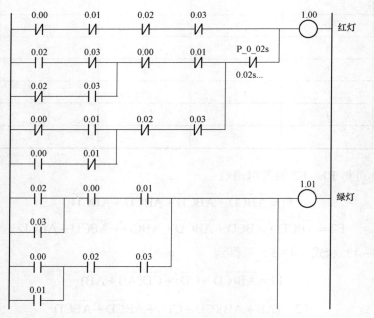

图4-19　四台通风机运行状态显示的梯形图（一）

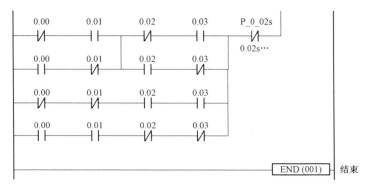

图 4-19　四台通风机运行状态显示的梯形图（二）

4.2.3　顺序功能图设计法

PLC 控制系统的设计法中最为常用的是顺序功能图设计法（又称顺序控制设计法）。在工业控制领域中，顺序控制的应用很广泛，尤其在机械行业，几乎无一例外地利用顺序控制来实现加工的自动循环。可编程序控制器的设计者们继承了顺序的思想，为顺序控制程序编制了大量通用和专用的编程单元，开发了专门供编制顺序控制程序用的顺序功能图，使这种先进的设计方法成为当前 PLC 程序设计的主要方法。

1．顺序功能图设计法的基本步骤

（1）步的划分。分析被控系统的工作过程和要求，将系统的工作划分成若干阶段，这些阶段称为"步"。步是根据 PLC 输出量的状态进行划分的，只要系统的输出量状态发生变化，系统就从原来的步进入新的步中。如图 4-20（a）所示，某液压动力滑台的整个工作过程可划分四步，即：0 步 A、B、C 均不输出；1 步 A、B 输出；2 步 B、C 输出；3 步 C 输出。每一步内 PLC 各输出状态均保持不变。

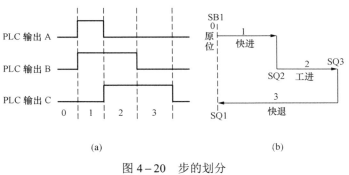

图 4-20　步的划分
（a）划分方法一；（b）划分方法二

步也可根据被控制对象的工作状态的变化来划分，但被控对象的状态变化应由 PLC 输出状态变化引起的，如图 4-20（b）所示，初始状态是不动的，当得到起步信号后开始快进，快进到加工位置转为工进，到达终点加工结束又转为快退，快退到原位时停止，又回到初始状态。因此，液压滑台的整个工作过程可以划分为停止（原位）、快进、工进、快退四步。但这些状态的改变都必须由 PLC 输出量的变化引起，否则就不能这样划分。例如，如果快进转

183

为工进与 PLC 输出无关时，快进、工进只能算一步。

（2）确定转换条件。确定各相邻步之间的转换条件是顺序控制设计法的重要步骤之一。转换条件是使系统从当前步进入下一步的条件。常见的转换条件有按钮、行程开关、计数器和定时器触点的动作（通/断）等。

如图 4－20（b）所示，滑台由停止（原位）转为快进，其转换条件是按下启动按钮 SB1（SB1 的动合触点接通）；由快进转为工进的转换条件是行程开关 SQ2 动作；由工进转为快退的转换条件是终点行程开关 SQ3 动作；由快退转为停止（原位）的转换条件是原位行程开关 SQ1 动作。转换条件也可以是一些条件的组合。

（3）绘制顺序功能图。根据上面的分析，可以画出能够正确反映系统工作过程的顺序功能图。

（4）编制梯形图。根据顺序功能图，绘制梯形图。

2. 绘制顺序功能图的方法

（1）顺序功能图的概述。顺序功能图又称为流程图，它是描述控制系统的控制过程、功能和特性的一种图形。顺序功能图并不涉及所描述的控制功能的具体技术，是一种通用的技术语言。因此，顺序功能图也可用于不同专业的人员进行交流。

顺序功能图是设计顺序控制程序的有力工具。在顺序控制设计法中，顺序功能图的绘制是关键环节之一，它直接决定用户设计的 PLC 程序的质量。

（2）顺序功能图的组成要素。顺序功能图由步、转换、转换条件、有向连线和动作等要素组成。如图 4－21 所示。

1）步与动作。"步"是应用顺序控制设计法设计 PLC 程序时，根据系统输出状态的变化，将系统工作过程划分成若干个状态不变的阶段。步在顺序功能图中用矩形框表示，框内的数字是该步的标号。在图 4－21 中，各步的编号为 $n-1$、n、$n+1$。编程时一般用 PLC 内部软继电器来代表各步，因此，经常直接用相应的内部软继电器编号作为步的编号。当系统工作在某一步时，该步处于活动状态，称为"活动步"。控制过程开始阶段的活动步与系统初始状态相对应，称为"初始步"。在顺序功能图中初始步用双线框表示。每个顺序功能图至少应该有一个初始步。

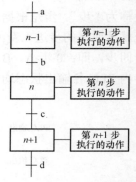

图 4－21　顺序功能图的一般形式

"动作"是指某步活动时，PLC 向被控系统发出的指令，或被控系统应该执行的动作。动作用矩形框中的文字或符号表示，该矩形框应与相应步的矩形框相连接。如果某一步有几个动作，可以用如图 4－22 所示的两种画法来表示，但并不包含这些动作之间的任何顺序。

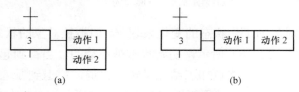

（a）　　　　　　　　　　　　　（b）

图 4－22　多个动作的画法

（a）多动作表示方法一；（b）多动作表示方法二

当步处于活动状态时，相应的动作被执行。但应注意表明动作是保持型还是非保持型的。保持型的动作是指该步活动时执行该动作，该步变为不活动后继续执行该动作。非保持型动作是指该步活动时执行，该步变为不活动时动作也停止执行。

2）有向连线、转换和转换条件。图 4－21 中，步与步之间用有向连线进行连接，并且用转换将步分隔。步的活动状态进展是按规定的路线进行的。有向连线上无箭头标注时，其进展方向是从上到下、从左到右。如果不是上述方向，应在有向连线上用箭头表明其方向。步的活动状态进展是由转换来完成。转换是用与有向连线垂直的短画线来表示。步与步之间不允许直接连接，必须有转换隔开，而转换与转换之间也同样不能直接连接，必须有步隔开。转换条件可以用文字语言、布尔代数表达式或图形符号标注在表示转换的短画线旁边。

（3）实现顺序功能图的转换。步与步之间实现转换应同时具备两个条件：

1）前级步必须是"活动步"。

2）对应的转换条件成立。

当同时具备以上两个条件时，才能实现步的转换，即所有由有向连线与相应转换符号相连的后续步都变为活动的，而所有由有向连线与相应转换符号连接的前级步都变为不活动。例如在图 4－21 中的 n 步为活动步的情况下转换条件 c 成立，则转换实现，即 $n+1$ 步变为活动，而 n 步变为不活动。如果转换的前级步或后续步不止一个时，则可同步实现转换。

（4）顺序功能图的基本结构。根据步与步之间的转换关系，顺序功能图可以分为以下几种不同的基本结构。

1）单序列结构。顺序功能图的单序列结构形式最为简单，它由一系列按顺序排列、相继激活的步组成。每一步的后面只有一个转换，每个转换后面只有一步，如图 4－23（a）所示。

2）选择序列结构。选择序列的开始称为分支，选择序列的结束称为合并。选择序列的分支是指一个前级步后面紧接有若干个后续步可供选择，各分支都有各自的转换条件。分支中表示转换的短画线只能标在水平线之下。

选择序列的合并是指几个选择分支合并到一个公共序列上。各分支也都有各自的转换条件，转换条件只能在水平线之上。如图 4－23（b）所示。

3）并列序列结构。并列序列结构也有开始和结束。并列序列的开始称为分支，并列序列的结束称为合并。如图 4－23（c）所示为并列序列的分支，它是指当转换实现后将同时使多个后续步激活。为了强调转换的同步实现，水平连线用双线表示。在分支处 $X_2 \cdot b$ 是 X_3 和 X_5 同时有效的转换条件。在合并处 X_8 只有当 X_4 和 X_7 均为活动步且转换条件 f 有效时，才进入下一步。

4）跳步、重复和循环序列。在实际系统设计中，除了上述的三种基本结构外，还经常利用跳步、重复和循环等序列。这些序列都是选择序列中的特殊序列，如图 4－24 所示。

图 4－24（a）为跳步序列。当步 X_1 为活动步时，如果转换条件 e 成立，则程序将跳过步 X_2 和步 X_3 直接进入步 X_4，相当于计算机编程的跳转指令。

图 4－24（b）为重复序列。当步 X_4 为活动步时，如果转换条件 d 不成立而转换条件 e 成立时，则重新返回步 X_3，重复执行步 X_3 和步 X_4。直到转换条件 d 成立，重复结束，转入步 X_5。

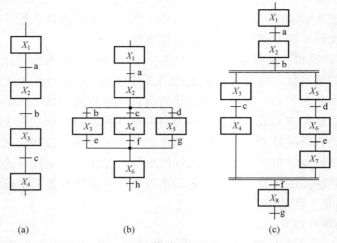

图 4-23　顺序功能图的三种基本结构

（a）单序列；（b）选择序列；（c）并行序列

图 4-24（c）为循环序列，即在序列结束后，用重复的办法直接回到起始步 X_1，形成系统的循环。在起始步时，通常加一个初始步启动信号，它只在起始阶段出现一次，只要建立了循环，它就不应干扰正常运行。

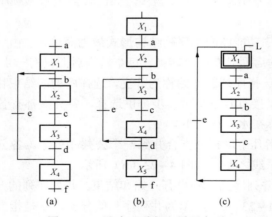

图 4-24　跳步、重复和循环序列

（a）跳步序列；（b）重复序列；（c）循环序列

在顺序功能图的实际设计中，不是仅单一的使用某一种序列，而是多种序列组合在一起使用，才能实现控制系统的功能。

4.2.4　顺序功能图设计法应用实例

1. 设计组合机床液压动力滑台控制程序

【例 4-3】设计某组合机床液压动力滑台的自动控制字程序。其工作循环如图 4-25（a）所示。每一步执行动作的液压元件动作表如图 4-25（b）所示，其中 YV1、YV2、YV3 为液压电磁阀。具体工作过程为原位、快进、工进、快退四步。

工步\元件	YV1	YV2	YV3
原位	−	−	−
快进	+	+	−
工进	−	+	−
快退	−	−	+

(a) 　　　　　　　　　　　　(b)

图 4−25　液压动力滑台

（a）自动循环过程；（b）液压元件动作表

根据组合机床液压滑台的控制要求，确定的 I/O 分配表，见表 4−3。

表 4−3　　　　　　　　　机床液压滑台自动控制系统 I/O 分配表

输入		输出	
启动按钮 SB1	0.00	滑台快进电磁阀　　YV1	1.00
快进行程开关 SQ1	0.01	滑台工进电磁阀　　YV2	1.01
工进行程开关 SQ2	0.02	滑台快退电磁阀　　YV3	1.02
快退行程开关 SQ3	0.03	—	—

利用辅助继电器 1200.00～1200.03 代替原位到快退的四步，设计 PLC 的顺序功能图如图 4−26（a）所示，液压滑台的时序图如图 4−26（b）所示。根据液压滑台的顺序功能图，设计的控制梯形图如图 4−26（c）所示。

程序的执行过程：当 PLC 开始运行时，应用特殊辅助继电器 A200.15 上电初始化脉冲将起始步 1200.00 接通；后续步 1200.01 的动断触点串入 1200.00 的线圈回路中，1200.01 接通时，1200.00 被断开。

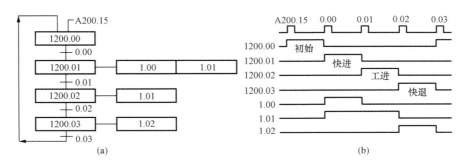

(a) 　　　　　　　　　　　　　　　(b)

图 4−26　液压滑台顺序功能图、时序图和梯形图（一）

（a）顺序功能图；（b）时序图

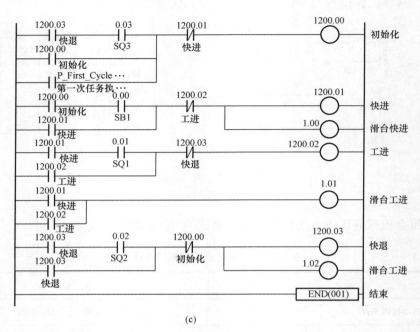

(c)

图 4-26　液压滑台顺序功能图、时序图和梯形图（二）

（c）梯形图

　　由顺序功能图可以得到，输出信号 1.00 与 1200.01、输出信号 1.02 与 1200.03 分别同时接通/断开，因此可将它们的线圈分别并联。输出信号 1.01 在工步 1200.01 和 1200.02 都接通，为了避免双线圈输出，可将 1200.01 和 1200.02 的动合触点并联后驱动输出信号 1.01。

　　2. 采用步指令设计电动机顺序起停的控制程序

　　【例 4-4】三台电机顺序控制要求，在按下启动按钮后，每隔一段时间自动顺序启动，启动完毕后，按下停止按钮，每隔一段时间自动反向顺序停止。在启动过程中，如果按下停止按钮，则立即中止启动过程，对已启动运行的电机，进行反方向顺序停止，直到全部结束。

　　根据控制要求确定的 PLC 输入输出点，见表 3-4。

表 3-4　　　　　采用顺序功能图设计电动机顺序起停的控制 I/O 分配表

输入信号			输出信号		
输入地址	代号	功能	输出地址	代号	功能
0.00	SB1	启动按钮	1.01	KM1	控制电机 M1
0.01	SB2	停止按钮	1.02	KM2	控制电机 M2
—	—	—	1.03	KM3	控制电机 M3

　　根据控制要求，设计电动机顺序启停控制的顺序功能图如图 4-27 所示。根据控制要求及顺序功能图设计的控制梯形图，如图 4-28 所示。

188

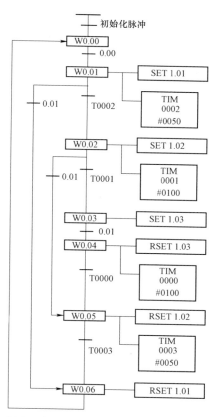

图 4-27 采用顺序功能图设计电动机顺序启停的顺序功能图

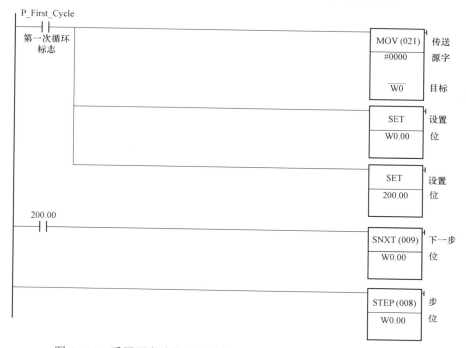

图 4-28 采用顺序功能图设计电动机顺序启停的控制梯形图（一）

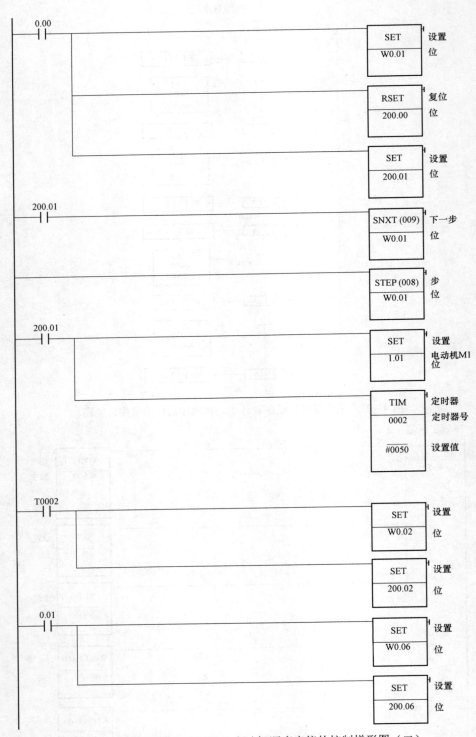

图 4-28 采用顺序功能图设计电动机顺序启停的控制梯形图（二）

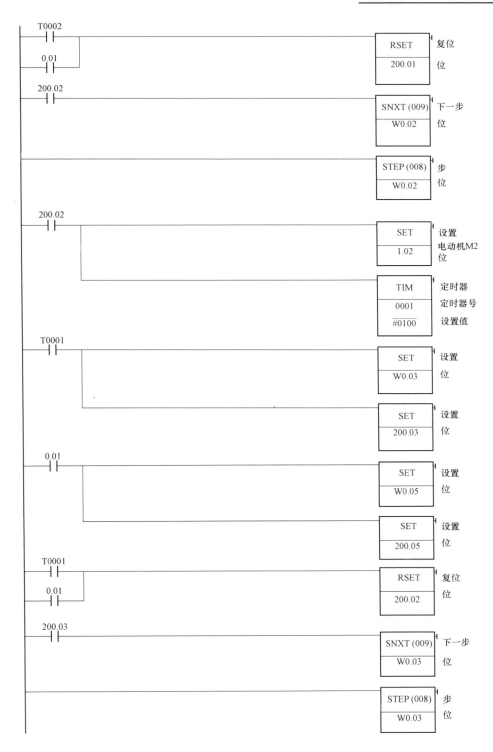

图 4-28 采用顺序功能图设计电动机顺序启停的控制梯形图（三）

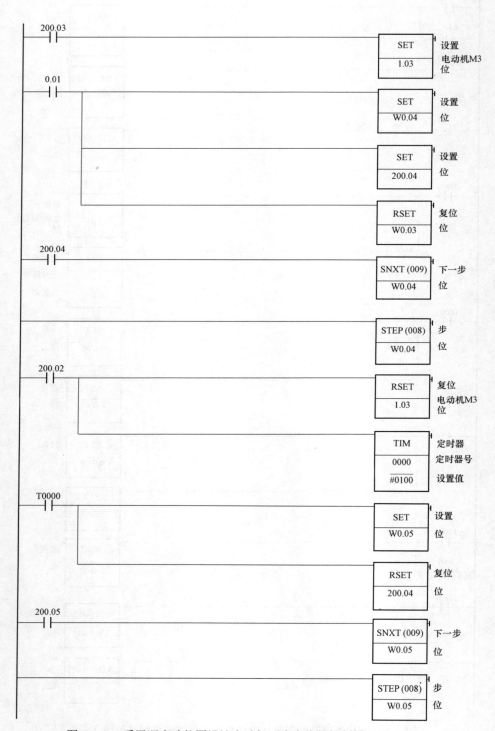

图 4-28　采用顺序功能图设计电动机顺序启停的控制梯形图（四）

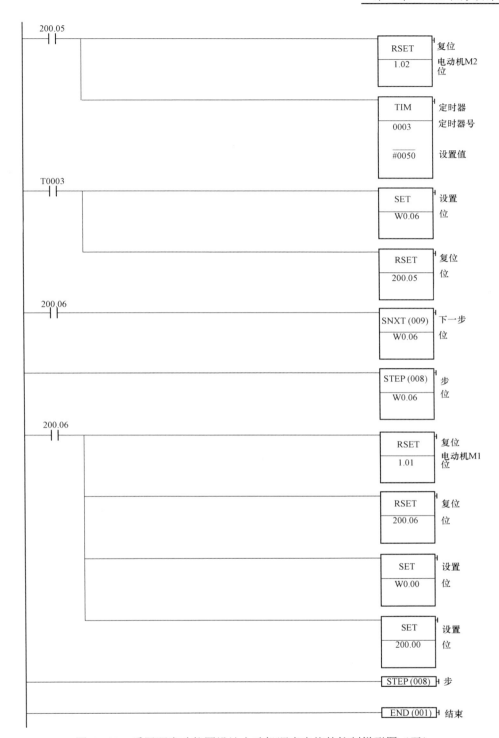

图 4-28　采用顺序功能图设计电动机顺序启停的控制梯形图（五）

程序的执行过程：

（1）PLC 首次扫描时，将辅助继电器 W0.00 置位为"1"，初始步变为活动步，只执行

W0.00 对应的步，等待启动命令。

（2）按下启动按钮 SB1，输入信号 0.00 有效；将对应的辅助继电器 W0.01 置位为"1"，初始步由活动步变为静止步，只执行 W0.01 对应的步。系统从初始步转换到电动机 M1 启动步，输出信号 1.01 为 ON，控制接触器 KM1 通电，电动机 M1 工作，同时定时器 T0002 开始定时。在此期间若有停止按钮按下，输入信号 0.01 有效，将辅助继电器 W0.01 复位并将辅助继电器 W0.06 置位为"1"，系统从 M1 启动步转换到停止步 W0.06，将输出信号 1.01 复位，接触器 KM1 断电，M1 停止运行。

（3）当定时器 T0002 定时 10s 后，其相应的接点使对应的辅助继电器 W0.02 置位为"1"，使辅助继电器 W0.01 复位，M1 启动步变为静止步，辅助继电器 W0.01 对应的步不再被执行。输出信号 1.01 保持 ON 的状态；同时控制输出信号 1.02 为 ON，电动机 M2 启动，同时定时器 T0001 开始定时。在此期间若有停止按钮按下，输入信号 0.01 有效，将辅助继电器 W0.05 置位为"1"，系统从 M2 启动步转换到停止步 W0.05，将输出信号 1.02 复位，接触器 KM1 断电，M2 停止运行；同时定时器 T003 开始定时，定时器 T003 定时 5s 后其相应的接点动作，系统将辅助继电器 W0.06 置位为"1"，系统转换到停止步 W0.06，将输出信号 1.01 复位，接触器 KM1 断电，M1 停止运行。

（4）当定时器 T0001 定时 10s 后，其相应的接点使对应的辅助继电器 W0.03 置位为"1"，并将辅助继电器 W0.02 复位，M2 启动步变为静止步，辅助继电器 W0.03 对应的步不再被执行。输出信号 1.02 保持 ON 的状态；同时控制输出 1.03 为 ON，电动机 M3 启动，完成三台电动机的启动。

（5）需要停止时，按下停止按钮，输入信号 0.01 有效，将辅助继电器 W0.04 置位为"1"，系统从 M3 启动步转换到停止步 W0.04，使输出信号 1.03 复位，接触器 KM3 断电，M3 停止运行，同时定时器 T0000 开始定时；定时器 T0000 定时 10s 后其相应的接点动作，系统将辅助继电器 W0.05 置位为"1"，系统从 M3 停止步转换到 M2 停止步 W0.05，输出信号 1.02 复位，接触器 KM2 断电，M2 停止运行；同时定时器 T0003 开始定时，定时器 T0003 定时 5s 后其相应的接点动作，将辅助继电器 W0.06 置位为"1"，系统转换到 M1 停止步 W0.06，将输出信号 1.01 复位，接触器 KM1 断电，M1 停止运行，完成三台电动机的顺序停止。

对于顺序功能图来说，单一顺序、并行和选择是功能图的基本形式。但是在多数情况下，这些基本形式是混合出现的，根据本例的控制分析，采用了跳转和循环顺序功能图控制。本例的程序设计过程中可以根据状态的转移条件，决定流程是单周期操作还是多周期循环，是跳转还是顺序向下执行，读者可根据具体情况加以区分。

4.3 PLC 程序设计技巧与注意事项

在 PLC 的程序设计过程中，通过改变程序的结构，可以简化程序执行的步数，节省 PLC 的内存，提高程序的运行效率，同时 PLC 的程序设计也有一些相应的规则。

4.3.1 程序设计的技巧

1. 复杂梯级的改进

一个复杂的梯级回路常常可以通过改变梯形图中使用节点的位置，而不改变其逻辑控制关系，从而达到简化梯形图的目的。如图 4-29 所示的控制梯形图只改变了图中节点的位置，其逻辑关系并没有发生变化。

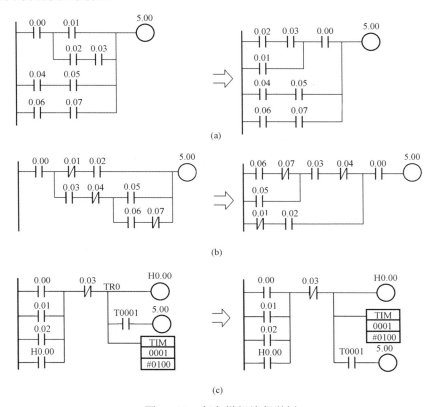

图 4-29 复杂梯级编程举例

对于如图 4-29（a）所示的梯形图，不仅要改变梯形图中使用节点的位置，而且还要改变梯形图的结构，保持其逻辑控制关系不变，从而达到简化梯形图的目的。将改进的梯形图编译成对应的指令表时，可省略图 4-29（b）指令表中两个 AND LD 指令和一个 OR LD 指令。因此，在编制梯形图时将较复杂的逻辑块尽量与左母线相连，单个的节点尽量与输出相连。一个复杂的梯级回路常常可以通过改变梯形图中输出信号的位置，而不改变其逻辑控制关系，从而达到简化梯形图的目的。如图 4-29（c）所示的控制梯形图中只改变了图中定时器 T0001 与输出信号 5.00 的位置，其控制结果并没有发生变化，就可以省略暂存寄存器 TR0。

2. 改进梯级的程序结构

（1）OR 指令的改进。对当前执行条件采用"或"逻辑，应采用一条 OR/OR NOT 指令。

如图 4-30 所示，如果左面梯形图所编程序的梯级未做改进，则需要一条 OR LD 指令，通过重复画梯级，可省去一些程序步。

（2）输出指令分支的改进。如果 AND/AND NOT 指令前有分支，将需要使用一个 TR 位。如果分支点与第一输出指令直接相连，TR 位就不必使用。在第一条输出指令后，无须改进，用 AND/AND NOT 指令和第二条输出指令连接即可。

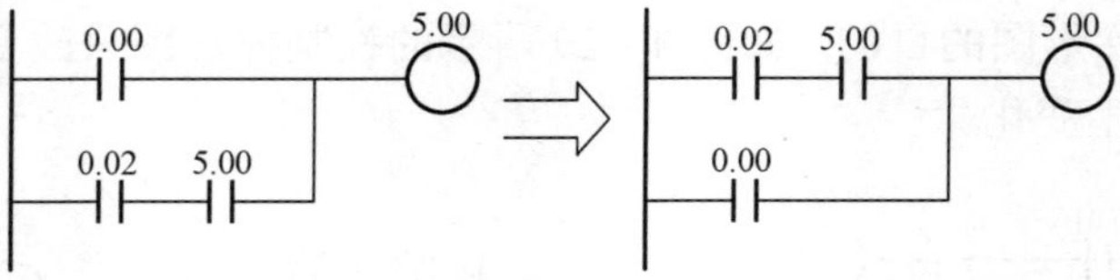

图 4-30　改进 OR 指令的程序结构

如图 4-31（a）所示，如果梯级不改进，在分支点需要一个暂存位 TR0 输出指令和 LD 指令，通过改进梯级，用 TR0 在分支点存储执行条件改进后，可以省略暂存位 TR0。如图 4-31（b）所示，用 TR0 在分支点存储执行条件改进后，可以省略暂存位 TR0。

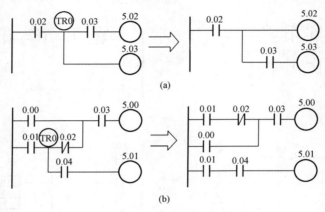

图 4-31　改进输出指令的分支

（3）指令执行顺序的改进。由于 PLC 执行用户程序时以输入的指令顺序执行，如图 4-32 所示，改进前输出信号 5.00 将永远不会变为 ON，梯级改进后，输出信号 5.00 可以接通一个扫描周期。

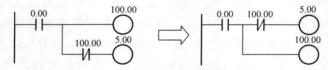

图 4-32　改进指令执行顺序

4.3.2　梯形图编程注意事项

可编程序控制器是一种由微处理器构成的工业控制器，其工作原理及方式与计算机相同，编程时一定注意其逻辑配合关系。编制梯形图程序时应充分考虑以下问题：

1. 串联支路和并联支路

串联支路相并联，应将接点多的支路安排在梯级的上面；几个并联回路的串联，应将接点多的并联回路安排在左面。按这样规则编制的梯形图可减少用户程序步数，缩短程序扫描时间。

2. 梯形图编程可采用相应可编程序控制器的梯形图编程软件

采用欧姆龙的 CX-Programmer 软件时，接点应画在水平线上，不要画在垂线上；不包含接点的分支应画在水平线上，不要画在垂直线上，以便识别接点逻辑组合和输出指令执行的路径。如图 4-33 所示，无法采用逻辑指令编程。

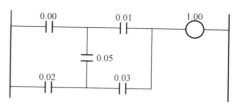

图 4-33　T 形结构的梯形图

3. 指令的顺序和位置对程序执行结果会有影响

可编程序控制器原理介绍一开始的工作过程是一条一条扫描逐条执行的，最后集中输出程序的执行结果。程序启动运行后，CPU 自上而下循环扫描，检查所有条件并执行所有与母线相连的指令，执行到 END 的指令后再从头开始循环扫描，因此，编程时将指令按适当顺序放置是相当重要的。例如，指令中要用到某个字（数据），在执行该指令前应先将要用的数据送入该字中，如果送数据在执行该指令后，指令执行的结果就会出错。

同样，即使程序中只处理开关量，也不能简单地按传统继电器电气原理图方式编程，控制信号与响应信号的安排顺序、信号是否需要集中处理等都有可能影响输出结果。例如，如图 4-34（a）所示，程序的设计意图是每隔一段时间使 C0010 接通一次，程序中利用定时器 T0000 每 6s 接通一次的脉冲信号作为计数器 C0010 的输入，C0010 计满 20 次后发出一脉冲信号。如果从一般电气原理图角度看程序，程序是能正常工作的。因为电气线路上，接点不论安排在线路上方还是线路下方，任一元件动作都能同时进行电路切换。但按照 PLC 梯形图工作原理，当程序正好执行到 c 或 d 瞬间，T0000 定时时间到，T0000 动合触点闭合，C0010 的信号有效，C0010 做减一计数；而当程序执行到 d、e、f、g 及 b 点之前或 g 点之后的任一瞬间，T0000 定时时间到，C0010 均不能得到 T0000 接通的脉冲信号。例如程序扫描到 C0010 指令时，T0000 定时尚未到，T0000 信号为零，接着 T0000 定时到，其动合触点闭合，动断触点断开，在下一个扫描周期中的 b 点，LD NOT T0000 将 T0000 的"1"取非得"0"，执行 T0000 指令时将 T0000 线圈复位，T0000 动合触点的状态为"0"，计数器输入端仍无"1"信号输入，这样 C0010 将漏计 T0000 一次脉冲信号而产生定时错误。如果将程序略作修改，加入一个中间过渡信号 200.00，程序就能正常运行了，如图 4-34（b）所示。无论程序扫描到任意位置，过渡信号 200.00 均能接通，即计数器 C0010 都能接收到计数脉冲信号。

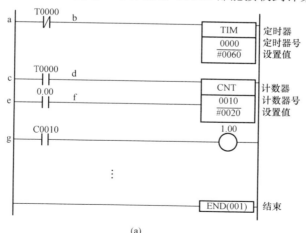

(a)

图 4-34　指令的顺序和位置对程序执行影响结果的梯形图（一）

（a）计数不确定梯形图

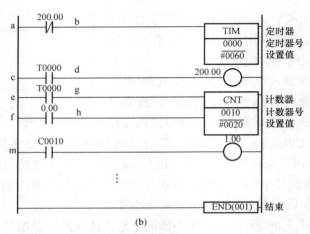

图 4-34　指令的顺序和位置对程序执行影响结果的梯形图（二）
（b）增加中间过渡信号梯形图

4. 电平有效和跳变问题编程

在 PLC 指令中有些指令条件是以信号跳变为执行条件的，它与电平触发有本质区别，如图 4-35 所示。PLC 指令系统中的 DIFU（013）指令仅在输入信号 0.00 有效的上升沿使 200.00 输出有效，置位指令使输出 1.00 置位 "1"。DIFD（014）指令在输入信号 0.01 有效的下降沿使 200.01 输出有效，复位指令使输出 1.00 复位 "0"。

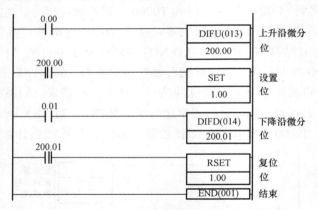

图 4-35　信号电平有效和跳变问题编程举例

同样在 PLC 的功能指令中，一般指令都为高电平有效，若需要指令在执行条件满足后仅执行一次，就必须用微分执行功能，在相应功能指令后加@，则该指令就成为只执行一次的微分功能指令。

分析图 4-36（a）和图 4-36（b）中的程序，可了解微分执行功能的用途。设输入信号 0.00 接通，且接通时间为 n 个扫描周期（一般无法精确控制接通时间），则图 4-36（a）程序 D0 中的内容为（D0）+n（D1），结果根据 D0 和 D1 内的存储的数据而变化；而图 4-36（b）程序中的 D0 内容为（D0）+（D1），结果只取决于本次扫描周期的数据内容；两个程序的运行结果不同，编程时应加以注意。

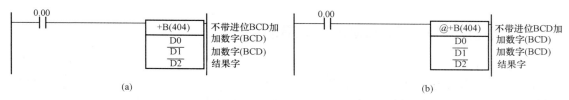

图 4-36　采用微分和不采用微分执行的程序编程举例

（a）不带微分指令的加法执行功能；（b）带微分指令的加法执行功能

5. 输入信号的电平保持时间

PLC 的是以循环扫描的工作方式工作的，采用集中采样，集中输出形式。PLC 运行时，扫描周期 T，其中 t_1 为输入采样阶段，t 为程序指令执行阶段，t_2 为输出阶段，即 $T = t_1 + t + t_2$。如果输入信号电平保持时间 $t_i < T$，那么 PLC 就不能保证采到这个信号。如果要保证输入信号有效，输入信号的电平保持时间必须大于 PLC 工作扫描周期。

6. 重复输出问题

PLC 自检功能中具有线圈重复输出出错提示功能，这条提示功能是指功能程序中出现了同一编号元素有两次以上输出情况。一般来说，PLC 用户程序中不允许出现重复输出编程，其原因是 PLC 在执行程序时将运行结果存入相应元素的映像寄存器中，如果同一编号元素在一个扫描周期中输出两次以上，也就是说对该元素进行了两次以上运算输出，当运算结果不一致时，最后输出状态取决于最后一次写入映像寄存器的运算结果。

有的程序设计中需要"重复输出"时，如图 4-37 所示，虽然程序段 A 和程序段 B 中都有 OUT 1.00 指令，但程序执行过程中不可能在一个扫描周期中同时执行程序段 A 和程序段 B，采用多路跳转指令执行条件，保证 PLC 在一次扫描运行中只刷新 1.00 输出继电器一次，所以，允许重复输出的这种编程方式必须是有条件的执行程序，否则程序运行结果会出现问题。

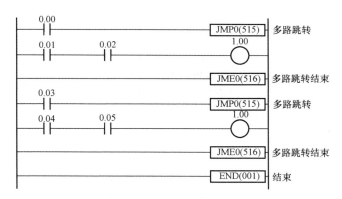

图 4-37　线圈重复输出举例

4.4　龙门刨床横梁升降机构 PLC 程序设计

本节以设计龙门刨床横梁升降控制线路为例来说明经验设计法。

4.4.1 龙门刨床横梁机构的结构和工艺要求

龙门刨床上装有横梁机构，刀架装在横梁上，随着加工工件大小不同横梁机构需要沿立柱上下移动，在加工过程中，横梁又需要保证夹紧在立柱上不松动。横梁的上升与下降由横梁升降电动机来驱动，横梁的夹紧与放松由横梁夹紧放松电动机来驱动。横梁升降电动机装在龙门顶上，通过蜗轮传动，使立柱上的丝杠转动，通过螺母使横梁上下移动。横梁夹紧放松电动机通过减速机构传动夹紧螺杆，通过杠杆作用使压块夹紧或放松。龙门刨床横梁夹紧放松示意图如图 4-38 所示。

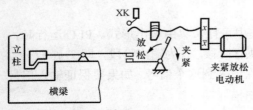

图 4-38 龙门刨床横梁夹紧放松示意图

横梁机构对电气控制系统的工艺要求如下：

（1）刀架装在横梁上，要求横梁能沿立柱做上升、下降的调整移动。

（2）在加工过程中，横梁必须紧紧地夹在立柱上，不许松动。夹紧机构能实现横梁的夹紧和放松。

（3）在动作配合上，横梁夹紧与横梁移动之间必须有一定的操作程序，具体如下：

1）按向上或向下移动按钮后，首先使夹紧机构自动放松。

2）横梁放松后，自动转换成向上或向下移动。

3）移动到所需要的位置后，松开按钮，横梁自动夹紧。

4）夹紧后夹紧电动机自动停止运动。

（4）横梁在上升与下降时，应有上下行程的限位保护。

（5）横梁升降运动之间，以及横梁夹紧与移动之间要有必要的联锁。

在了解清楚生产工艺要求的基础上，可进行 PLC 控制系统的设计。

4.4.2 PLC 控制系统设计

1. 拖动系统的设计

根据横梁能上下移动和能夹紧放松的工艺要求，需要用两台电动机来驱动，且电动机能实现正反向运转。因此采用 4 个接触器 KM1、KM2、KM3 和 KM4，分别控制升降电动机 M1 和夹紧放松电动机 M2 的正反转。因此，主电路就是控制两台电动机正反转的电路，具体电路如图 4-39 所示。

2. PLC 的硬件设计

（1）确定 I/O 点数。由于横梁的升降和夹紧放松均采用接触器控制，且都能实现正反转控制，PLC 只要控制其线圈即可，选择 4 个 PLC 的输出点控制其线圈。

采用两个点动按钮分别控制升降和夹紧放松运动。

反映横梁放松程度的参量可以采用行程开关 SQ1 检测放松程度，当横梁放松到一定程度时，其压块压动 SQ1，使动断触点 SQ1 断开，表示已经放松。

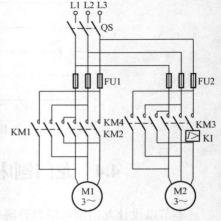

图 4-39 拖动控制线路图

反映横梁夹紧程度的参量包括时间参量、行程参量和反映夹紧力的电流量。若用时间参量，不易调整准确度；若用行程参量，当夹紧机构磨损后，测量也不准确；选用反映夹紧力的电流参量是适宜的，夹紧力大，电流也大，可以借助过电流继电器来检测夹紧程度。在夹紧电动机 M2 的夹紧方向的主电路中串联过电流继电器 KI，将其动作电流整定在额定电流的两倍左右。当夹紧横梁时，夹紧电动机 M2 的电流逐渐增大，当超过过电流继电器整定值时，KI 的触点动作，自动停止夹紧电动机的工作。

采用行程开关 SQ2 和 SQ3 分别实现横梁上、下行程的限位保护。

考虑到横梁升降机构是控制系统的一部分，为提高系统工作的安全性，应增加互锁保护，当横梁机构工作时其他控制部分停止运行，增加一个开关实现此功能。

综上所述，PLC 控制系统的输入信号的点数为 7。

（2）PLC 的硬件原理图设计。根据所确定的 I/O 点数及控制要求，设计如图 4-40 所示的 PLC 硬件原理图。其中 KM1、KM2 为横梁升降接触器线圈，KM3、KM4 为横梁夹紧放松接触器线圈；SB1、SB2 为横梁上升和下降的控制按钮，SQ1 为检测横梁放松到位的位置行程开关，SQ2、SQ3 为横梁上升和下降的限位保护开关，SA 为选择横梁升降的工作开关，KI 为检测横梁夹紧度的电流继电器的动作触点。

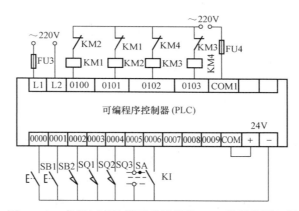

图 4-40　龙门刨床的横梁升降机构 PLC 的硬件原理图

3. PLC 控制程序的设计

（1）龙门刨床的横梁升降自动工作过程的分析。龙门刨床的横梁升降自动控制过程，横梁的升降工艺要求，可绘出工艺流程图如图 4-41 所示，SB1/SB2 中的"/"表示"或"。

图 4-41　工艺流程图

（2）龙门刨床的横梁升降控制程序的初步设计。由于龙门刨床的横梁的升降和夹紧放松均为调整运动，故都采用点动控制。采用两个点动按钮分别控制升降和夹紧放松运动。根据工艺要求可以设计出如图 4-42 所示的控制程序。

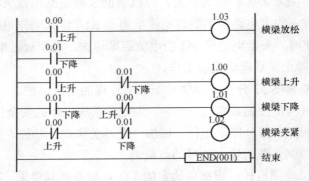

图 4-42 龙门刨床的横梁的升降和夹紧放松控制梯形图（一）

经分析可知，该程序仅完成了横梁的升降和夹紧放松的基本功能，但还存在如下问题：

1）按上升点动按钮 SB1 后，接触器 KM1 和 KM4 同时得电吸合，横梁的上升与放松同时进行，按下降点动按钮 SB2，也出现类似情况。不满足"夹紧机构先放松，横梁后移动"的工艺要求。

2）放松接触器 KM4 一直通电，使夹紧机构持续放松，没有设置检测元件检查横梁放松的程度。

3）松开按钮 SB1，横梁不再上升，横梁夹紧接触器得电吸合，横梁持续夹紧，不能自动停止。

根据以上问题，需要恰当地选择控制过程中的变化参量，实现上述自动控制要求。

龙门刨床的横梁移动是操作工人根据需要按上升或下降按钮 SB1 或 SB2 实现，首先横梁夹紧电动机由接触器 KM4 控制电动机 M2 向放松方向运行，完全放松后压下行程开关 SQ1，控制升降电动机的接触器 KM1 或 KM2 动作，横梁上升或下降；到达需要位置时松开按钮 SB1 或 SB2，横梁停止移动，由接触器 KM3 控制自动夹紧，SQ1 复位；当夹紧力达到一定程度时，过电流继电器 KI 动作，夹紧放松电动机停止工作。

在图 4-39 中，在夹紧放松电动机 M2 的主电路中，串联过电流继电器 KI 的线圈，将其动作电流整定在额定电流的两倍左右。过电流继电器 KI 的动合触点作为 PLC 的输入，当夹紧横梁时，夹紧放松电动机 M2 的电流逐渐增大，当超过过电流继电器整定值时，KI 的动合触点接通，控制 KM3 线圈失电，自动停止夹紧放松电动机的工作，其控制过程如图 4-43 所示。

（3）线路的完善和校核。为了保证控制系统操作的安全性，应增加设计互锁保护环节。

1）采用行程开关 SQ2 和 SQ3 分别实现横梁上、下行程的限位保护。

2）行程开关 SQ1 不仅反映了放松信号，而且还起到了横梁移动和横梁夹紧之间的互锁作用。

3）横梁移动电动机和夹紧电动机正反向运动的互锁保护。

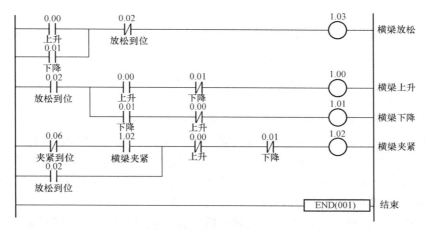

图 4-43　龙门刨床的横梁的升降和夹紧放松控制梯形图（二）

其控制过程如图 4-44 所示。

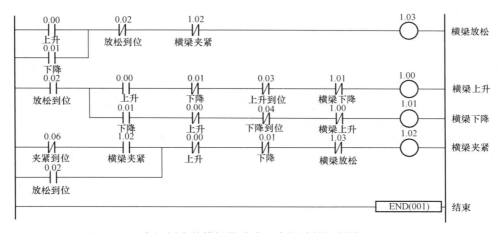

图 4-44　龙门刨床的横梁的升降和夹紧放松控制梯形图（三）

控制线路设计完毕后，往往还有不合理的地方，及需要进一步完善其控制功能，应认真仔细地校核。对照生产机械工艺要求，反复分析所设计程序是否能逐条实现，是否会出现误动作，是否保证了设备和人身安全等。

下面分四个阶段对横梁移动和夹紧放松进行分析：

1）按下横梁上升点动按钮 SB1，由于行程开关 SQ1 的动合触点没有压合，升降电动机 M1 不工作；KM4 线圈得电，夹紧放松电动机 M2 工作将横梁放松。

2）当横梁放松到一定程度时，夹紧装置将 SQ1 压下，其动合触点动作，KM4 线圈失电，夹紧放松电动机停止工作；SQ1 动合触点闭合，KM1 线圈得电，升降电动机 M1 启动，驱动横梁在放松状态下向上移动。

3）当横梁移动到所需位置时，松开上升点动按钮 SB1，KM1 线圈失电使升降电动机 M1

203

停止工作；由于横梁处于放松状态，SQ1 的动合触点一直闭合，KM3 线圈得电，使夹紧放松电动机 M2 反向工作，从而进入夹紧阶段。

4）当夹紧放松电动机 M2 刚启动时，启动电流较大，过电流继电器 KI 动作，但是由于 SQ1 的动合触点闭合，KM3 线圈仍然得电；横梁继续夹紧，电流减小，过电流继电器 KI 复位；在夹紧过程中，行程开关 SQ1 复位，为下次放松作准备。当夹紧到一定程度时，过电流继电器 KI 的动合动作，通过 PLC 的输出控制 KM3 线圈失电，切断夹紧放松电动机 M2，整个上升过程到此结束。横梁下降的操作过程与横梁上升操作过程类似。

以上分析初看无问题，但仔细分析第二阶段即横梁上升或下降阶段，其条件是横梁放松到位。如果按下控制按钮 SB1 或 SB2 的时间很短，横梁放松还未到位就已松开按下的按钮，致使横梁既不能放松又不能进行夹紧，容易出现事故。改进的方法是采用一条下微分指令来检测控制按钮 SB1 或 SB2 断开的信号作为保持横梁放松状态的信号，使横梁一旦放松，就应继续工作至放松到位，然后可靠地进入夹紧阶段，其控制过程如图 4−45 所示。

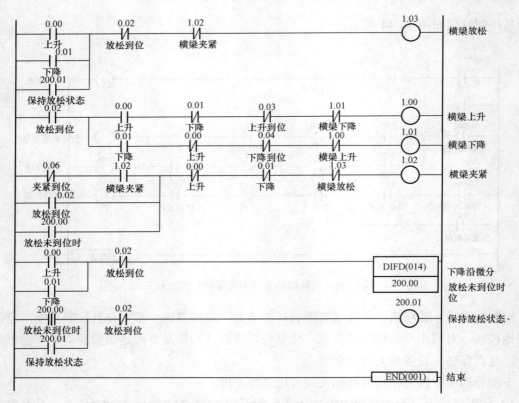

图 4−45　龙门刨床的横梁的升降和夹紧放松控制梯形图（四）

（4）进一步完善控制功能。增加必要的互锁保护等辅助措施，校验电路在各种状态下是否满足工艺要求，考虑到一些实际问题，如增加与其他工作环节的互锁保护，只有选择横梁工作时本程序才有效，又如为了充分发挥 PLC 的性能，对各个控制环节增加了限时保护环节，防止保护的检测开关一旦失效而发生生产事故，最后得到完整控制程序，其控制过程如

图 4-46 所示。

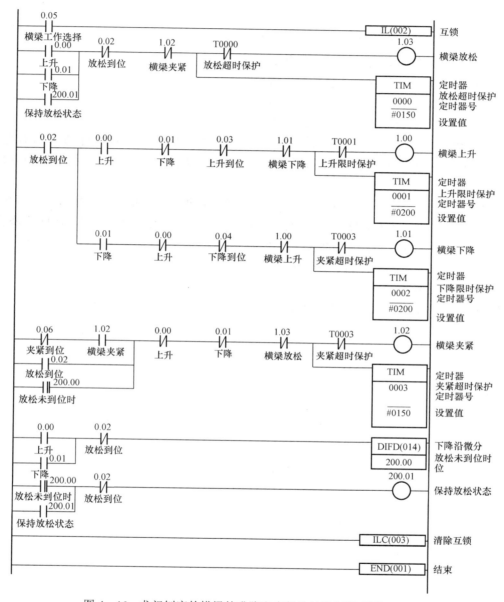

图 4-46　龙门刨床的横梁的升降和夹紧放松控制梯形图（五）

以上是对龙门刨床的横梁的升降和夹紧放松控制梯形图进行了设计，在整个设计过程中，应循序渐进，首先应满足基本要求，在此基础上再逐步完善并根据生产实际的要求增加相应的保护功能，提高控制系统的工作可靠性。

【思考题】

1. PLC 控制系统设计的内容及设计步骤有哪些？

2. PLC 控制系统设计的基本内容是什么？

3. PLC 控制系统的硬件设计包含哪些内容？

4. PLC 控制系统软件的设计方法有哪些？

5. PLC 控制系统设计的一般原则是什么？

6. 设计两台电动机顺序启动联锁控制，要求两台电动机顺序启动联锁控制第二台电动机启动条件为第一台电动机运行的情况下方可运行，设计 PLC 控制的 I/O 硬件原理图和梯形图程序。

7. 设计一个小型吊车的控制线路。小型吊车有 3 台电动机，横梁电动机 M1 带动横梁在车间前后移动，小车电动机 M2 带动提升机构在横梁上左右移动，提升电动机 M3 升降重物。3 台电动机都采用直接启动，自由停车。要求如下：

（1）3 台电动机都能正常起、保、停。

（2）在升降过程中，横梁与小车不能动。

（3）横梁具有前、后极限保护，提升有上、下极限保护。

第 2 篇　　　　　　提 高 篇

第5章 PLC控制系统应用设计

随着 PLC 控制技术的推广和普及,其应用领域越来越广泛。特别是在许多设备改造和新建项目中,常常采用 PLC 作为电气控制系统的核心器件。本章主要介绍 PLC 控制系统设计的 I/O 点的确定选择方法、硬件原理图的设计以及 PLC 控制程序的编制。

5.1 气动机械手控制系统设计

5.1.1 气动机械手控制系统硬件设计

1. 控制系统的控制要求

气动机械手的工作过程示意图如图 5-1 所示,用于将 A 点上的工件搬运到 B 点。机械手的上升、下降、右行、左行执行机构由双线圈电磁阀推动气缸来完成。夹紧、放松由单线圈电磁阀推动气缸来完成,线圈得电夹紧失电放松。

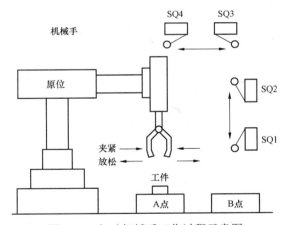

图 5-1 气动机械手工作过程示意图

气缸的运动由限位开关控制,机械手的初始状态在左限位、上限位、手位放松状态。

机械手的动作过程为下降、夹紧、上升、右行、下降、放松、上升和左行,此为完成一个工作循环。

机械手要求有五种操作方式:

(1)手动操作方式:用 6 个按钮分别控制机械手的下降、上升、右行、左行、放松、夹紧。

(2)回原位操作方式:按下回原位操作按钮,机械手以最近的路径回到原位。

(3)单步操作方式:每按一次启动按钮,机械手只完成一个规定的动作后停止。

（4）单循环操作：按下启动按钮，机械手完成一个工作周期，回到原点待命。

（5）自动操作方式：按下启动按钮，机械手完成一个单循环回到原位继续工作。

2. 硬件电路设计

根据控制要求列出所用的 I/O 点，并为其分配了相应的地址，其 I/O 分配表见表 5-1。

表 5-1   气动机械手控制控制 I/O 分配表

输入信号			输出信号		
PLC 的输入地址	代号	器件功能	PLC 的输出地址	代号	器件功能
0.00	SB3	启动按钮	2.00	YV1	手指夹紧放松电磁阀
0.01	SQ1	下限位检测	2.01	YV2	手臂下降电磁阀
0.02	SQ2	上限位检测	2.02	YV3	手臂上升电磁阀
0.03	SQ3	右限位检测	2.03	YV4	手臂右行电磁阀
0.04	SQ4	左限位检测	2.04	YV5	手臂左行电磁阀
0.05	SA-1	自动操作方式	—	—	—
0.06	SA-2	单步操作方式	—	—	—
0.07	SA-3	手动操作方式	—	—	—
1.00	SA-4	回原位操作方式	—	—	—
1.01	SB4	手动下降	—	—	—
1.02	SB5	手动上升	—	—	—
1.03	SB6	手动右行	—	—	—
1.04	SB7	手动左行	—	—	—
1.05	SB8	手动放松	—	—	—
1.06	SB9	手动夹紧	—	—	—
1.07	SB10	停止	—	—	—
1.08	SB11	初始状态设置	—	—	—
1.09	KM	接触器反馈触点	—	—	—

对于气动机械手控制系统来说，液压泵电动机简单的控制电路，为了减少 PLC 的 I/O 点数可直接采用传统的继电器控制方式，通过按钮直接控制接触器的方法实现。

根据表 5-1 和控制要求，设计 PLC 的硬件原理图，如图 5-2 所示。其中 COM1 为 PLC 输入信号的公共端，COM2 为输出信号的公共端。

5.1.2 气动机械手控制系统软件设计

气动机械手工作过程是一个顺序控制，可采用循环左移位指令实现循环工作；使用跳转指令实现选择不同的工作方式。根据控制要求设计程序如图 5-3 所示。

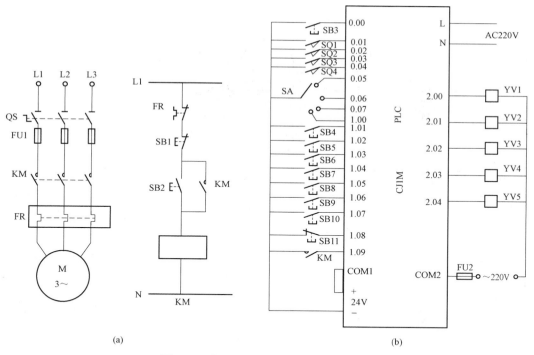

图 5-2　气动机械手控制的电气原理图

（a）液压泵电动机控制电路；（b）气动机械手控制的 PLC 硬件原理图

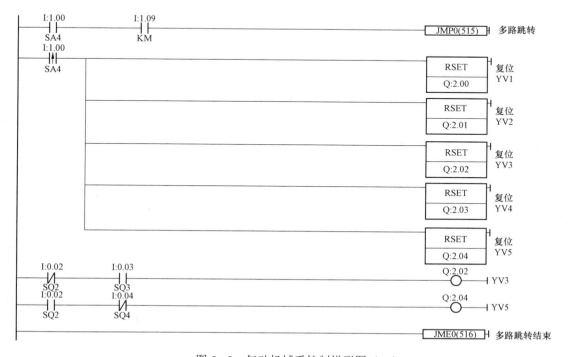

图 5-3　气动机械手控制梯形图（一）

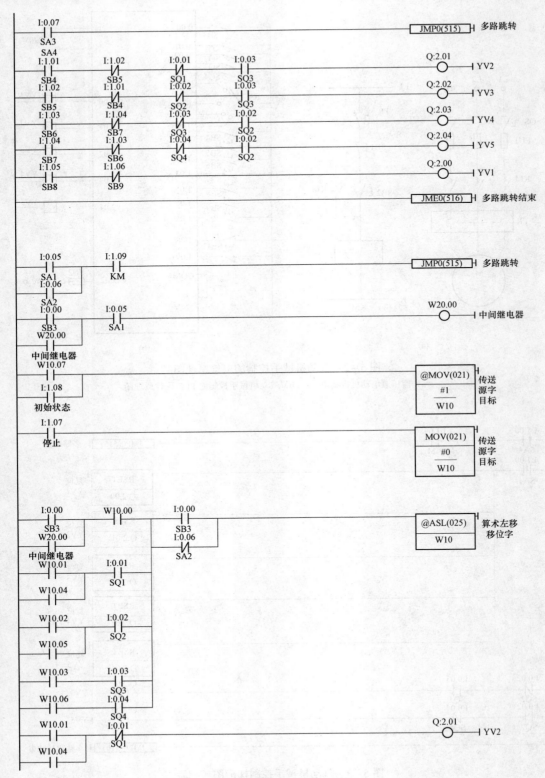

图 5-3　气动机械手控制梯形图（二）

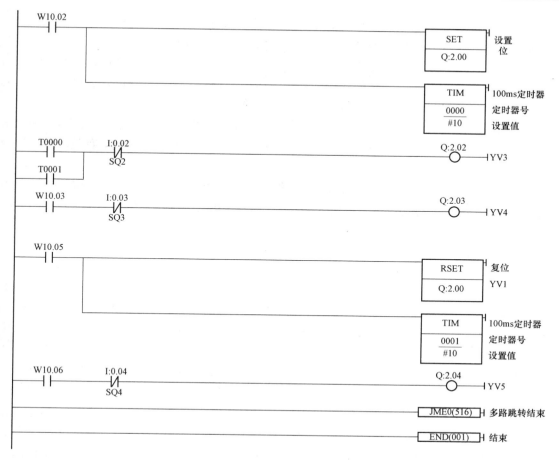

图 5-3　气动机械手控制梯形图（三）

程序执行过程：

首先启动液压泵电动机，当接触器 KM 接通后，PLC 的输入信号 1.09 有效，机械手方可进行工作。

（1）回原位操作方式。SA 开关旋转至回原位位置，输入信号 1.00 有效，第一条多路跳转指令 JMP0～JME0 之间程序满足条件，自动执行第一条多路跳转指令 JMP0～JME0 之间程序，在输入信号 1.00 的上升沿将输出信号 2.00～2.04 复位，此时如果机械手不在上限位位置，则输入信号 0.02 动断触点闭合，输出信号 2.02 为 ON，控制电磁阀 YV3 通电，机械手上升，上升到上限位位置，输入信号 0.02 有效，断开输出信号 2.02，电磁铁 YV3 失电，同时输入信号 0.02 的动合触点又使输出信号 2.04 为 ON，控制电磁阀 YV5 通电，机械手左移回到原位，到达原位后，限位开关 SQ4 动作，输入信号 0.04 有效，使输出信号 2.04 复位，机械手回到原位停止工作。

（2）手动操作方式。SA 开关旋转至手动位置，输入信号 0.07 有效，第二条多路跳转指令 JMP0～JME0 之间程序满足条件，自动执行第二条多路跳转指令 JMP0～JME0 之间的程序。

1）上升/下降控制。按下下降按钮 SB4，输入信号 1.01 有效，输出信号 2.01 为 ON，YV2 得电，机械手下降，碰到下限位开关输入信号 0.01 有效，输出信号 2.01 为 OFF，YV2 失电。

按下上升按钮 SB5, 输入信号 1.02 有效, 输出信号 2.02 为 ON, YV3 得电, 机械手上升, 碰到上限位开关输入信号 0.02 有效, 输出信号 2.02 为 OFF, YV3 失电。

2) 右行/左行控制。当机械手上限位输入信号 0.02 有效后, 按下右行按钮 SB6, 输入信号 1.03 有效, 输出信号 2.03 为 ON, YV4 得电, 机械手右行, 碰到右限位开关输入信号 0.03 有效, 输出信号 2.03 为 OFF, YV4 失电。

当机械手上限位输入信号 0.02 有效时, 按下左行按钮 SB7, 输入信号 1.04 有效, 输出信号 2.04 为 ON, YV5 得电, 机械手左行, 碰到左限位开关, 输入信号 0.04 有效, 输出信号 2.04 为 OFF, YV5 失电。

3) 夹紧/放松控制。按下按钮 SB8, 输入信号 1.05 有效, 控制输出信号 2.00 为 ON, 电磁铁 YV1 得电, 机械手放松。按下按钮 SB9, 输入信号 1.06 有效, 控制输出信号 2.00 为 OFF, 电磁铁 YV1 断电, 机械手夹紧。

(3) 自动操作方式。

1) 单循环操作方式。SA 开关在空挡时, 按下初始状态按钮 SB11 输入信号 1.08 有效, 将常数#1 传送到字 W10 中, 使 W10.00 为 ON, W10.00 动合触点闭合, 再按下启动按钮 SB3, 输入信号 0.00 有效, 左移位指令条件满足, 字 W10 左移一位, 此时 W10.00 接点断开, W10.01 为 ON。输出信号 2.01 为 ON, 接通线圈 YV2, 机械手下降, 碰到下限位开关 SQ1, 输入信号 0.01 有效, 左移指令条件满足, 字 W10 再左移一位, W10.02 接点闭合, 输出信号 2.00 为 ON, 接通 YV1 线圈, 机械手指夹紧, 定时器 T0 开始定时, 1s 后夹紧工件, T0 接点闭合, 输出信号 2.02 为 ON, 接通线圈 YV3, 机械手臂上升, 碰到上限位开关 SQ2, 输入信号 0.02 有效, 左移位指令移位, W10.02 断开, W10.03 接点闭合, 输出信号 2.03 为 ON, 接通线圈 YV4 机械手右行, 碰到右限位开关 SQ3, 输入信号 0.03 有效, 接点闭合, 左移位指令移位, W10.03 接点断开, W10.04 接点闭合, 输出信号 2.01 为 ON, 再次接通线圈 YV2, 机械手下降, 碰到下限位开关 SQ1 输入信号 0.01 有效, 左移位指令移位, W10.04 接点断开, W10.05 接点闭合, 输出信号 2.00 为 ON, 使线圈 YV1 通电, 机械手松开, 工件落下, T1 开始定时 1s 后, T1 接点闭合, 输出信号 2.02 为 ON, 接通线圈 YV3, 机械手上升, 碰到上限位开关 SQ2, 输入信号 0.02 有效, 左移位指令移位, W10.05 接点断开, W10.06 接点闭合, 输出信号 2.04 为 ON, 接通线圈 YV5 机械手左移, 碰到左限位开关 SQ4, 输入信号 0.04 有效, 左移位指令移位, W10.06 接点断开, W10.07 接点闭合, MOV 传送指令将#1 传送到字 W10 中, 回到初始状态。

2) 自动操方式。SA 开关在自动挡时, 输入信号 0.05 有效, 按下初始状态按钮 SB11 输入信号 1.08 有效, 将常数#1 传递到字 W10 中, 按下启动按钮 SB3, 中间继电器 W20.00 为 ON 自锁, 左移位指令移位, 机械手动作过程和上述相同。当机械手完成一个循环回到原位时, 左移指令将 W10.07 置为 ON, 传送指令条件满足, 又重新将常数#1 送入 W10 通道, 即将 W10.00 位置为 ON。此时, W20.00 接点仍然为 ON, 所以又继续执行循环左移指令, 机械手进行下一个工作周期, 只要不按下停止按钮其工作继续进行。

(4) 单步操作过程。SA 开关旋转至单步位置, 输入信号 0.06 有效, 其动断触点断开, 初始状态 W10.00 为 ON, 按下启动按钮 SB3 接通左移位指令 W10.00 左移一位, 机械手完成动作碰到限位开关, 由于 0.06 接点动断触点断开, 左移位指令工作条件不再满足, 机械手停止动作, 只有再按一次 SB3, 才可以执行下一步。

5.2　交通信号灯控制系统设计

5.2.1　交通信号灯控制系统硬件设计

1. 控制系统的控制要求

在城市的主干道上往往要安装人行横道交通信号灯，当行人过马路时，可按下分别在马路两侧的按钮 SB3 或 SB4，则交通信号灯按图 5－4 所示进行工作。在工作期间，任何按钮按下都不再响应。若无人按下人行道信号灯启动按钮，车行道绿灯点亮 180s，闪烁 3s 后车行道绿灯熄灭，黄灯点亮 3s 后，车行道红灯点亮 18s；此时人行道绿灯点亮 15s，闪烁 3s 后人行道红灯点亮。在车行道绿灯点亮期间，若有人按下人行道信号灯启动按钮，则车行道绿灯闪烁 3s 熄灭，黄灯点亮 3s，红灯点亮；人行道信号灯绿灯点亮 15s，闪烁 3s 后熄灭。

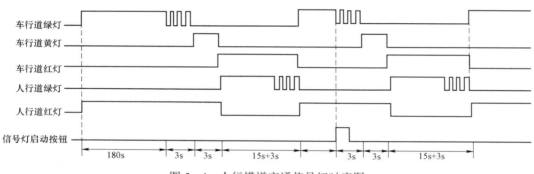

图 5－4　人行横道交通信号灯时序图

2. 硬件电路设计

根据控制要求列出所用的输入输出点，并为其分配了相应的地址，其 I/O 分配表见表 5－2。

表 5－2　　　　　　　　　人行横道信号灯控制 I/O 分配表

输入信号			输出信号		
PLC 的输入地址	代号	器件功能	PLC 的输出地址	代号	器件功能
0.00	SB1	启动按钮	1.00	L1	车行道绿灯
0.01	SB2	停止按钮	1.01	L2	车行道黄灯
0.02	SB3、SB4	行人启动按钮	1.02	L3	车行道红灯
—	—	—	1.03	L4	人行道绿灯
—	—	—	1.04	L5	人行道红灯

根据表 5－2 和控制要求，设计 PLC 的硬件原理图，如图 5－5 所示。其中 COM1 为 PLC 输入信号的公共端，COM2 为输出信号的公共端。

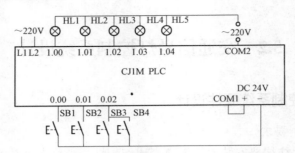

图 5－5　人行横道交通信号灯的 PLC 硬件原理图

5.2.2　交通信号灯控制系统软件设计

根据人行横道交通信号灯的时序，应用定时器控制交通信号灯的通断。按照车行道交通信号灯和人行道交通信号灯的工作时间不同的特点，本例采用定时器结合接点比较指令的方法实现其控制要求。根据控制要求设计控制程序如图 5－6 所示。

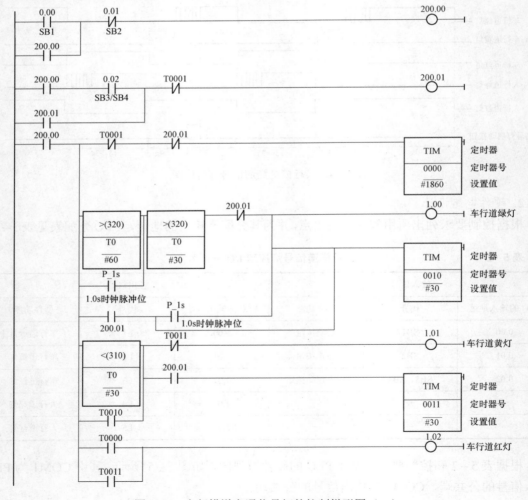

图 5－6　人行横道交通信号灯的控制梯形图（一）

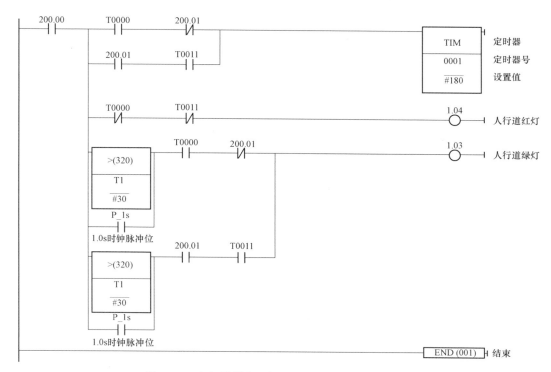

图 5-6　人行横道交通信号灯的控制梯形图（二）

程序执行过程如下：

按下启动按钮 SB1，输入信号 0.00 有效，内部辅助继电器 200.00 为 ON，控制车行道绿灯输出信号 1.00、人行道红灯输出信号 1.04 为 ON，同时定时器 T000 开始定时，若无人按下人行道信号灯启动按钮时，通过接点比较指令的结果，车行道绿灯点亮 180s，闪烁 3s 后车行道绿灯熄灭，输出信号 1.01 为 ON，控制车行道黄灯点亮 3s，定时器 T0000 定时 186s 后，将车行道红灯点亮；同时输出信号 1.03 为 ON，控制人行道绿灯点亮，通过接点比较指令的结果，人行道绿灯点亮 15s，闪烁 3s，定时器 T0001 定时 18s 后，将车行道绿灯和人行道红灯点亮。按此过程循环。

在车行道绿灯点亮期间，若有人按下人行道信号灯启动按钮，输入信号 0.02 有效，则内部辅助继电器 200.01 为 ON，定时器 T0010 工作，车行道绿灯闪烁 3s 熄灭，黄灯点亮，同时定时器 T0011 工作，定时 3s 后，车行道红灯点亮；人行道绿灯点亮 15s，闪烁 3s 后熄灭。然后进入下一个循环。若再有行人按下启动按钮，则重复上述过程。

需要停止时，按下停止按钮 SB2，输入信号 0.01 有效，内部辅助继电器 2000.00 为 OFF，交通信号灯熄灭。

在设计中使用字比较大于（小于）指令时要注意定时器的当前值是递增变化的，其比较的数据应根据控制时序要求的时间设定；车行道和人行道交通信号灯的切换过程，行人启动信号灯是随机的，本设计没有考虑车行道绿灯点亮多长时间，才允许行人按下按钮方才有效的问题，读者可根据实际情况加以考虑。

5.3 应用 PLC 改造万能铣床 X62W 控制系统设计

5.3.1 万能铣床 X62W-PLC 电气控制要求的分析

如图 5-7 所示为 X62 型万能铣床电气控制原理图。

（1）主电路。主电路由三台电动机组成：主轴电动机 M1、进给电动机 M2 和冷却泵电动机 M3。

1）主轴电动机 M1 通过换相开关 SA5 与接触器 KM1 配合，进行正反转控制，接触器 KM2、制动电阻器 R 及速度继电器的配合，实现串电阻瞬时冲动和正反转反接制动控制。

2）进给电动机 M2 能进行正反转控制，牵引电磁铁 YA 配合实现六个方向的常速进给和快速进给控制，并要求进给变速时产生瞬时冲动。

3）冷却泵电动机 M3 根据控制要求只需要正转。

4）熔断器 FU1 作为机床总短路保护，同时也作为 M1 的短路保护；FU2 作为 M2、M3 及控制变压器 TC、照明灯 EL 的短路保护；热继电器 FR1、FR2、FR3 分别作为 M1、M2、M3 的过载保护。

（2）控制电路。

1）主轴电动机的控制：① SB1、SB3 与 SB2、SB4 是分别装在机床两边的停止（制动）和启动按钮，实现两地控制，方便操作；② KM1 是主轴电动机启动接触器，KM2 是反接制动和主轴变速冲动接触器；③ SQ7 是与主轴变速手柄联动的瞬时动作行程开关；④ 主轴电动机需要启动时，首先将 SA5 扳到主轴电动机所需要的旋转方向，然后再按启动按钮 SB3 或 SB4 来启动主轴电动机 M1。主轴电动机启动时控制线路的通路：1-2-3-7-8-9-10-KM1 线圈。主轴电动机 M1 启动后，速度继电器 KS 的一对动合触点闭合，为主轴电动机的停转制动做好准备；⑤ 停车时，按停止按钮 SB1 或 SB2 切断 KM1 电路，接通 KM2 电路，主轴停止与反接制动时的通路：1-2-3-4-5-6-KM2 线圈；改变 M1 的电源相序进行串电阻反接制动，主轴电动机的转速迅速下降，当 M1 的转速低于 100r/min 时，速度继电器 KS 的一对动合触点恢复断开，切断 KM2 电路，M1 停转，反接制动结束；⑥ 主轴电动机变速时的瞬动（冲动）控制：利用变速手柄与冲动行程开关 SQ7 通过机械上联动机构进行控制的。变速时，先下压变速手柄，然后拉到前面，当快要落到第二道槽时，转动变速盘，选择需要的转速。此时凸轮压下弹簧杆，使冲动行程 SQ7 的动断触点先断开，切断 KM1 线圈的电路，电动机 M1 断电；同时 SQ7 的动合触点后接通，KM2 线圈得电动作，M1 进行反接制动。当手柄拉到第二道槽时，SQ7 不受凸轮控制而复位，M1 停转。接着把手柄从第二道槽推回原始位置时，凸轮又瞬时压动行程开关 SQ7，使 M1 反向瞬时转动一下，以利于变速后的齿轮啮合。

2）工作台进给电动机的控制。工作台的纵向、横向和垂直运动都由进给电动机 M2 驱动，接触器 KM3 和 KM4 使电动机 M2 实现正反转，用以改变进给运动方向。它的控制电路采用

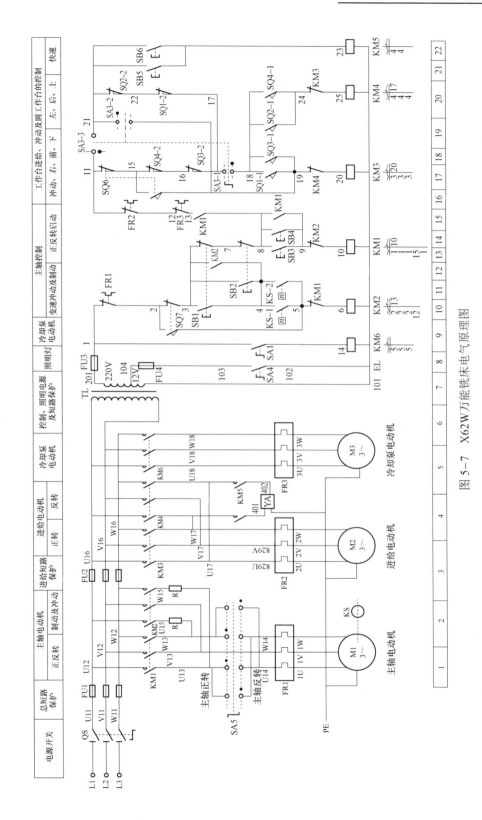

图 5-7　X62W 万能铣床电气原理图

了与纵向运动机械操作手柄联动的行程开关 SQ1、SQ2 和横向及垂直运动机械操作手柄联动的行程开关 SQ3、SQ4 组成复合联锁控制。即在选择三种运动形式的六个方向移动时，只能进行其中一个方向的移动，以确保操作安全，当这两个机械操作手柄都在中间位置时，各行程开关都处于未压的原始状态，进给电动机 M2 只有在主轴电动机 M1 启动后才能进行工作。在机床接通电源后，将控制圆工作台的组合开关 SA3－2（21－19）扳到断开状态，使触点 SA3－1（17－18）和 SA3－3（11－21）闭合，为进行工作台的进给控制做好准备。

工作台纵向（左右）运动的控制：工作台的纵向运动是由进给电动机 M2 驱动，由纵向操纵手柄来控制。此手柄是复式的，一个安装在工作台底座的顶面中央部位，另一个安装在工作台底座的左下方。手柄有三个位置：向左、向右和零位。当手柄扳到向右或向左运动方向时，手柄的联动机构压下行程 SQ2 或 SQ1，使接触器 KM4 或 KM3 动作，控制进给电动机 M2 的转向。工作台左右运动的行程，可通过调整安装在工作台两端的撞铁位置来实现。当工作台纵向运动到极限位置时，撞铁撞动纵向操纵手柄，使它回到零位，M2 停转，工作台停止运动，从而实现了纵向终端保护。

工作台向左运动：在 M1 启动后，将纵向操作手柄扳至向左位置，机械接通纵向离合器，同时在电气上压下 SQ2，使 SQ2－2 断开，SQ2－1 接通，而其他控制进给运动的行程开关都处于原始位置，此时使 KM4 吸合，M2 反转，工作台向左进给运动。

工作台向右运动：当纵向操纵手柄扳至向右位置时，机械上仍然接通纵向进给离合器，压下行程开关 SQ1，使 SQ1－2 断开，SQ1－1 接通，使 KM3 吸合，M2 正转，工作台向右进给运动。

工作台垂直（上下）和横向（前后）运动的控制：工作台的垂直和横向运动，由垂直和横向进给手柄操纵。此手柄也是复式的，有两个完全相同的手柄分别装在工作台左侧的前、后方。手柄的联动机械一方面压下行程开关 SQ3 或 SQ4，同时能接通垂直或横向进给离合器。操纵手柄有五个位置（上、下、前、后、中间），五个位置是联锁的，工作台的上下和前后的终端保护是利用装在床身导轨旁与工作台座上的撞铁，将操纵十字手柄撞到中间位置，使 M2 断电停转。

工作台向后（或者向上）运动的控制：将十字操纵手柄扳至向后（或者向上）位置时，机械上接通横向进给（或者垂直进给）离合器，同时压下 SQ3，使 SQ3－2 断开，SQ3－1 接通，使 KM3 吸合，M2 正转，工作台向后（或者向上）运动。

工作台向前（或者向下）运动的控制：将十字操纵手柄扳至向前（或者向下）位置时，机械上接通横向进给（或者垂直进给）离合器，同时压下 SQ4，使 SQ4－2 断开，SQ4－1 接通，使 KM4 吸合，M2 反转，工作台向前（或者向下）运动。

进给电动机变速时的瞬动（冲动）控制：变速时，为使齿轮易于啮合，进给变速与主轴变速一样，设有变速冲动环节。当需要进行进给变速时，应将转速盘的蘑菇形手轮向外拉出并转动转速盘，把所需进给量的标尺数字对准箭头，然后再把蘑菇形手轮用力向外拉到极限位置并随即推向原位，就在一次操纵手轮的同时，其连杆机构二次瞬时压下行程开关 SQ6，使 KM3 瞬时吸合，M2 做正向瞬动启动。其通路为：11－21－22－17－16－15－19－20－KM3 线圈。由于进给变速瞬时冲动的通电回路要经过 SQ1－SQ4 四个行程开关的动断触点，因此只有当进给运动的操作手柄都在中间（停止）位置时，才能实现进给变速冲动控制，以保证操作时的安全。同时，与主轴变速时冲动控制一样，电动机的通电时间不能太长，以防止转速过高，在变速时打坏齿轮。

工作台的快速进给控制：为提高劳动生产率，要求铣床在不做铣切加工时，工作台能快速移动。

工作台快速进给也是由进给电动机 M2 来驱动，在纵向、横向和垂直三种运动形式的六个方向上都可以实现快速进给控制。主轴电动机启动后，将进给操纵手柄扳到所需位置，工作台按照选定的速度和方向做常速进给移动时，再按下快速进给按钮 SB5（或 SB6），使接触器 KM5 通电吸合，接通牵引电磁铁 YA，电磁铁通过杠杆使摩擦离合器合上，减少中间传动装置，使工作台按运动方向做快速进给运动。当松开快速进给按钮时，电磁铁 YA 断电，摩擦离合器断开，快速进给运动停止，工作台仍按原常速进给时的速度继续运动。

3）圆形工作台运动的控制。铣床如需铣切螺旋槽、弧形槽等曲线时，可在工作台上安装圆形工作台及其传动机械，圆形工作台的回转运动也是由进给电动机 M2 传动机构驱动的。

圆形工作台工作时，应先将进给操作手柄都扳到中间（停止）位置，然后将圆形工作台组合开关 SA3 扳到圆形工作台接通位置。此时 SA3－1 断开，SA3－3 断开，SA3－2 接通。准备就绪后，按下主轴启动按钮 SB3 或 SB4，则接触器 KM1 与 KM3 相继吸合。主轴电动机 M1 与进给电动机 M2 相继启动并运转，而进给电动机仅以正转方向带动圆形工作台做定向回转运动。其通路为：11－15－16－17－22－21－19－20－KM3 线圈，由上可知，圆工作台与工作台进给有互锁，即当圆形工作台工作时，不允许工作台在纵向、横向、垂直方向上有任何运动。若误操作而扳动进给运动操纵手柄（即压下 SQ1－SQ4、SQ6 中任一个），M2 将停转。

5.3.2　改造 X62 型万能铣床 PLC 控制系统设计

1. X62 型万能铣床 PLC 控制系统的控制要求

根据分析 X62 型万能铣床的电路图，确定其控制要求如下：

（1）机床要求有三台电动机，分别为主轴电动机、进给电动机和冷却泵电动机。

（2）由于加工时有顺铣和逆铣两种，所以要求主轴电动机能正反转及在变速时能瞬时冲动一下，以利于齿轮的啮合，并要求还能制动停车和实现两地控制。

（3）工作台的三种运动形式的六个方向的移动是依靠机械的方法来达到的，对进给电动机要求能正反转，且要求纵向、横向、垂直三种运动形式相互间应有联锁，以确保操作安全。同时要求工作台进给变速时，电动机也能瞬间冲动、快速进给及两地控制等要求。

（4）冷却泵电动机只要求正转。

（5）进给电动机与主轴电动机需实现两台电动机的联锁控制，即主轴工作后才能进行进给。

（6）电路应有短路保护，电动机应具有过载保护。

2. X62 型万能铣床 PLC 电气控制系统的设计

（1）X62 型万能铣床 PLC 电气控制系统的主电路的设计。对于 X62 型万能铣床的主拖动回路来说，应保留原功能；而对于照明电路，其电路结构简单，可直接由外部电路控制，这样不但能节省 PLC 的 I/O 点数，还可以降低故障率，故将照明电路给予保留；改造后控制系统的电动机、照明电路和电磁铁控制电路如图 5－8 所示。

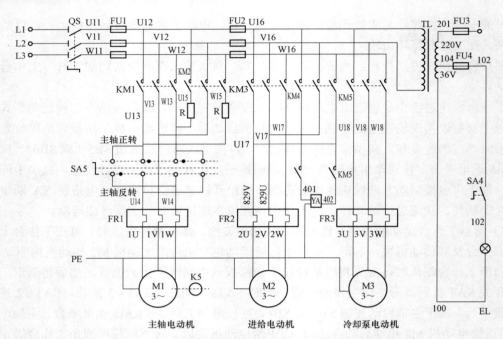

图 5-8　PLC 控制 X62 型万能铣床的主电路及照明电路图

（2）X62 型万能铣床 PLC 电气控制的硬件设计。根据分析 X62 型万能铣床电气控制系统，列出 PLC 的输入输出分配表，见表 4-4。在确定 I/O 点时，考虑到维修的方便，增加电动机过载保护的显示指示灯。

表 5-3　　　　　　　　X62 型万能铣床 PLC 硬件控制系统 I/O 分配表

输入		输出	
PLC 输入地址	器件功能	PLC 输出地址	器件功能
0.00	M1 停止 SB1	2.00	主轴运行接触器 KM1
0.01	M1 启动 SB2	2.01	主轴反接制动接触器 KM2
0.02	M1 停止 SB3	2.02	进给电动机正转接触器 KM3
0.03	M1 启动 SB4	2.03	进给电动机反转接触器 KM4
0.04	工作台快速移动 SB5	2.04	快速进给接触器 KM5
0.05	工作台快速移动 SB6	2.05	冷却泵接触器 KM6
0.06	主轴电动机 M_1 变速冲动 SQ7	2.06	主轴电动机过载指示灯 HL1
0.07	工作台向右进给开关 SQ1	2.07	进给电动机过载指示灯 HL2
0.08	工作台左向右进给开关 SQ2	2.08	冷却泵电动机过载指示灯 HL3
0.09	工作台向前、向下进给开关 SQ3	—	—
0.10	工作台向后、向上进给开关 SQ4	—	—
0.11	进给变速冲动 SQ6	—	—
1.00	冷却液压泵电动机运行开关 SA1	—	—
1.01	工作台进给位置操作开关 SA3-1	—	—
1.02	圆形工作台回转运动工作位置 SA3-2	—	—
1.03	速度继电器正向动作触点 KS1-1	—	—

续表

输入		输出	
PLC 输入地址	器件功能	PLC 输出地址	器件功能
1.04	速度继电器反向动作触点 KS1−2	—	—
1.05	主轴电动机过载 FR1	—	—
1.06	进给电动机过载 FR2	—	—
1.07	冷却液压泵电动机过载 FR3	—	—

根据 X62 型万能铣床 PLC 的 I/O 表及控制要求,设计的 PLC 硬件原理图如图 5−9 所示。

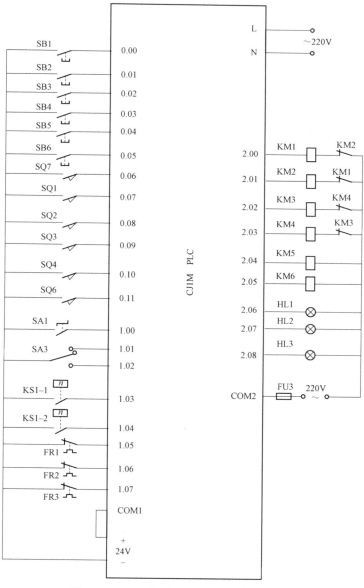

图 5−9　X62 型万能铣床 PLC 硬件原理图

其中 COM1 为 PLC 输入信号的公共端；COM2 为输出信号控制接触器电路的公共端，其电压等级为 AC220V。

3. 控制程序的设计

在阅读与分析 X62 型万能铣床的继电器控制电路工作组原理的基础上，确定输入信号与输出信号之间的逻辑关系及各个电动机控制条件。对于 X62 型万能铣床的改造来说，采用了互锁和互锁清除指令实现主轴电动机和进给电动机的顺序启动。在工作台进给控制是机械和电气结合比较紧密的控制方式，左右进给和上下、前后进给，二者操作是相互独立的，控制程序中通过各自的控制回路实现联锁保护，防止由于误操作引起机械故障，同时增加保护环节，以提高机床工作的可靠性。根据控制要求设计的控制梯形图，如图 5-10 所示。

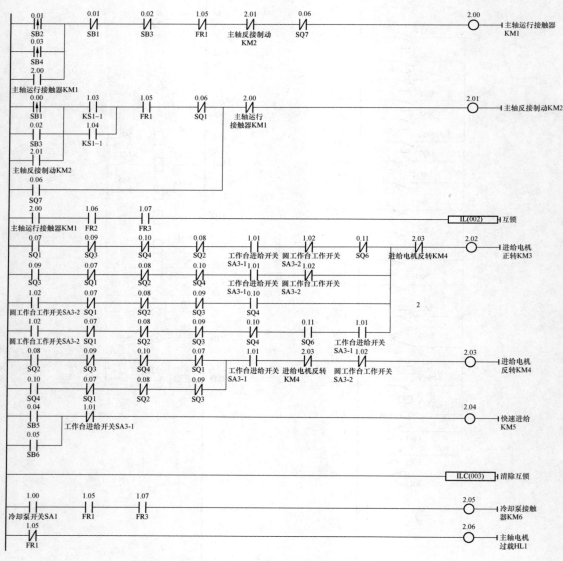

图 5-10 X62 型万能铣床 PLC 控制梯形图（一）

图 5-10　X62 型万能铣床 PLC 控制梯形图（二）

4. 程序的执行过程

（1）主轴电动机控制。

1）主轴电动机正向（将 SA5 旋至正转位置）运行。按下 SB2 按钮（或 SB4 按钮），输入信号 0.01 有效（或 0.03 有效），即 0.01（或 0.03）为 ON，使输出信号 2.00 为 ON，控制接触器 KM1 接通，主轴电动机 M1 启动运行，主轴电动机 M1 启动后，速度继电器 KS 对应的检测电动机正向运行的动合触点 KS1-1 闭合，输入信号 1.03 有效，为主轴电动机的正转反接制动做好准备；需要停止时，按下 SB1 按钮（或 SB3 按钮），输入信号 0.00 有效（或 0.02 有效），其动断触点将输出信号 2.00 断开，接触器断电复位，此时电动机 M1 由于惯性继续旋转，输出信号 2.00 复位动断触点接通，输出信号 2.01 接通，控制接触器 KM2 通电，主轴电动机的三相电源的相序被改变，主轴电动机 M1 串电阻进入到反接制动状态，主轴电动机 M1 的转速迅速下降，当 M1 的转速低于 100r/min 时，速度继电器 KS 的动合触点 KS1-1 恢复断开即输入信号 1.03 变为 OFF，使输出信号 2.01 断开，接触器 KM2 断电复位，主轴电动机 M1 停转，反接制动结束。

2）主轴电动机反向运行。主轴电动机 M1 停转后，将转换开关 SA5 旋至反转位置，其控制过程与正向相同，读者可自行分析。

3）主轴电动机 M1 变速冲动操作。变速时，先下压变速手柄，冲动行程开关 SQ7 动作，输入信号 0.06 有效，其动断触点将输出信号 2.00 断开，切断 KM1 线圈的电路，主轴电动机 M1 断电；同时 0.06 的动合触点使输出信号 2.01 接通，KM2 线圈得电动作，主轴电动机 M1 进行反接制动，主轴电动机 M1 停转。操作变速手柄选择主轴的转速，当把手柄从第二道槽推回原始位置时，凸轮又瞬时压动行程开关 SQ7，输入信号 0.06 有效，输出信号 2.01 接通，KM2 线圈得电动作，使主轴电动机 M1 反向瞬时转动一下，以利于变速后的齿轮啮合。

（2）工作台进给控制。根据铣床的加工工艺要求，只有主轴电动机工作后，进给电动机方可工作。当输出信号 2.00 为 ON 时，互锁指令执行条件满足，允许操作工作台进给；并将工作台和圆形工作台的选择开关旋至工作台工作位置，输入信号 1.01 有效，为工作台进给做好准备。

1）工作台纵向（左右）运动的控制。工作台向左运动：将纵向操作手柄扳至向左位置，一方面机械接通纵向离合器，同时在电气上压下 SQ2，输入信号 0.08 有效，输出信号 2.03 为 ON，控制接触器 KM4 吸合，进给电动机 M2 反转，工作台向左进给运动。需要停止时，将纵向操作手柄扳至中间位置，另一方面机械断开纵向离合器，同时 SQ2 复位，输入信号 0.08 变为 OFF，输出信号 2.03 也变为 OFF，接触器 KM4 断电复位，进给电动机 M2 停止运行，工作台停止向左进给运动。

工作台向右运动：将纵向操作手柄扳至向右位置，一方面机械接通纵向离合器，同时在电气上压下 SQ1，输入信号 0.07 有效，输出信号 2.02 为 ON，控制接触器 KM3 吸合，进给电动机 M2 正转，工作台向右进给运动。将纵向操作手柄扳至中间位置，另一方面机械断开纵向离合器，同时 SQ1 复位，输入信号 0.07 变为 OFF，输出信号 2.02 也变为 OFF，接触器 KM3 断电复位，进给电动机 M2 停止运行，工作台停止向右进给运动。

2）工作台垂直（上下）和横向（前后）运动的控制。工作台向后（或者向上）运动的控制：将十字操纵手柄（垂直和横向进给手柄）扳至向后（或者向上）位置时，机械上接通横向进给（或者垂直进给）离合器，同时压下 SQ3，输入信号 0.09 有效，输出信号 2.02 为 ON，控制接触器 KM3 吸合，进给电动机 M2 正转，工作台向后（或者向上）运动。需要停止时，将十字操纵手柄扳至中间位置，机械上断开横向进给（或者垂直进给）离合器，同时 SQ3 复位，输入信号 0.09 变为 OFF，输出信号 2.02 也变为 OFF，接触器 KM3 断电复位，进给电动机 M2 停止工作，工作台停止向后（或者向上）运动。

工作台向前（或者向下）运动的控制：将十字操纵手柄（垂直和横向进给手柄）扳至向前（或者向下）位置时，机械上接通横向进给（或者垂直进给）离合器，同时压下 SQ4，输入信号 0.10 有效，输出信号 2.03 为 ON，控制接触器 KM4 吸合，进给电动机 M2 反转，工作台向前（或者向下）运动。将十字操纵手柄扳至中间位置，机械上断开横向进给（或者垂直进给）离合器，同时 SQ4 复位，输入信号 0.10 变为 OFF，输出信号 2.03 也变为 OFF，接触器 KM4 断电复位，进给电动机 M2 停止工作，工作台停止向前（或者向下）运动。

3）工作台的快速进给控制：工作台快速进给也是由进给电动机 M2 来驱动，在纵向、横向和垂直三种运动形式的六个方向上都可以实现快速进给控制。主轴电动机启动后，把进给操纵手柄扳到所需位置，再按下快速进给按钮 SB5（或 SB6），输入信号 0.04（或 0.05）有效，输出信号 2.04 为 ON，控制接触器 KM5 吸合，接通牵引电磁铁 YA，电磁铁通过杠杆使摩擦离合器合上，工作台按运动方向做快速进给运动。当松开快速进给按钮 SB5（或 SB6），输入信号 0.04（或 0.05）变为 OFF，输出信号 2.04 也变为 OFF，控制接触器 KM5 断电复位，断开牵引电磁铁 YA，摩擦离合器断开，快速进给运动停止，工作台仍按原常速进给时的速度继续运动。

4）进给变速冲动。当进给运动的操作手柄必须放在中间（停止）位置时，才能实现进给变速冲动控制，以保证操作时的安全。

在变速手柄操作中，通过联动机构瞬时压下行程开关 SQ6，输入信号 0.11 有效，输出信号 2.02 为 ON，接触器 KM3 吸合，使进给电动机 M2 瞬时转动。选择完速度后，再把调速手柄推向原位，其连杆机构二次瞬时压下行程开关 SQ6，使 KM3 瞬时吸合，M2 做正向瞬时转动。进给变速瞬时转动电动机的通电时间不能太长，以防止转速过高，在变速时打坏齿轮。

（3）圆形工作台回转运动控制。圆形工作台工作时，应先将进给操作手柄都扳到中间（停止）位置，然后将圆形工作台组合开关 SA3 扳到圆工作台接通位置 SA3-2 接通，输入信号 1.02 有效。按下主轴启动按钮 SB2 或 SB4，输出信号 2.00 为 ON，此时的互锁指令执行条件满足，执行互锁与互锁清除指令之间的程序，输出信号 2.02 为 ON，控制接触器 KM3 吸合，进给电动机 M2 运转，进给电动机以正转方向带动圆工作台做定向回转运动。需要停止时，将圆形工作台的选择开关 SA3-2 断开，输入信号 0.11 变为 OFF，输出信号 2.02 也变为 OFF，控制接触器 KM3 断电复位，进给电动机 M2 停转，圆形工作台停止工作。

（4）过载保护。当主轴电动机出现过载时，输入信号 1.05 断开，其相应的接点动作切断输出信号 2.00 控制主轴电动机接触器 KM1 断电复位，电动机停止运行，达到过载保护的目的。

当进给电动机或液压泵电动机过载时，输入信号 1.06 和 1.07 断开，互锁指令的条件不满足，在此期间的所有输出信号复位，输出信号 2.02、2.03、2.04 控制的进给电动机和液压泵电动机接触器 KM3、KM4 及 KM5 断电复位，进给电动机和液压泵电动机停止运行，达到过载保护的目的。

（5）过载显示控制。当主轴电动机、进给电动机和液压泵电动机有一台出现过载时，输入信号 1.05、1.06 和 1.07 有一个断开，其相应的动断触点复位，对于输出信号 2.06、2.07 和 2.08 来说，控制相应的故障指示灯点亮，提醒维修人员设备出现故障。

（6）其他辅助控制。

1）顺序启动。只有主轴电动机工作后，进给电动机方可工作。当输出信号 2.00 为 ON 时，互锁指令执行条件满足，允许操作工作台进给，防止误操作发生危险。

2）联锁保护。

主轴电动机运行接触器 KM1 输出信号 2.00 与主轴反接制动接触器 KM2 输出信号 2.01 之间的互锁。同时在主轴电动机运行接触器与反接制动接触器的线圈的硬件电路也增加了互锁触点，防止 KM1 与 KM2 同时吸合造成电源短路；

控制进给电动机正向运行接触器输出信号 2.02 和进给电动机反向运行接触器输出信号 2.03 之间的互锁。同时在进给电动机正反向接触器线圈的硬件电路也增加了互锁触点，防止 KM3 与 KM4 同时吸合造成电源短路；

工作台左右进给与上下（前后）进给的联锁。工作台左右进给的控制梯形图中，将上下（前后）进给的输入信号 0.09 和 0.10 的动断触点串入，只有把上下（前后）进给手柄放在中间位置时，左右进给才能实现；工作台上下（前后）进给的控制梯形图中，将左右进给的输入信号 0.07 和 0.08 的动断触点串入，只有把左右进给手柄放在中间位置时，上下（前后）进给才能实现，这样保证在同一时刻只能实现一个方向的进给。

对于 X62 型万能铣床的改造来说，在保持原有功能基础上，并对继电器控制电路不合理的内容加以完善。为增加程序的可读性，在设计程序时采用了互锁和互锁清除指令实现主轴电动机和进给电动机的顺序启动。在工作台进给电动机左右进给和上下、前后进给，二者操作是相互独立的，控制程序中通过各自的控制回路实现联锁保护，保证在同一时刻只能实现一个方向的进给，防止由于误操作引起机械故障。在进给电动机正反向接触器线圈的硬件电路也增加了互锁触点，防止由于 PLC 执行程序的扫描周期过短而引起 KM3 与 KM4 同时吸合造成电源短路。

 【思考题】

1. 根据气动机械手工作控制过程，画出其顺序功能图，并采用步指令设计其应用程序。
2. 根据图 5-6 人行道交通信号灯的控制梯形图，结合比较指令说明车行道绿灯的工作过程。
3. 根据图 5-9 X62 型万能铣床 PLC 硬件原理图说明过载保护采用动断触点的优点。

4. 某原料带式输送机示意图，如图 5-11 所示。原材料从料斗经过两台带式输送机 PD1 和 PD2 送出；由电磁阀 M0 控制从料斗向 PD1 供料；PD1、PD2 分别由电动机 M1 和 M2 控制。

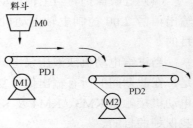

图 5-11　某原料带式输送机示意图

（1）控制要求。

1）初始状态。料斗、带式输送机 PD1 和带式输送机 PD2 全部处于关闭状态。

2）启动操作。启动时为了避免在前段输送带上造成物料堆积，要求逆物料流动方向按一定的时间间隔顺序启动。其启动的顺序如下：

带式输送机 PD2→延时 6s→带式输送机 PD1→延时 6s→电磁阀 M0

3）停止操作。停止时为了使输送带上不留剩余的物料，要求顺物料流动方向按一定的时间间隔顺序停止。其停止的顺序如下：

电磁阀 M0→延时 6s→带式输送机 PD1→延时 6s→带式输送机 PD2

4）故障停止。在带式输送机的运行中。若 PD1 带式输送机过载，应把料斗和 PD1 带式输送机同时关闭，PD2 带式输送机应在 PD1 带式输送机停止 10s 后停止。若 PD2 带式输送机过载，应把 PD1 带式输送机、PD2 带式输送机和电磁阀 M0 同时关闭。

（2）确定 PLC 控制系统的 I/O 表。

（3）设计 PLC 的硬件原理图。

（4）设计控制程序。

5. 设计污水处理控制系统的应用程序。

（1）控制要求。

1）污水池由两台污水泵实现对污水排放处理。正常工作时两台排污泵定时循环工作，每间隔 30min（可根据实际时间调整）实现换泵；当污水液位到达超高液位时，两台泵同时投入运行；当某一台泵在其工作期间出现故障时，要求另一台泵立即投入运行。

2）当污水池液位高于高液位时，系统自动开启污水泵排污；污水池液位低于高液位时，系统自动关闭污水泵；污水池液位到达超高液位时，两台污水泵同时投入运行。

3）污水池出现超低液位时，要求液位报警灯以 2s 的周期闪烁；污水池出现超高液位时，液位报警 1s 的周期闪烁。

（2）确定 PLC 控制系统的 I/O 表。

（3）设计 PLC 的硬件原理图。

（4）设计控制程序。

6. 设计自动配料装车的控制系统的应用程序。

（1）控制要求。自动配料装车控制系统的示意图如图 5-12 所示，系统由料斗、传送带、检测系统组成。配料装置能自动识别货车到位情况及对货车进行自动配料，当车装满时，配料系统自动停止配料。料斗物料不足时停止配料并自动进料。

按下"启动"按钮，红灯 HL2 灭，绿灯 HL1 亮，表明允许汽车开进装料。料斗出料口电磁阀 YV2 关闭，若物料检测传感器 SQ1 置为 OFF（料斗中的物料不满），进料电磁阀 YV2 开启进料同时指示灯 HL6 点亮。当 SQ1 置为 ON（料斗中的物料已满），则关闭进料电磁阀

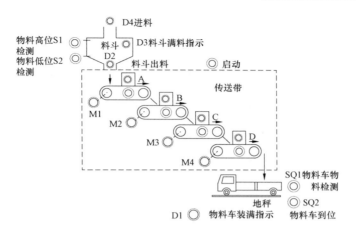

图 5-12　自动配料装车控制系统示意图

YV1。电动机 M1、M2、M3 和 M4 均为 OFF。

当汽车开进装车位置时，限位开关 SQ2 置为 ON，红灯信号灯 HL2 点亮，配料车到位绿灯 HL1 灭；同时启动电动机 M4，经过 5s 后，再启动 M3，再经 5s 后启动 M2，再经过 5s 启动 M1，再经过 5s 后才打开出料口电磁阀 YV1，同时点亮指示灯，指示物料经料斗出料。

当车装满时，接近开关 SQ2 为 ON，料斗关闭，5s 后 M1 停止，M2 在 M1 停止 5s 后停止，M3 在 M2 停止 5s 后停止，M4 在 M3 停止 5s 后最后停止。同时红灯 HL2 灭，绿灯 HL1 亮，指示配料车可以开走。按下"停止"按钮，自动配料装车的整个系统停止运行。

（2）确定 PLC 控制系统的 I/O 表。

（3）设计 PLC 的硬件原理图。

（4）设计控制程序。

第6章 触摸屏及其应用

近年来，随着信息技术与计算机技术的迅速发展，人机界面在工业控制中已得到了广泛的应用。工业控制领域通常所说的人机界面包括触摸屏和组态软件。触摸屏又称图示操作终端（Graph Operation Terminal，GOT），是目前工业控制领域应用较多的一种人机交互设备。

本章主要介绍触摸屏与上位机的连接、触摸屏与 PLC 的连接及触摸屏组态的制作过程。

6.1 触摸屏系统概述

6.1.1 触摸屏的定义

所谓工业人机界面，是一种集信息处理、数据通信、远程控制功能于一体的，可以连接 PLC、变频器、智能仪表等各种工业控制设备，用单色或彩色显示屏显示相关信息，通过触摸屏、键盘、鼠标输入工作参数或操作命令，以实现人机交互。

在工业中，人们通常把具有触摸输入功能的人机界面产品称为触摸屏。实际上，"触摸屏"只是人机界面产品中可能用到的硬件部分，是一种替代鼠标及键盘部分功能，安装在显示前端的输入设备；而人机界面产品则是一种包含硬件和软件的人机交互设备。在本章中，为了符合通常的习惯。将人机界面直接称作触摸屏。

6.1.2 触摸屏的功能

1. 控制功能

触摸屏可以对数据进行动态显示和控制，将数据以棒状图、实时趋势图及离散/连续柱状图等方式直观地显示，用于查看 PLC 内部状态及存储器中的数据，直观地反映工业控制系统的流程。

用户可以通过触摸屏来改变 PLC 内部状态、存储器数值，使用户直接参与过程控制。

实时报警和历史记录功能，使工业控制系统的安全性能更有保障。

另外，随着计算机技术和数字电路技术的发展，很多工业控制设备都具有串行口通信能力，如变频器、直流调速器、温控仪表数据采集模块等，所以只要有串口通信能力的工业控制设备，都可以连接入人机界面产品，实现人机交互。

2. 显示功能

触摸屏支持的色彩从单色到 256 真色彩，最高可达 1800 万色。触摸屏丰富的色彩，并且支持多种图片的文件格式，使得制作的画面可以更生动、更形象。

触摸屏支持简体中文、繁体中文及其他多个语种文本，字体可以任意设定。

触摸屏具有大容量的存储器及可扩展的存储接口，使画面的数据保存更加方便。

3. 通信功能

人机界面提供多种通信方式，包括 RS－232C、RS－485、Host USB Slave、USB 和 CAN 总线，可与多种设备直接连接，并可以通过以太网组成强大的网络化控制系统。如使用 NB7W 触摸屏通过 RS－232C 接口与小型 PLC 通信监控 PLC 的运行，通过 USB 与上位机相连下载组态工程文件，或与打印机相连打印历史数据曲线图和报警信息。

4. 配方功能

在工业控制领域中，配方就是用来描述生产一件产品所用的不同配料之间的比例关系，是生产过程中一些变量对应的参数设定值的集合。例如，在钢铁厂，一个配方可能就是机器设置参数的一个集合，而对于批处理器，一个配方可能被用来描述批处理过程中的不同步骤。

6.1.3　触摸屏的分类

1. 电阻式触摸屏

电阻式触摸屏是一种传感器，它将矩形区域中触摸点（X、Y）的物理位置转换为代表 X 坐标和 Y 坐标的电压。很多 LCD 模块都采用了电阻式触摸屏，这种屏幕可以用四线、五线、七线或八线来产生屏幕偏置电压，同时读回触摸点的电压。电阻式触摸屏基本上是薄膜加上玻璃的结构，薄膜和玻璃相邻的一面上均涂有 ITO（纳米铟锡金属氧化物）涂层，ITO 具有很好的导电性和透明性。当触摸操作时，薄膜下层的 ITO 会接触到玻璃上层的 ITO，经由感应器传出相应的电信号，经过转换电路送到处理器，通过运算转化为屏幕上的 X、Y 值，而完成点选的动作，并呈现在屏幕上。

2. 电容式触摸屏

电容式触摸屏的构造主要是在玻璃屏幕上镀一层透明的薄膜导体层，再在导体层外加上一块保护玻璃，双玻璃设计能够保护导体层及感应器。

电容式触摸屏在触摸屏四边均镀上狭长的电极，在导电体内形成一个低电压交流电场。在触摸屏幕时，由于人体电场，手指与导体层间会形成一个耦合电容，四边电极发出的电流会流向触点，而电流的强弱与手指到电极的距离成正比，位于触摸屏幕后的控制器便会计算电流的比例及强弱，准确算出触摸点的位置。

3. 红外式触摸屏

红外触摸屏是利用 X、Y 方向上密布的红外线矩阵来检测并定位用户的触摸点。红外式触摸屏在显示器的前面安装一个电路板外框，电路板在屏幕四边排布红外线发射管和红外接收管，一一对应成横竖交叉的红外矩阵。用户在触摸屏幕时，手指就会挡住经过该位置的横竖两条红外线，因而可以判断出触摸点在屏幕上的位置。红外触摸屏包含一个完整的整合控制电路，和一组高精度、抗干扰红外发射管及一组红外接收管，交叉安装在高度集成的电路板上的两个相对的方向，形成一个不可见的红外线光栅。内嵌在控制电路中的智能控制系统持续地对二极管发出脉冲形成红外线偏震光束格栅。当触摸物体（如手指等）时，便阻断了光束。智能控制系统便会侦察到光的损失变化，并传输信号给控制系统，以确认 X 轴和 Y 轴坐标值。

4. 表面声波式触摸屏

表面声波是一种沿介质表面传播的机械波。该种触摸屏由触摸屏、声波发生器、反射器和声波接收器组成，其中声波发生器能发送一种高频声波跨越屏幕表面，当手指触及屏幕时，触点上的声波即被阻止，由此确定坐标位置。表面声波触摸屏不受温度、湿度等环境因素影响，分辨率极高，有极好的防刮性，寿命长（5000 万次无故障）；透光率高（92%），能保持清晰透亮的图像质量；没有漂移，安装时只需一次校正；有第三轴（即压力轴）响应，最适合公共场所使用。

6.1.4　NB 触摸屏的特点

（1）NB 系列全部采用 65536 色真彩 TFT 屏幕，长寿命（50 000h）和 LED 背光。

（2）双串口同时通信功能。利用 NB 多串口同时通信的功能，可同时连接不同的设备。如触摸屏与 PLC、变频器、温控器及条码扫描仪等设备的连接。

（3）兼容标准 C 语言的宏指令，简单易用，可以在短时间内上手，使其操作更容易、轻松。

（4）大容量存储空间。NB 系列内存容量达 128M，用户即使添加大量元件也不会出现存储空间不足的现象。

（5）USB 接口。使用 USB 快速传输 HMI 画面，并通过 NB‑Designer 快速的编辑组态画面。

（6）OMRON HMI 的生产执行与 PLC 同样的生产标准，在无尘、防静电的环境里进行制作。

（7）可连接 OMRON 全系列 PLC，兼容主流第三方 PLC。

NB 系列触摸屏不仅兼容 OMRON 系列的 PLC，同时还支持 SIEMENS S7 系列、Mitsubishi FX 系列、Modicon 公司的 Modbus 系列等主流的 PLC。

6.2　NB 触摸屏硬件及系统参数

6.2.1　NB 系列触摸屏正视图

NB 系列触摸屏正面视图如图 6‑1 所示。

图 6‑1　NB 系列触摸屏正面视图

图中触摸屏有电源指示灯（power led）和显示/触摸区域两部分组成。

6.2.2　NB 系列触摸屏后视图

NB 系列触摸屏 NB5Q – TW00B/NB7W – TW00B 后视图相同，如图 6 – 2 所示。

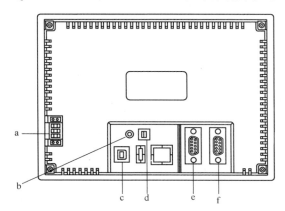

图 6 – 2　NB 系列触摸屏后视图

a. 电源输入连接器，此连接器用于连接 DC24V 电源。b. RESET 按钮。

c. USB Slave 为 USB 的 Type B 连接器。d. DIP 开关（SW1/2）用于在 4 种工作模式之间进行切换。

e. 串行端口连接器 COM1 口（母），只能支持 RS – 232C 通信功能。

f. 串行端口连接器 COM2 口（母），支持 RS – 232C/RS – 422A/RS – 485 通信功能

特别注意的是在开启电源之前应检查系统相关的设置。

6.2.3　NB 系列触摸屏串行端口

COM1 是 9 针 D 型母座管脚，端口支持 RS – 232C 通信功能，能连接 RS – 232C 功能的控制器，也可用于产品的程序下载和调试。COM1 端口管脚通信功能见表 6 – 1。

表 6 – 1　　　　　　　　　　　　　　COM1 端口管脚通信功能

管脚	信号	I/O	功能
1	NS	—	未使用
2	SD	O	发送数据
3	RD	I	接收数据
4	RS（RTS）	O	发送请求*
5	CS（CTS）	I	清除发送*
6	DC＋5V	—	DC＋5V 输出（提供最大 250mA）
7	NC	—	未使用
8	NC	—	未使用
9	SG	—	信号地

注：NB5Q – TW00B 和 NB7W – TW00B 的 4、5 管脚是空脚，不支持 RS 和 CS 功能。

COM2 是 9 针 D 型母座管脚，端口支持 RS-232C/RS-422A/RS-485 通信功能。COM2 端口管脚通信功能见表 6-2。

表 6-2　　　　　　　　　　　　　　COM2 端口管脚通信功能

管脚	信号	I/O	功能		
1	SDB+	I/O	—	—	发送数据
2	SD	O	发送数据	—	—
3	RD	I	接收数据	—	—
4	Terminal R1	—	终端电阻 1		
5	Terminal R2	—	终端电阻 2		
6	RDB+	I/O	RS485B		接收数据
7	SDA-	I/O	—		发送数据
8	RDA-	I/O	RS485A		接收数据
9	SG		信号地		

6.2.4　NB 系列触摸屏 DIP 开关

触摸屏的工作模式选择开关 DIP 的功能见表 6-3。

系统设置模式：PT 将启动到一个内置的系统设置界面，可以由用户进行亮度、系统时间、蜂鸣器等设置操作。

触控校正模式：当用户触摸屏幕时，屏幕上会相应显示一个"+"符号，让用户可以校正触摸屏的触控精度。

硬件更新设置模式：用于更新固件，下载、上传用户工程文件等操作。

正常工作模式：这是 NB 系列 PT 的正常工作模式。PT 将会显示已经下载的工程的启动画面。

表 6-3　　　　　　　　　　触摸屏的工作模式选择开关 DIP 的功能

SW1	SW2	工作模式
ON	ON	系统设置模式
OFF	ON	触控校正模式
ON	OFF	硬件更新设置模式
OFF	OFF	正常工作模式

6.2.5　NB 系列触摸屏复位开关

在触摸屏的背面有一个复位开关，当系统出现问题时，按下"RESET"按钮，系统将被重新启动。

6.2.6 NB 触摸屏基本数据

NB 系列可编程终端拥有 2 个型号：NB5Q – TW00B 和 NB7W – TW00B。

NB 系列采用了 TFT 显示屏，具有更高的性价比。由于采用了 LED 背光，比起传统的 CCFL 背光更加环保、更加节能、使用寿命更长。NB 系列显示设备可用于显示信息及接收输入操作。能以图形形式向用户展示系统和设备的运行状态。其基本数据见表 6 – 4。

表 6 – 4 　　　　　　　　　　　　　 **NB 触 摸 屏 基 本 数 据**

型号	NB5Q – TW00B	NB7W – TW00B
性能规格		
显示尺寸	5.6″TFT LCD	7″TFT LCD
分辨率	QVGA 320 × 234	WVGA 800 × 480
显示色彩	65536	
背光灯	LED	
存储器	128M FLASH + 64M DDR2RAM	
程序下载	USB/串口	
通信端口	COM1：RS – 232C COM2：RS – 232C/422A/485	
电气规格		
额定功率	6W	7W
额定电压	DC24V	
容许电源电压范围	DC 20.4～27.6V〔DC24V（ – 15%～ + 15%）〕	
保管环境温度	– 20～60℃	
工作环境温度	0～50℃	
保管环境湿度	10%～90%	
工作环境湿度	10%～90%	
工作环境	无腐蚀性气体	
抗干扰性	根据 IEC61000 – 4 – 4，2kV（电源线）	
电池寿命	5 年（在 25℃，每天工作 12h 的情况下）	
适用标准	EC 指令	
结构规格		
外壳颜色	黑色	
外形尺寸	184（W）×142（H）×46（D）mm^3	202（W）×148（H）×46（D）mm^3
面板开孔尺寸	172.4（宽）×131.0（高）mm^2 面板厚度 范围 1.6～4.8mm	191.0（宽）137.0×（高）mm^2 面板厚度 范围 1.6～4.8mm
屏重量	620g	710g
工具软件		
版本号	NB – Designer Ver1.00	

6.3 NB – Designer 基本操作

6.3.1 启动 NB – Designer

启动 NB – Designer 的方式有很多种，最简单的两种方式是：

（1）双击桌面上的"NB – Designer"快捷方式。

（2）选择"开始"→"所有程序"→"OMRON"→"NB – Designe"。

6.3.2 "NB – Designer"主窗口

双击桌面上"NB – Designer"快捷方式，或选择"开始"→"程序"→"OMRON"→"NB – Designer"打开 NB – Designer 软件。当 NB – Designer 完全启动后，将显示主窗口，如图 6 – 3 所示。

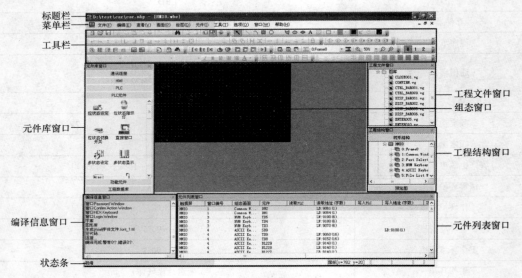

图 6 – 3 "NB – Designer"主窗口

1. 标题栏

"标题栏"：显示应用名称。

2. 菜单栏

"菜单栏"：将 NB – Designer 的功能按群组分类。分组功能通过下拉菜单形式显示。

3. 工具栏

"工具栏"：显示常用功能的图标。将鼠标置于图标上可显示功能名称。工具栏又分为"基本""绘图""位置""系统""翻页""数据库""编译调试"等工具栏。

4. 元件库窗口

"元件库窗口"：有六栏窗口供选择，分别为"通信连接""HMI""PLC""PLC 元件""功能元件"和"工程数据库"。

5. 编译信息窗口

"编译信息窗口"：显示工程的编译过程，并提供编译出错信息。

6. 状态栏

"状态栏"：显示当前的鼠标位置，目标对象的高度宽度，编辑状态等信息。

7. 组态设计窗口

"组态设计窗口"：用户在此窗口绘制组态画面，设置 HMI 和 PLC 的通信方式。

8. 工程文件窗口

"工程文件窗口"：以树状结构表明了工程相关的触摸屏和宏文件、位图文件的相互关系。

9. 工程结构窗口

"工程结构窗口"：以树状结构图来表示整个工程内 PLC，HMI 及 HMI 内部的窗口，元件等。

6.3.3　创建项目

单击菜单栏中的"文件"，在文件的下拉菜单中单击"新建工程"，"新建工程"的图标为，快捷键为 Ctrl＋N，如图 6-4 所示，将显示"建立工程"对话框。

双击"新建工程"的图标，显示如图 6-5 所示的对话框。在"工程名称"中输入"交通灯"，"目录"为默认即可。单击"建立"按钮，显示如图 6-6 所示的窗口，表示新工程已建立，可以在编辑窗口进行组态的制作。

图 6-4　新建工程

图 6-5　输入"建立工程"名称

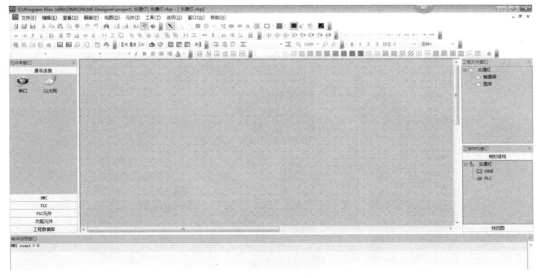

图 6-6　新工程界面

6.3.4 PLC 与触摸屏的通信连接

1. 触摸屏的放置

在"元件库窗口"中选中"HMI",如图 6-7 所示。在"HMI"中选中"NB7W-TW00B",鼠标单击选中后拖到设计窗口,弹出"显示方式"对话框,如图 6-8 所示。HMI 显示方式选"水平"放置,单击"OK"按钮即可。

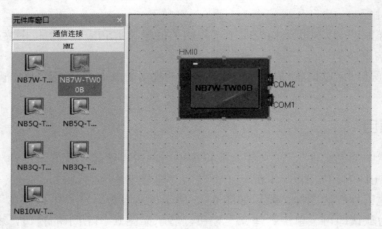

图 6-7 选择 NB7W 元件

图 6-8 "显示方式"对话框

2. PLC 的放置

在"元件库窗口"中选中"PLC",在"PLC"中选中"Omron CJ_CS Series",鼠标单击选中后拖动到设计窗口,如图 6-9 所示。

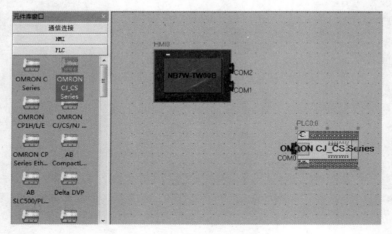

图 6-9 选择 PLC 元件

3．PLC 与触摸屏的通信连接方法

（1）从"通信连接"中选择"串口"，鼠标单击选中后拖动串口到设计窗口，如图 6-10 所示。

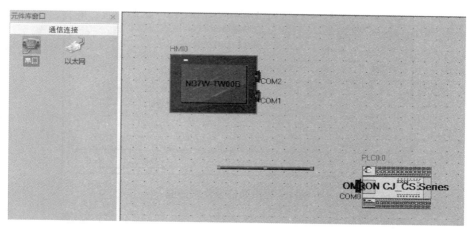

图 6-10　选择串口

（2）在设计窗口中移动串口，使 HMI 的 COM1 与串口的一端相连；在设计窗口中移动 PLC，使 PLC 的 COM0 与串口的另一端相连，如图 6-11 所示。

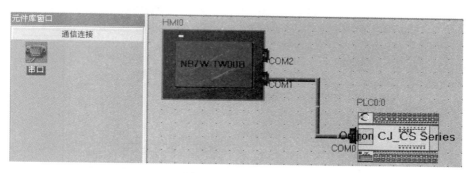

图 6-11　串口连接

6.3.5　触摸屏参数的设定

1．通信参数的设定

在工程结构窗口单击工程的名称，设计窗口出现 HMI 和 PLC 的连接图，双击"HMI"，弹出"HMI 属性"的对话框，选择"串口 1 设置"页面，将"通信方式"设置为"RS232，9600，7，偶校验，2，"，如图 6-12 所示。单击"确定"按钮完成 HMI 的 COM1 的通信设置。

2．HMI 属性的设定

在"HMI 属性"对话框中选择"任务栏"项通常设置按钮的位置为"左对齐"，文本对齐方式为"左对齐"，按钮区域尺寸宽度选"140"，高度选"32"，也可按使用需要进行相应的设定，如图 6-13 所示。

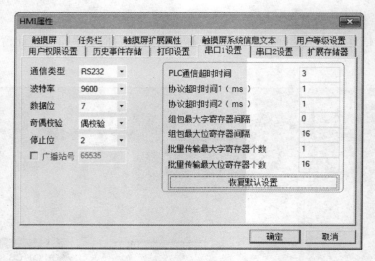

图 6-12　通信设置对话框

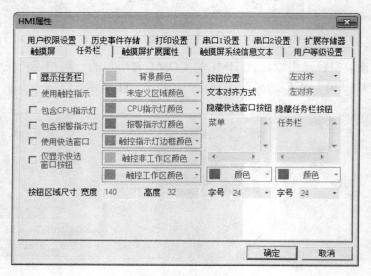

图 6-13　"HMI 属性"对话框

3. HMI 扩展属性的设定

在"HMI 属性"对话框中选择"触摸屏扩展属性"项，选背光节能为"10min""允许上传""允许反编译""矢量字体边缘模糊处理"等选项，也可按使用需要进行相应的设定，如图 6-14 所示。

6.3.6　触摸屏创建宏文件的建立

当 HMI 没有建立宏文件时，"使用初始化宏"的选项为灰色，不可设定。用户应该先通过菜单，在菜单栏中选中"选项"，再在"选项"的下拉菜单中单击"加入宏代码"，加入宏代码的图标为🔲或者在工具栏中单击图标🔲，建立一个宏文件，如图 6-15 所示，输入相关信息即可。

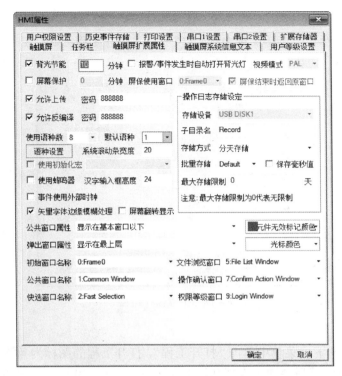

图 6-14　扩展属性对话框

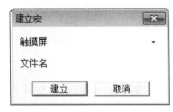

图 6-15　建立宏文件

6.3.7　创建编辑画面

单击"工程结构窗口"中的"HMI0"，找到"工程结构窗口"，在"工程结构窗口"中找到"HMI0"，如图 6-16 所示，单击"HMI0"即可。

在树形菜单中已有十个默认的画面：

（1）Frame0：基本框架窗口

（2）Common Window：普通窗口

（3）Fast Selection：菜单编辑窗口

（4）NUM Keyboard：数字按键输入窗口

（5）ASCII Keyboard：键盘输入窗口

（6）File List Window：文件列表窗口

（7）Password Window：密码窗口

（8）Confirm Action Window：确认窗口

（9）HEX Keyboard：HEX 码输入窗口

（10）Login Window：用户登录窗口

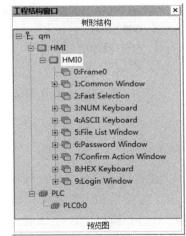

图 6-16　"工程结构窗口"对话框

6.3.8　保存和打开工程

1. 保存工程

从主菜单中选中"文件"→"工程另存为"，将显示"工程保存路径"对话框，如图 6-17

所示。

指定"文件保存"位置，并输入文件名"工程"。单击"确定"按钮。保存工程，如图 6-18 所示。

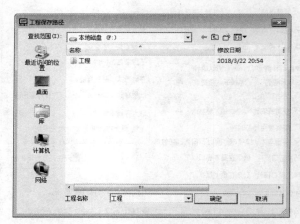

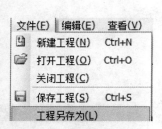

图 6-17　保存工程　　　　　　　　　　图 6-18　工程保存路径

2. 打开工程

在菜单栏中单击"文件"，在文件的下拉菜单中单击"打开工程"，打开工程的图标为 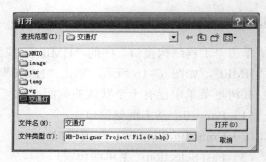，快捷键为"Ctrl+O"，如图 6-19 所示。然后会弹出"打开"工程路径窗口 6-20 所示。单击需要打开的文件图标，然后单击"打开"按钮即可。

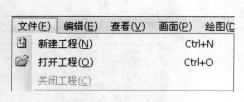

图 6-19　打开工程　　　　　　　　　　图 6-20　打开工程路径

6.4　模 拟 及 下 载

NB-Designer 支持在线模拟操作和离线模拟操作，设计的工程可以直接在计算机上模拟出来，其效果和下载到触摸屏再进行相应的操作是一样的，在线模拟器通过 NB 主体从 PLC 获得数据并模拟 NB 主体的操作。在调试时使用在线模拟器，可以节省大量的由于重复下载所花费的工程时间。

6.4.1　离线模拟

NB-Designer 支持离线模拟功能。离线模拟不会从 PLC 获得数据，只从本地地址读取数

据，因此所有的数据都是静态的。离线模拟方便用户直观的预览组态的效果而不必每次下载
程序到触摸屏中，可以极大地提高编程效率。

选择菜单"工具"中的"离线模拟"或者按下图标按钮 🖾，弹出"离线模拟"对话框，
如图 6-21 所示。

选择要仿真的触摸屏号，选择 PLC 连接的个人电脑的 COM 端口号，单击"模拟"按钮
即可开始直接在线模拟。

6.4.2　间接在线模拟

间接在线模拟通过 HMI 从 PLC 获得数据并模拟 HMI 的操作。间接在线模拟可以动态的
获得 PLC 数据，运行环境与下载后完全相同，只是避免了每次下载的麻烦，快捷方便。在线
模拟需要连接触摸屏硬件设备。

在编译好组态程序后，选择菜单"间接在线模拟"或者单击图标 🖾，弹出"间接在线模
拟"窗口，如图 6-22 所示。

选择需要仿真的 HMI，单击"模拟"按钮即可开始模拟。NB 主体通过 USB 或者串口来
进行间接在线模拟。

图 6-21　"离线模拟"窗口

图 6-22　"间接在线模拟"窗口

6.4.3　直接在线模拟

直接在线模拟是用户直接将 PLC 与个人电脑的串口相连，进行模拟的方法，其优点是可
以获得动态的 PLC 数据而不必连接触摸屏。缺点是只能使用 RS-232C 接口或 PLC 通信。调
试 RS-485 接口的 PLC 时，必须使用 RS-232C 转 RS-485/422 的转接器。

直接在线模拟的测试时间是 15min。超过 15min 后，会提示：超出模拟时间，请重新模
拟，模拟器将自动关闭。

只有 RS-232C 通信方式能直接在线模拟。在这种方式下，PLC 串口和个人电脑串口直接相连。

在编译好组态程序后，选择菜单"直接在线模拟"或者单击图标，弹出"直接在线模拟"窗口，如图 6-23 所示。

图 6-23　"直接在线模拟"窗口

6.4.4　下载

1. 选择通信口

当编译好工程以后，就可以下载到触摸屏上进行实际的操作了。NB-Designer 提供两种下载方式，分别为 USB 和串口。在下载和上传之前，要首先设置通信参数，单击菜单栏里的"工具"→"下载方式选择"，如图 6-24 所示。

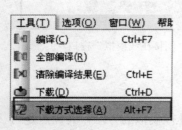

图 6-24　下载方式选择

NB 主体使用的是通用 USB 通信电缆，HMI 端接 USB 从设备端口，USB 主设备端接个人电脑。

USB 端口仅用于下载用户组态程序到 HMI 和设置 HMI 系统参数。不能用于 USB 打印机等外围设备的连接。

第一次使用 USB 下载，需要安装驱动，把 USB 电缆的一端连接到个人电脑的 USB 接口上，一端连接 NB 主体的 USB 接口。

NB 也可使用串口通信电缆进行下载，但是由于组态文件一般较大，使用串口下载较慢，因此不推荐使用串口下载组态。

使用 USB 通信的设置如图 6-25 所示，串口通信的设置如图 6-26 所示。

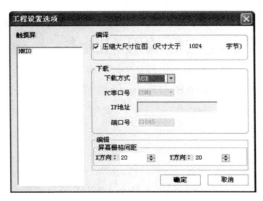 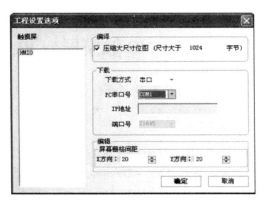

图 6-25　USB 通信方式设定　　　　　　图 6-26　串口通信方式设定

2. 下载数据文件

在设置好以上的下载必备项后，就可以下载程序了，单击图标  即可。弹出"下载"窗口如图 6-27 所示。

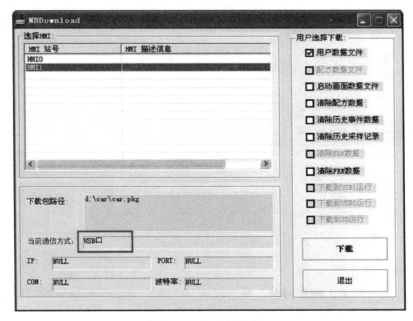

图 6-27　"下载"窗口

"用户数据文件"：指的是用户所创建的 HMI 窗口中所有元件的数据信息，只有选中此项，下载后的工程才能正常使用。

"配方卡数据文件"：当触摸屏有配方数据文件时，这一项才能被选中。配方记忆卡是带有后备电池的 SDRAM。

"启动画面数据文件"：指的是用户使用的 HMI 上电显示的初始画面（LOGO 画面）。如果需要更新 LOGO，需要选中 LOGO 数据文件前的复选框，单击下载按钮进行下载。注意，如果 LOGO 图像不做改动的话，每个触摸屏只需要下载一次即可。

6.5   NB 触摸屏与 PLC 控制交通灯的组态制作

本节通过 PLC 控制交通灯中使用触摸屏的例子讲述，NB – Designer 软件的基本用法。

6.5.1   创建工程

1. 创建 NB – Designer 组态界面

双击桌面上"NB – Designer"快捷方式，或单击"开始"→"程序"→"OMRON"→"NB – Designer"→"NB – Designer"，打开 NB – Designer 软件，如图 6 – 28 所示。

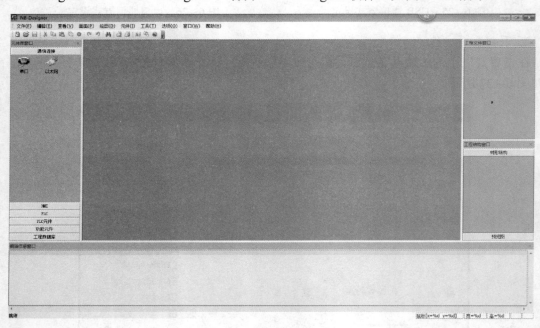

图 6 – 28   "NB – Designer"窗口

2. 建立工程

单击工具栏上的新建工程图标 ，弹出"建立工程"对话框，如图 6 – 29 所示。在"工程名称"中输入"交通灯"，"目录"为默认即可。单击"建立"按钮，弹出如图 6 – 30 所示界面。

图 6 – 29   "建立工程"对话框

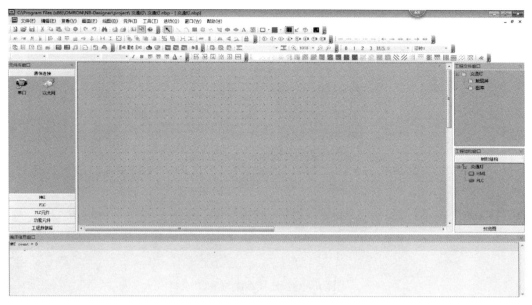

图 6-30　新建工程界面

3. 建立触摸屏与 PLC 的通信

（1）建立串口通信。将"元件库窗口"中"通信连接"→"串口"拖拽到"工程"窗口中，放到某位置，如图 6-31 所示。

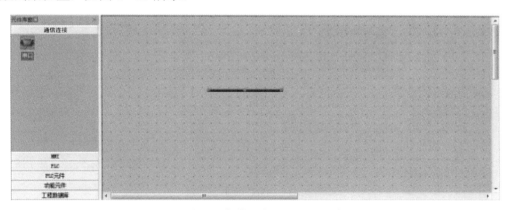

图 6-31　拖拽"串口"至工程中

（2）建立 HMI 与串口通信。将"元件库窗口"中"HMI"→"NB7W-TW00B"拖拽到"工程"窗口中，弹出"显示方式"对话框，如图 6-32 所示。使用默认设置即可，单击"OK"按钮，将 HMI 设置为水平放置。

图 6-32　"显示方式"对话框

247

将 NB7W – TW00B 拖至一定位置，使之与"串口"相连，如图 6 – 33 所示。

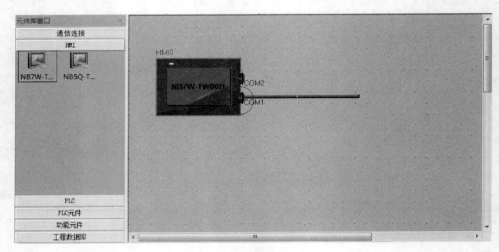

图 6 – 33　连接 NB 与串口

（3）建立 PLC 与串口通信。将"元件库窗口"中"PLC"→"Omron CJ_C..."拖拽到"工程"窗口中，与串口的另一端相连，如图 6 – 34 所示。拖动触摸屏和 PLC 如果串口线跟着移动，则说明连接成功。

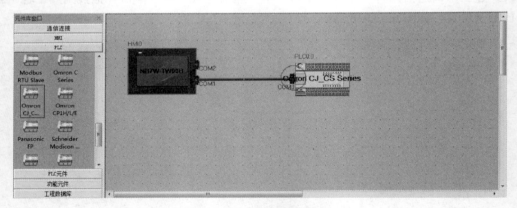

图 6 – 34　PLC 与串口连接

4. 设置触摸屏 HMI 的属性

在设计窗口中，双击触摸屏弹出"HMI 属性"窗口，单击"串口 1"设置，通信类型"RS232"，波特率"9600"，数据位"7"，奇偶校验为"偶校验"，停止位"2"，设置完成后单击确定按钮。如图 6 – 35 所示。

5. 选择 PLC 通信站号

在设计窗口中，双击编辑窗口的 PLC，显示如图 6 – 36 所示的界面。"站号"选择 0 即可。

6. 建立宏

单击工具栏上建立宏图标　，弹出"建立宏"对话框，如图 6 – 37 所示，在"触摸屏"选择"HMI0"，文件名为默认。单击"建立"按钮，生成宏文件，如图 6 – 38 所示。

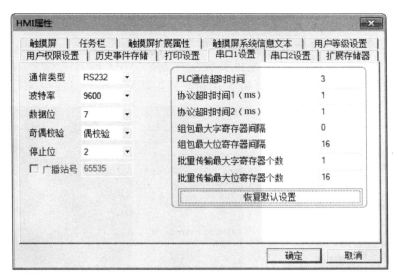

图 6-35　设定"HMI 属性"对话框

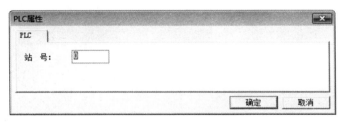

图 6-36　选择 PLC 通信站号界面

图 6-37　"建立宏"对话框

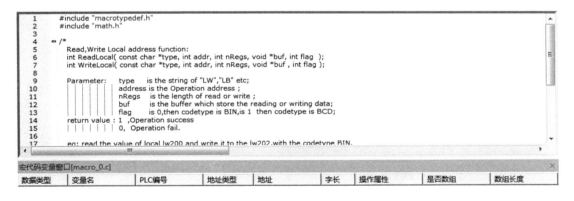

图 6-38　宏文件窗口

6.5.2　编辑指示灯

1. 建立位状态指示灯元件属性

单击"工程结构窗口"中"交通灯"→"HMI",如图 6-39 所示。打开"组态编辑"窗口将"元件库窗口"中"PLC 元件"→"位状态指示灯"拖拽至"组态编辑"窗口,如图 6-40 所示。松开鼠标后弹出"位状态指示灯元件属性"窗口,如图 6-41 所示。触摸屏选择"HMI0", PLC 选择"0",站号默认为 0,在"地址类型"中选中"CIO_bit","地址"填入"1.00",具体控制程序可以参考第二章的图 2-140 采用定时器控制交通信号灯应用梯形图填写。

图 6-39 工程结构窗口

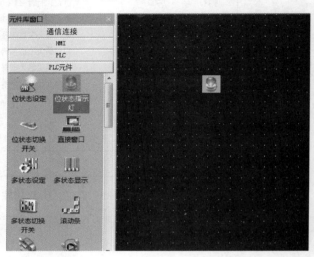

图 6-40 拖放位状态指示灯

图 6-41 "位状态指示灯元件属性"对话框

2. 修改指示灯形状

在"位状态指示灯元件属性"对话框中,选择"图形"选项,选中"使用向量图",再选择"导入图像",修改指示灯形状,如图 6-42 所示。

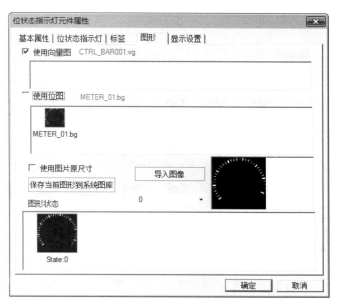

图 6-42　修改指示灯形状

3. 选择指示灯图形

（1）在图库中选择"向量图"→"灯"→"Lamp2State2-05"，弹出"图库"对话框，如图 6-43 所示。单击"导入"按钮，如图 6-44 所示，进行选择指示灯图形。在指示灯的图库中有很多类指示灯的图形，每类图形中有很多图片，读者可根据实际需求选择图片，本次设计交通灯经过对比选择了"lamp2"和"state-05"更接近实物。

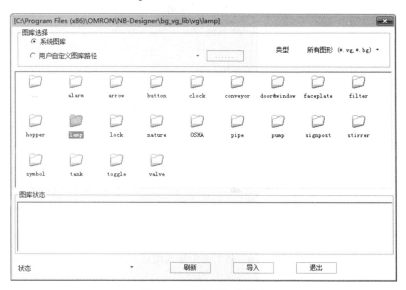

图 6-43　选择灯的图库

（2）退出图库返回"位状态指示灯元件属性"对话框，选中刚刚导入的图形，如图 6-45 所示，单击"确定"按钮。

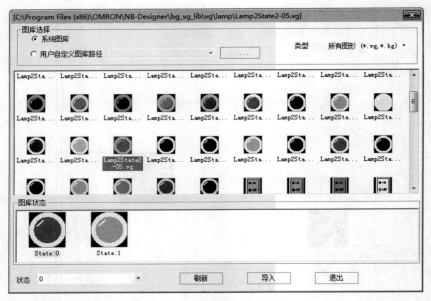

图 6-44　选择指示灯图形

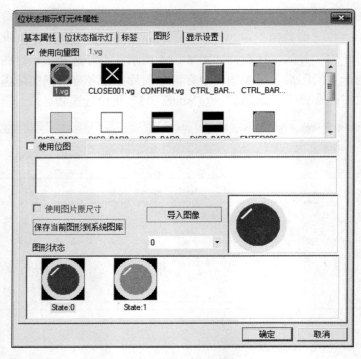

图 6-45　选中导入图形

4. 放置信号灯

（1）选中导入图形，单击"确定"按钮后，将交通信号灯绿灯放到合适的位置，如图 6-46 所示。

（2）同理放入其他的指示灯，将各个指示灯放到适当的位置，如图 6-47 所示。

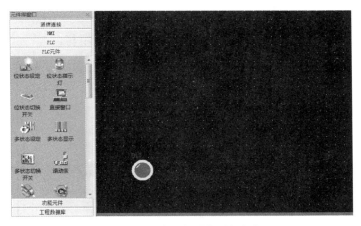

图 6-46　放置交通信号灯绿灯

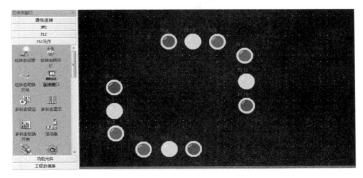

图 6-47　放置全部的交通信号灯

6.5.3　放置按钮

1. 建立位状态切换开关元件属性

（1）确定地址。将"元件库窗口"中"PLC 元件"→"位状态切换开关"拖拽至"组态编辑"窗口，如图 6-48 所示。松开鼠标后，弹出"位状态切换开关元件属性"对话框，如

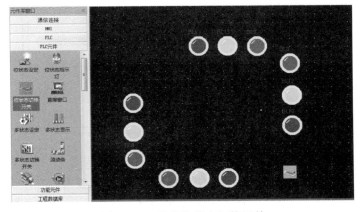

图 6-48　拖拽位状态切换开关

图 6-49 所示。在"地址类型"中选中"CIO_bit","地址"填入"0.00",具体控制程序可以参考第二章图 2-140 采用定时器控制交通信号灯应用梯形图填写。

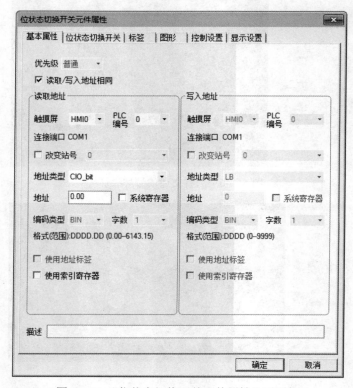

图 6-49 "位状态切换开关元件属性"对话框

（2）确定位状态切换开关。选择"位状态切换开关","开关类型"选择为"复位开关",如图 6-50 所示。

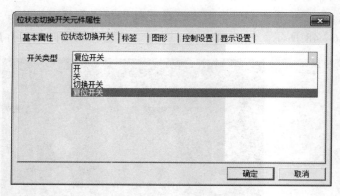

图 6-50 开关类型

（3）确定字体。选择"标签",选中"使用标签",在"标签内容"中输入"启动",单击"复制标签内容到所有状态",字体选择"宋体",如图 6-51 所示。单击"确定"按钮。需要指出的是要注意字体一定要选择库中带有的类型,不能随便选择,否则会无法显示或显示为方框。

254

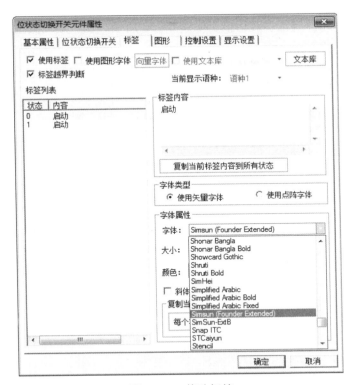

图 6-51　修改标签

2. 放置开关

按钮的相关属性设定完成后，将"启动"按钮放到适当的位置即可。然后再用同样的方法放入"停止"按钮，如图 6-52 所示。

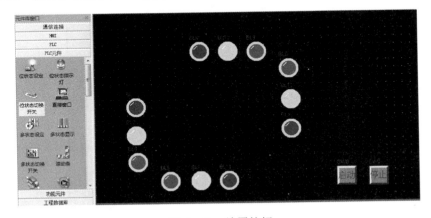

图 6-52　放置按钮

6.5.4　放置定时器

1. 确定数值显示元件属性

（1）将"元件库窗口"中"PLC 元件"→"数值显示"拖拽至组态编辑窗口；松开鼠标

255

后，弹出"数值显示元件属性"对话框，如图 6-53 所示。在"地址类型"中选中"T"，"地址"则根据实际编程填写。

（2）在"数字"窗口，将设置数值："整数位"为"2"，"小数位"为"0"，"最小值"为"0"，"最大值"为"99"，如图 6-54 所示，单击"确定"。

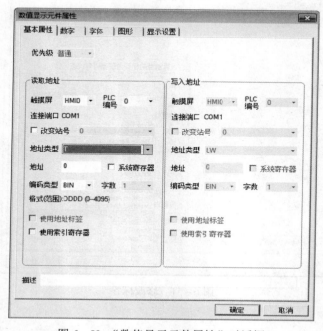

图 6-53 "数值显示元件属性"对话框

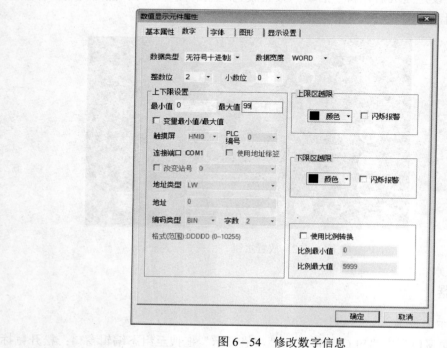

图 6-54 修改数字信息

2. 放置定时器

将数字显示元件放到适当的位置后，拖动边框调整大小，或者单击之前的数值显示元件属性窗口中的显示设置，输入长、宽进行设定。同理再放入三个定时器数字显示元件，如图 6-55 所示。

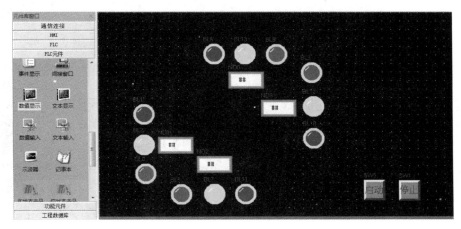

图 6-55　放置数字显示元件

6.5.5　放置文本文件

1. 输入文本属性

单击"工具栏"上的文字图标 **A**，或单击"绘图"菜单下的"静态文字"，如图 6-56 所示，弹出"文本属性"对话框，如图 6-57 所示。在"内容"中输入"交通灯监控"，调整"大小"为"32"，单击"确定"按钮即可。

图 6-56　绘图菜单选项

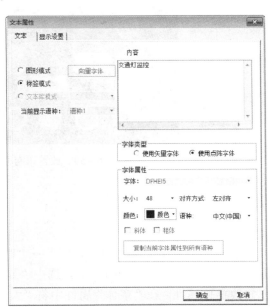

图 6-57　输入交通灯监控的"文本属性"对话框

2. 放置文本信息

在"内容"中输入"交通灯监控",单击"确定"按钮进入如图6-58所示的界面,然后再将文字放置到适当的位置。

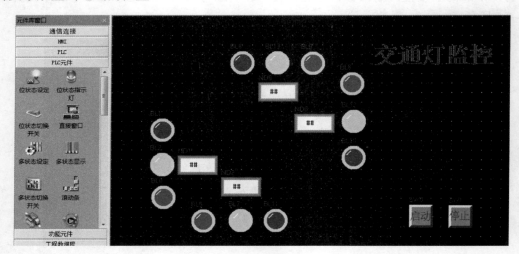

图6-58　放置交通灯监控文本信息

用同样的方法放置东、南、西和北等其他文本信息,如图6-59所示。

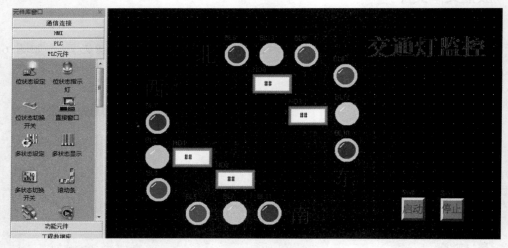

图6-59　放置东南西北文本信息

6.5.6　放置系统时间

1. 选择时间元件属性

(1)将"元件库窗口"中"功能元件"→"时间"拖拽至"组态编辑"窗口,弹出"时间元件属性"对话框,如图6-60所示。选中"显示日期"和"显示时间"。

(2)修改字体属性,在"字体"属性中将"大小"改为"32","对齐方式"改为"居中","颜色"为默认即可。

（3）修改显示属性，在"显示"属性中选中要显示的图形，如图 6-61 所示，单击"确定"按钮。

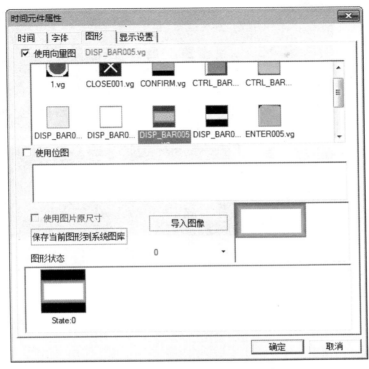

图 6-60　"时间元件属性"对话框

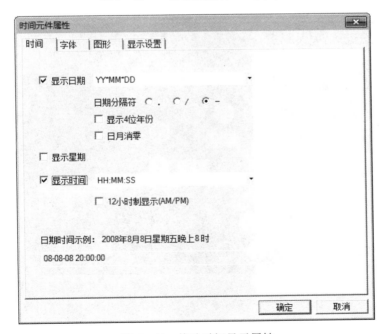

图 6-61　修改时间显示属性

2. 放置时间元件

在设计窗口中，将时间元件放到适当的位置，并调整大小，如图 6-62 所示。

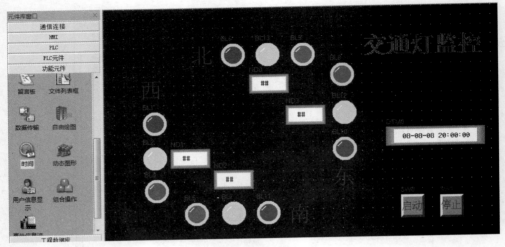

图 6-62　放置时间元件

6.5.7　保存工程

单击工具栏上的保存图标，或选择"文件"→"保存工程"，将工程保存。

6.5.8　离线模拟

设置完成后单击"离线模拟"按钮，会自动显示模拟情况，如图 6-63 所示。

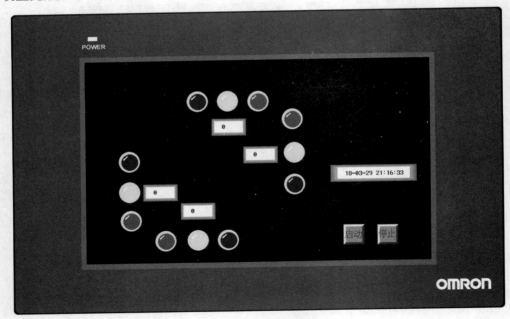

图 6-63　离线模拟监控

6.5.9　触摸屏下载

将触摸屏调到系统设置模式，连接好上位机（触摸屏需要安装驱动程序），接通电源，单击屏幕上的"下载"按钮，弹出"下载"窗口，如图 6-64 所示。

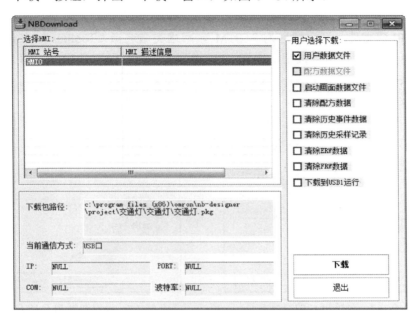

图 6-64　上位机组态下载至触摸屏

单击"下载"数据进行传输，如图 6-65 所示。

数据传输完成后单击"确定"按钮如图 6-66 所示。

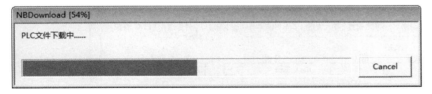

图 6-65　上位机组态下载至触摸屏的传送过程

图 6-66　上位机组态
下载完毕

下载完成后将触摸屏工作模式调整为"正常工作模式"，重新启动就会在触摸屏上看到交通信号灯组态绘制的界面。

6.6　触摸屏与 PLC 的连接运行

6.6.1　连接方法

与 CPU 单元内置的 RS-232C 端口或通信板的 RS-232C 端口连接，但连接外设端口时，需要使用专用的外设端口用连接电缆（CS1W−CN118 型），只能使用 RS−232C 连接。

6.6.2 PLC 系统设定区域

与 CJ1 系列 CPU 单元的 RS−232C 连接时，根据所用的通信端口，在"PLC 系统设定"中设定。

新建一个 PLC 文件，设定型号为"CJ1M"，网络类型选择"Toolbus"。如图 6−67 所示。单击设备类型框后的"设定"按钮，选择 CPU 类型为"CPU12"，如图 6−68 所示。

图 6−67　选择 PLC 的型号　　　　　图 6−68　设定选择 PLC 的 CPU 型号

在工程窗口中，单击"设置"按钮，显示"网络设置"对话框，选择"上位机链接端口"，设定相关参数，通信参数设定为与 NB 触摸屏的设定值一致。具体设定如图 6−69 所示。

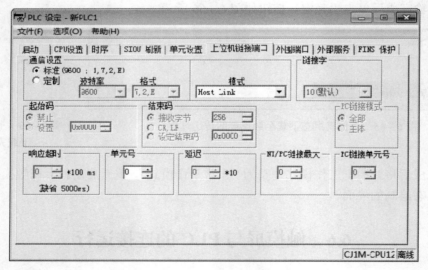

图 6−69　PLC 通信参数的设定

PLC 的相关参数设定后，在下载程序时，将设置选项一起下载至 PLC 主机，如图 6−70 所示。

6.6.3　正面开关的设定方法

根据连接 NB 触摸屏的通信端口，设定 CPU 单元的拨动开关 4 或 5，当选择 RS - 232C 端口时，设定 CPU 单元的拨动开关 5 为 OFF。

6.6.4　触摸屏的运行

1. 系统设置模式

PID 开关的 SW1 和 SW2 均为 ON 时，进入系统设置模式。

系统设置模式可以设定以下项目：

图 6 - 70　PLC 设置参数的下载

校正时间：年、月、日、时、分、秒是否为当前时间；如时间不一致，请手动校正为当前时间。

Startup Window No.：起始窗口，开机启动 NB 主体后，PT 所显示的窗口。默认为窗口 0。

Backlight Saver Time：屏幕保护时间，单位为分钟。默认为 10min。当这个数值为 0 时，不进行屏幕保护。

Mute Enabled/Disabled：蜂鸣器的启动/关闭。

Brightness Up/Down：用户可调节屏幕的亮度，使屏幕呈现最佳视觉效果。

2. 正常工作模式

当 PID 开关的 SW1 和 SW2 均为 OFF 时，触摸屏为正常工作模式。

在该模式下，可以进行组态的触控操作。

组态下载完毕后，按复位按钮或切断电源再重新接通，使触摸屏重新开机，即可进入组态画面进行触控操作，实现工程监控。

 【思考题】

1. 什么是触摸屏？
2. 触摸屏的分类有哪几种？
3. 简述 NB 系列触摸屏的特点。
4. PLC 与触摸屏的通信是如何连接的？
5. PLC 与触摸屏的通信参数是如何设定的？
6. NB - Designer 中如何放置时间元件？
7. NB - Designer 软件的模拟方式有哪几种？
8. NB - Designer 软件如何导入图库图形？
9. 触摸屏运行前，硬件需如何设置？

第7章 特殊 I/O 单元的应用

欧姆龙的 PLC 提供了多种特殊的控制功能模块，在有特殊要求的场合，就可以选择合适的功能模块，它们本身也有 CPU，存储器，在 PLC 的 CPU 单元控制下可以独立的处理特殊的任务，这样既满足了功能上的要求，又减轻了 PLC 控制系统中主 CPU 的负担，提高了处理速度。

本章主要介绍的几种特殊功能模块，如模拟量 I/O 单元和高速计数单元的组成、原理、参数设定及其应用等。

7.1 模拟量输入单元

7.1.1 模拟量输入单元的规格

CJ1 系列模拟量输入单元的规格，见表 7 - 1。

表 7 - 1   **CJ1 系列模拟量输入单元的规格。**

项目		CJ1W – AD041 – V1	CJ1W – AD081 – V1	CJ1W – AD081
单元类型		CJ1 系列特殊 I/O 单元		
隔离		I/O 和 PLC 信号之间：（光耦合器）		
外部端子		18 点可卸接线板		
对 CPU 单元循环时间的影响		0.2ms		
功率消耗		420mA max.at 5VDC		
尺寸（mm）		31×90×65（W×H×D）		
重量		140g max.		
总规格		符合 SYSMAC CJ1 系列的总规格		
安装位置		CJ1 系列 CPU 机架或 CJ1 系列扩展机架		
单元的最大数量		每个机架上的单元（CPU 机架或扩展机架）：4～10 个		
与 CPU 单元交换数据存储单元		CIO 区域（CIO2000～CIO2959）中的特殊 I/O 单元区域，每个单元 10 个字 DM 区域（D20000～D25299）中的特殊 I/O 单元区域：每个单元 100 个字		
输入规格	模拟量输入号	4	8	8
	输入信号范围	1～5V 0～5V 0～10V -10～10V 4～20mA		

264

续表

项目		CJ1W - AD041 - V1	CJ1W - AD081 - V1	CJ1W - AD081
输入规格	最大额定输入（1 点）	电压输入：±15V 电流输入：±30mA		
	输入阻抗	电压输入：1MΩ min. 电流输入：250Ω（额定值）		
	分辨率（见注 8）	4000/8000	4000/8000	4000
	转换过的输出数据	16 位二进制数据		
	精度	23±2℃	电压输入：全量程的±0.2% 电流输入：全量程的±0.4%	
		0～55℃	电压输入：全量程的±0.4% 电流输入：全量程的±0.6%	
	A/D 转换时间	1ms/250μs	1ms/250μs	1ms
输入功能	均值处理	在缓冲器中存储最后"n"个数据转换，存储转换值的均值 缓冲号：n=2, 4, 8, 16, 32, 64		
	峰值保持	当峰值保持为"ON"时，存储最大的转换值		
	输入断开检测	检测断开并将断开检测标志设置成"ON"		

7.1.2　A/D 模块 AD041 - V1 单元

模拟量输入单元是将模拟量信号（电压或电流信号）转换成数字量信号的单元。当 CJ1W - AD041 - V1 单元上电时，PLC 将用户预置在 DM 区中的有关参数通过 I/O 总线传送给 CJ1W - AD041 - V1 单元中的 CPU 和存储器。此后，CPU 根据这些数据以及 CPU 的命令控制 A/D 转换器，并等待 PLC 发出读取转换结果的命令，再将转换后的数字量传送到 PLC 指定的通道中去。

7.1.3　CJ1W - AD041 - V1 开关设置及接线

CJ1W - AD041 - V1 的面板及 DIP 开关如图 7 - 1 所示。

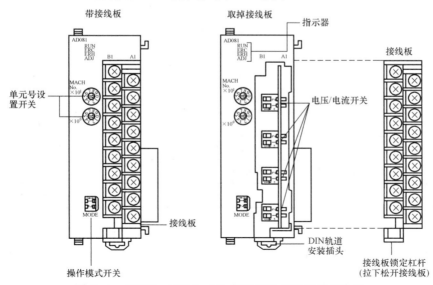

图 7 - 1　CJ1W - AD041 - V1 的面板及 DIP 开关示意图

1. 指示灯

CJ1W－AD041－V1 单元面板上的指示灯显示功能见表 7－2。

表 7－2　　　　　　CJ1W－AD041－V1 单元面板上的指示灯显示功能

LED	含义	指示器	操作状态
RUN（绿）	操作	亮	普通模拟下的操作
		不亮	单元已经停止与 CPU 单元交换数据
ERC（红）	单元检测出的错误	亮	有警报信号（如断开检测）或初始设置不正确
		不亮	操作正确
ERH（红）	CPU 单元中的错误	亮	与 CPU 单元进行数据交换时发生错误
		不亮	操作正常
ADJ（黄）	调整	闪	偏移/增益调整模式操作
		不亮	不同于上述的其他情况

2. 单元号设置开关

CJ1 的 CPU 和模拟量输入单元通过特殊 I/O 单元区域和特殊 I/O 单元 DM 区域交换数据。每个模拟量输入单元占据的特殊 I/O 单元区域和特殊 I/O 单元 DM 区域的字地址由单元前板上的单元号开关设置。

AD041 模块的单元号与 DM 区通道的对应关系见表 7－3。

表 7－3　　　　　　　　　单元号与 DM 区通道对应关系表

开关设置	单元号	特殊 I/O 单元区域地址	特殊 I/O 单元 DM 区域地址
0	单元#0	CIO2000～CIO2009	D20000～D20099
1	单元#1	CIO2010～CIO2019	D20100～D20199
2	单元#2	CIO2020～CIO2029	D20200～D20299
3	单元#3	CIO2030～CIO2039	D20300～D20399
4	单元#4	CIO2040～CIO2049	D20400～D20499
5	单元#5	CIO2050～CIO2059	D20500～D20599
6	单元#6	CIO2060～CIO2069	D20600～D20699
7	单元#7	CIO2070～CIO2079	D20700～D20799
8	单元#8	CIO2080～CIO2089	D20800～D20899
9	单元#9	CIO2090～CIO2099	D20900～D20999

3. 输入选择

将电压/电流开关设置成 OFF，也可以使电压输入端子（V＋）和（V－）短路，输入信号被设置成电压输入 1～5V。

7.1.4　A/D 模块输入规格

以输入范围：1～5V（4～20mA）为例加以说明，图7－2为输入量与转换值的对应关系。

如果输入信号超过上面提供的规定范围，使用的转换值（16位二进制数据）既可以是最大值，也可以是最小值。

7.1.5　A/D 模块的操作步骤

（1）将操作模式设置为普通模式。将单元前板上的 DIP 开关的操作模式设置为普通模式。

（2）设置接线板后面的电压/电流开关。

（3）使用单元前板上的单元号开关来设置单元号。

（4）单元配线。

（5）接通 PLC 电源。

（6）自动创建输入量表。

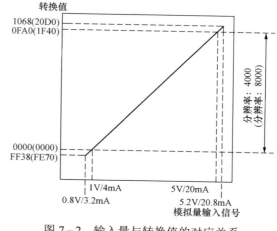

图 7－2　输入量与转换值的对应关系

（7）进行特殊输入单元 DM 区域的设置。包括设置将使用的输入号、设置输入信号范围、均值处理样本的号、转换时间和分辨率。

（8）关闭然后再重新接通 PLC 电源，或将特殊 I/O 单元重启动位打到 ON，模块的设置自动传送到 PLC 的 CPU 单元中。

7.1.6　模拟量单元的设置

1. 使用的输入设置

图7－3为模块使用的输入端的选择。将 DM20100 的相应位置为"1"，表示选择了该输入位设置模块的模拟量输入端有效。

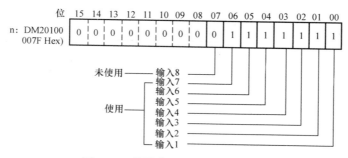

图 7－3　模块使用的输入端的选择

2. 输入范围设置

图7－4为模块输入范围设置。将 DM20101 的相应位置为"1"表示选择模块输入的输入范围。

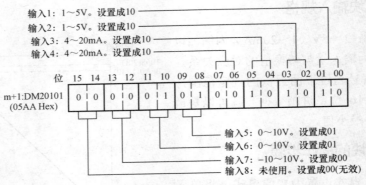

图 7-4 模块输入范围设置

3. 转换时间/分辨率设置

图 7-5 为模块的转换时间/分辨率设置。

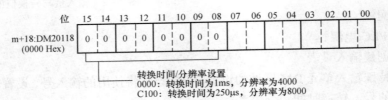

图 7-5 模块的转换时间/分辨率设置

7.1.7 模拟量输入功能编程

1. 输入量设置和转换值

模拟量输入单元仅转换输入号 1~8（对于 CJ1W-AD041-V1 是 1~4）规定的模拟量输入。要规定使用的模拟量输入，将编程装置的 DM 区域的 D（m）位设置成 ON，如图 7-6 所示（0：未使用 1：使用）。

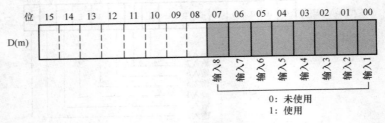

图 7-6 输入量设置和转换值的设定

已经设置成"未使用"的输入的字转换值始终是"0000"。对于 DM 字地址，$m=20000+$（单元号 × 100）。输入信号范围对每个输入，可以选择四种类型的输入信号范围（−10~10V，0~10V，1~5V 和 4~20mA）中的任何一种。要规定每个输入的输入信号范围，设置编程装置的 DM 区域的 D（$m+1$）相应位。

2. 读取转换数据

对每个输入读取转换数值，模拟输入值存储在 CIO 的字（$n+1$）～（$n+8$）中。对于只有 4 路输入的 CJ1W－AD041－V1，存储在 CIO 的字（$n+1$）～（$n+4$）中。CIO 字地址 $n=2000+$（单元号×10）。

使用 MOV（021）或 XFER（070）来读取用户程序中的转换值。如图 7－7 和图 7－8 所示。

图 7－7　使用 MOV（021）读取用户程序中的转换值

图 7－8　使用 XFER（070）读取用户程序中的转换值

7.2　模 拟 量 输 出 单 元

7.2.1　模拟量输出单元的规格

CJ1 系列模拟量输出单元的规格，见表 7－4。

表 7－4 　　　　　　　　　　　CJ1 系列模拟量输出单元的规格

项目		CJ1W－DA021	CJ1W=DA041	CJ1W－DA08V
模拟量输出号		2	4	8
输出信号范围		1～5V/4～20mA 0～5V 1～10V －10～10V		1～5V 0～5V 0～10V －10～10V
输出阻抗		0.5Ωmax.（对于电压输出）		
最大输出电流（1 点）		12mA（对于电压输出）		2.4mA（对于电压输出）
最大可容许负载电阻		600Ω（电流输出）		
分辨率		4000（全量程）		4000/8000
设置数据		16 位二进制数据		
精度	23±2℃	电压输出：全量程的±0.3% 电流输出：全量程的±0.5%		全量程的±0.3%
	0～55℃	电压输出：全量程的±0.5% 电流输出：全量程的±0.8%		全量程的±0.5%
D/A 转换时间		每点最大 1.0ms		每点最大 1.0ms 或 250μs

续表

项目	CJ1W-DA021	CJ1W=DA041	CJ1W-DA08V
输出保持功能	在下列任何情况下，输出规定的输出状态（CLR，HOLD 或 MAX） 转换使能位 OFF 时 在调整模式中，调整过程中输出不是输出数据而是其他数值时 PLC 有输出设置错误或致命错误时 CPU 单元备用时 负载 OFF 时		
比例功能	在任何规定的单元中，在以±32000 作为上下限的范围内设置数值，可以使 D/A 开关执行，并且使模拟量信号以这些数值作为全量程输出 （对于 CJ1W-DA08V，这个功能仅对 1.0s 的转换时间和 4000 的分辨率可用）		

7.2.2　A/D 模块 CJ1W-AD041-V1 单元

CJ1W-DA041 的面板及 DIP 开关如图 7-9 所示。指示灯、单元号设置开关和操作模式开关的使用功能与 CJ1W-AD041 单元类似，CJ1W-DA041 的使用路数及每一路的输出信号范围必须在 DM 区中设置。

7.2.3　CJ1W-DA041 单元号设置开关 DIP

1. 单元号设置开关 DIP

CJ1 的 CPU 和模拟量输出单元通过特殊 I/O 单元区域和特殊 I/O 单元 DM 区域交换数据。每个模拟量输出单元占据的特殊 I/O 单元区域和特殊 I/O 单元 DM 区域字地址是由单元前板上的单元号开关设置。

DA041 模块的单元号与 DM 区的对应关系见表 7-5。

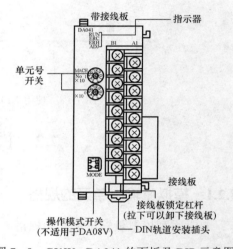

图 7-9　CJ1W-DA041 的面板及 DIP 示意图

表 7-5　　　　　　　　　　单元号与 DM 区通道对应关系表

开关设置	单元号	特殊 I/O 单元区域地址	特殊 I/O 单元 DM 区域地址
0	单元#0	CIO 2000～CIO 2009	D20000～D20099
1	单元#1	CIO 2010～CIO 2019	D20100～D20199
2	单元#2	CIO 2020～CIO 2029	D20200～D20299
3	单元#3	CIO 2030～CIO 2039	D20300～D20399
4	单元#4	CIO 2040～CIO 2049	D20400～D20499
5	单元#5	CIO 2050～CIO 2059	D20500～D20599
6	单元#6	CIO 2060～CIO 2069	D20600～D20699
7	单元#7	CIO 2070～CIO 2079	D20700～D20799
8	单元#8	CIO 2080～CIO 2089	D20800～D20899
9	单元#9	CIO 2090～CIO 2099	D20900～D20999

开关设置	单元号	特殊 I/O 单元区域地址	特殊 I/O 单元 DM 区域地址
10	单元#10	CIO 2100～CIO 2109	D21000～D21099
～	～	～	～
n	单元#n	CIO 2000＋(n×10)～CIO 2000＋(n×10)＋9	D20000＋(n×100)～D20000＋(n×10)＋99
～	～	～	～
95	单元#95	CIO 2950～CIO 2959	D29500～D29599

2. 输出信号范围的设定

对于每个输出，可以选择四种类型的输出信号范围（－10～10V、0～10V、1～5V/4～20mA 和 0～5V）中的任何一种。

每个输出的输出信号范围，涉及编程装置的 DM 区域的 D（n＋1）位。其中对于 DM 字的地址，n＝20 000＋（单元号×100）；将 D20001 的内容设为#0010，选择输出信号的范围为 1～5V/4～20mA。通过改变接线端子来实现输出信号范围为"1～5V"和"4～20mA"的转换。选择方式与 D/A 模块相同。

7.2.4　D/A 模块的操作步骤

使用 CJ1W－DA021/041 和 CJ1W－DA08V 模拟量输出单元时，需遵守下列的步骤。

（1）将单元前板上的操作模式开关设置为普通模式。

（2）使用单元前板上的单元号开关来设置单元号。

（3）配线。

（4）接通 PLC 电源。

（5）接通外部装置的电源。

（6）创建 I/O 表。

（7）进行特殊 I/O 单元 DM 区域的设置。包括设置将使用的输出号、设置输出信号范围和设置输出保持功能。

（8）关闭然后接通 PLC 电源，或将特殊 I/O 单元重启动位打到 ON，模块的设置自动传送到 PLC 的 CPU 单元中。

7.2.5　模拟量输出单元的设置

1. 设置模拟量输出单元

（1）设置单元前板上的操作模式开关。操作模式开关（CJ1W－DA08V 没有这种开关），通过在 D（m＋18）中进行设置来改变模式。

（2）连接模拟量输出单元并对它配线。注意 CJ1W－DA08V 模拟量输出单元有一个操作模式的软件设置，在 DM 字（m＋18）的位 00～07 中。

2. 使用的输出设置

图 7－10 为使用的输出设置。将 DM20100 的相应位置为"1"，表示选择了该输出位设置模块的模拟量输出端有效。

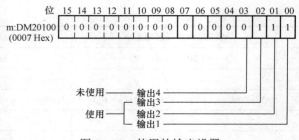

图 7 – 10　使用的输出设置

3. 输出范围设置

图 7 – 11 为模块输出范围设置。输出信号范围对每个输出，可以选择四种类型的输出信号范围（–10～10V，0～10V，1～5V/4～20mA，和 0～5V）中的任何一种。要规定每个输出的输出信号范围，设置编程装置的 DM 区域的 D（$m+1$）位。

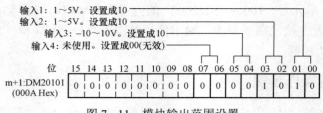

图 7 – 11　模块输出范围设置

（1）对于 DM 字地址，m=20000 +（单元号 × 100）。

（2）通过改变端子接线来实现输出信号范围"1～5V"和"4～20mA"之间的转换。

（3）在用编程装置进行了数据存储器的设置后，确定将 PLC 的电源关闭然后再接通，或将特殊 I/O 单元重启动位设置成 ON。电源接通或特殊 I/O 单元重启动位为 ON 时，存储器的设置内容将被传送到特殊 I/O 单元。

4. 转换时间/分辨率设置

图 7 – 12 为模块 DA08V 的转换时间/分辨率设置。

图 7 – 12　模块 DA08V 的转换时间/分辨率设置

7.2.6　模拟量输出功能编程

1. 输出量设置

模拟量输出单元仅转换输出号 1～8（对于 CJ1W – DA041 是 1～4，对于 CJ1W – DA021 是 1 和 2）规定的模拟量输出。要规定使用的模拟量输出，将编程装置的 DM 区域的 D（m）位设置成 ON，如图 7 – 13 所示。

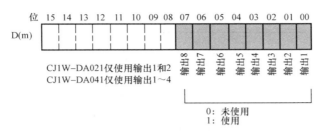

图 7-13　模拟量输出的选择

2. 启动和停止转换

为了开始模拟量输出转换，在用户程序中将相应的转换使能位（字 n，位 00～03）设置成 ON。如图 7-14 所示。

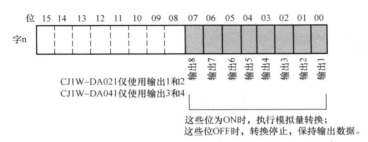

图 7-14　模拟量输出转换使能位

（1）对于 CIO 字地址，n=2000+（单元号×10）。

（2）转换停止时的模拟量输出与输出信号范围和输出保持设置有关。

（3）即使转换使能位是 ON，在下列情况不进行转换。

1）在调整模式中，调整过程中不是输出号的其他号正在输出时。

2）有输出设置错误时。

3）PLC 发生致命错误时。

（4）当 CPU 单元的操作模式从 RUN 或 MONITOR 模式改变成 PROGRAM 模式时，或当接通电源时，全部转换使能位将变成 OFF。此时的输出状态取决于输出保持功能。

3. 读取转换数据

模拟输出设置值写进 CIO 的字（n+1）～（n+8）中。对于 CJ1W-DA041，写进 CIO 的字（n+1）～（n+4）中；对于 CJ1W-DA021，写进 CIO 的字（n+1）～（n+2）中。输出量对应单元号见表 7-6。

表 7-6　　　　　　　　　　　　　　输 出 量 对 应 单 元 号

字	功能	存储值
n+1	输出 1 设置值	
n+2	输出 2 设置值	16 位二进制数据
n+3	输出 3 设置值	
n+4	输出 4 设置值	

续表

字	功能	存储值
$n+5$	输出 5 设置值	
$n+6$	输出 6 设置值	
$n+7$	输出 7 设置值	
$n+8$	输出 8 设置值	

设置地址 D00200 在特殊 I/O 单元区域（CIO2011～CIO2013）的 CIO 字（$n+1$）～（$n+3$）中，存储成 0000～0FA0 Hex 的带符号的二进制值。

图 7-15 为模拟量输出转换开始的控制程序，图中模拟量输出号 1 的转换开始进行（单元号为 0）。

图 7-15　模拟量输出转换的使能位控制程序

使用 MOV（021）或 XFER（070）来输出模拟量的转换值。

图 7-16 为使用 MOV（021）输出的一个转换值。

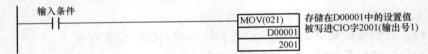

图 7-16　使用 MOV（021）输出的转换值

如图 7-17 使用 XFER（070）来输出模拟量的转换值，可输出多个转换值。（单元号是#0）

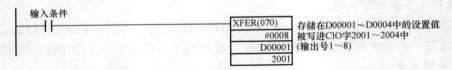

图 7-17　使用 XFER（070）输出模拟量的转换值

7.3　高速计数单元

7.3.1　高速计数单元 CJ1W-CT021 的性能指标

CJ1W-CT021 高速计数器是一个属于 CJ1 系列的特殊单元。安装在 CJ1 CPU 机架上。在控制程序中如果要求 CJ1W-CT021 高速计数器单元对 CPU 单元产生中断，则必须将它连接在 CPU 单元的相邻 5 个位置之一。

CJ1W-CT021 高速计数器单元具有 2 个计数器，计数的最大范围为 32 位二进制。可接收高达 500kHz 的输入脉冲频率，以便能精确控制快速运动。单元的每个计数器可以单独配置。

单元各有 2 个数字输入，2 个数字输出和 30 个软输出。表 7－7 为 CJ1W－CT021 的性能指标。

表 7－7　　　　　　　　　　　CJ1W－CT021 的性能指标

项目	功能
计数器数量	2 路
计数类型	简单计数器；循环计数器；线性计数器
最高输入频率	500kHz
最长相应时间	0.5ms
数字 I/O	2 个数字输入（I0 和 I1）；2 个数字输出（O1 和 O2）
输入信号类型	差相；增量/减量；脉冲＋方向
使用 CIO 软件位的计数器控制	开门/启动计数器：启动计数器对脉冲计数 关门/停止计数器：禁止计数器对脉冲计数 预置计数器：在 CIO 内可设置预置值 捕捉计数器值：捕捉的计数器值可用 IORD 指令读取
输出控制模式	自动输出控制；范围模式；比较模式；手动输出模式

7.3.2　计数器类型开关选择

1. 计数器类型开关

在单元的面板上的计数器类型开关，是用来分别设置每个计数器的计数器类型，缺省时所有计数器都被设置为简单计数器。具体配置如表 7－8 所示。

表 7－8　　　　　　　　　　　计数器类型开关配置

引脚	计数器	位置	类型
1	1	ON	循环/线性计数器
		OFF	简单计数器
2	2	ON	循环/线性计数器
		OFF	简单计数器

2. 计数器类型 DM 的设置

（1）在单元的面板上设置每一个计数器的计数器类型。引脚 1 和 2 对应于计数器 1 和 2。

（2）设置机械号。

（3）安装单元并配线。

（4）接通 PLC 电源。

（5）创建 I/O 表。可用 CX－Programmer 支持软件或编程器创建 I/O 表。

将 DIP 开关设置在 ON 位置后，通过对 DM 区中的相应字中给出相应的设定，就可将每个计数器配置为循环计数器或线性计数器。

3. 单元面板及开关设置

CJ1W – CT021 的单元面板如图 7 – 18 所示。CJ1W – CT021 的单元引脚的外部信号，如图 7 – 19 所示。

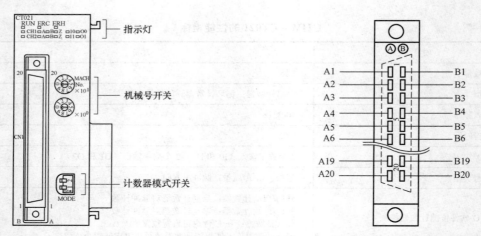

图 7 – 18　CJ1W – CT021 的单元面板示意图　　图 7 – 19　CJ1W – CT021 的单元引脚的外部信号示意图

高速计数器单元的机械号是 1。高速计数器单元被分配了从 CIO2010 开始的 40 个 CIO 字（n=CIO2000 + 010）。

应用所需要的输入类型是通过 DM 中的信号类型字的 4 位来选择的。每个计数器的信号类型可分别选择。CJ1W – CT021 的单元信号类型的 DM 区设置如图 7 – 20 所示。

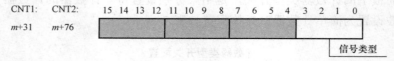

图 7 – 20　CJ1W – CT021 的单元信号类型的 DM 区设置

信号类型选择为 0 时代表相差（乘 1）、选择为 1 时代表相差（乘 2）、选择为 2 时代表相差（乘 4）、选择为 4 时代表增量和减量、选择为 8 时代表脉冲和方向。高速计数器单元的机械号为 1 时，分配给高速计数器 CNT1 的 CIO 和 DM 区分别是从 CIO2010（n=CIO2000 + 010）开始的 40 个 CIO 字和从 D20100（m=D20000 + 0100）开始的 400 个 DM 字。而计数器 2 的范围数据储存在从 D20500 开始的 DM 区。为了配置单元必须对 D20031 进行设定，如其内容为#0000 时，含义为相差乘 1。

CJ1W – CT021 的单元面板和 CJ1W – CT021 的单元引脚的具体功能见表 7 – 9。

表 7 – 9　　　　　　CJ1W – CT021 高速计数器单元各个引脚的外部信号分配

项目		连接器 1（CN1）		引脚号
		B 排	A 排	
计数器 2	Z	CH2：24V	CH2：12V	20
		CH2：LD +	CH2：LD – /0V	19

续表

项目			连接器 1（CN1）		引脚号
			B 排	A 排	
计数器 2	B		CH2：24V	CH2：12V	18
			CH2：LD＋	CH2：LD－/0V	17
	A		CH2：24V	CH2：12V	16
			CH2：LD＋	CH2：LD－/0V	15
备用			—	—	14
计数器 1	Z		CH1：24V	CH1：5V	13
			CH1：LD＋	CH1：LD－/0V	12
	B		CH1：24V	CH1：5V	11
			CH1：LD＋	CH1：LD－/0V	10
	A		CH1：24V	CH1：5V	9
			CH1：LD＋	CH1：LD－/0V	8
备用			—	—	7
数字输入[0～1]			I1：24V	I1：0V	6
			I0：24V	I0：0V	5
备用			—	—	4
数字输出[0～1]（NPN/PNP）			O1：PNP	O1：NPN	3
			O0：PNP	O0：NPN	2
电源（供馈输出）			＋PS：12～24V	－PS：0V	1

4. 简单计数器的复位

每个简单计数器软件复位位可用来触发复位。软件复位位的上升沿在下一个 I/O 刷新循环中触发复位。将计数器 CNT1 的软件复位位 2002.03 置为"1"，如图 7-21 所示。

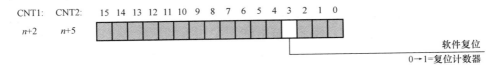

图 7-21　CJ1W-CT021 的单元软件复位的设置

5. 简单计数器的选通

简单计数器的选通使用 CIO 中的"开门位"和"关门位"就可开启和关闭简单计数器的闸门。如果简单计数器的门是 ON，则计数器随时可以计数脉冲。如果简单计数器的门是 OFF，则计数器不会计数脉冲。开门位或关门位的上升沿在下一个 I/O 刷新循环中触发相应的操作。在高速计数器单元开始通电或再启动后，简单计数器的闸门是关闭的，必须打开才能启动计数（设置开门位为"1"）。将计数器 CNT1 的选通位 2002.01 置为"1"，如图 7-22 所示。

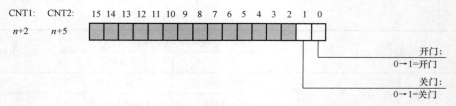

CNT1: CNT2: 15 14 13 12 11 10 9 8 7 6 5 4 3 2 1 0
n+2 n+5

开门：
0→1=开门

关门：
0→1=关门

图 7-22　CJ1W-CT021 的单元计数器启动的设置

7.4　PLC 控制恒压供水系统设计

7.4.1　变频恒压供水系统 PLC 控制的节能原理

变频恒压供水系统主要由水泵、电动机、管道和阀门等构成。通常由鼠笼式异步电动机驱动水泵旋转来供水，并且把电动机和水泵做成一体。变频供水系统是通过变频器调节异步电机的转速，从而改变水泵的出水流量而实现恒压供水的。

采用变频调速的恒压供水系统属于转速控制法，可根据供水管网的用水情况，按照管网瞬间压力变化，通过控制器，实时自动调节水泵电机的转速和多台水泵的投入及退出，其工作原理是根据用户用水量的变化自动地调整水泵电机的转速，始终保持管网水压恒定，即用水量增大，电动机加速；用水量减小，电动机减速。提高了供水系统的稳定性和可靠性，节水、节能效果显著，具有很好的社会效益和经济效益。

1. 变频调速恒压供水系统的构成

恒压变频供水系统以 PLC 为核心，在水泵的出水管道上安装一个远传压力表，用于检测管道压力，并把出口压力变成 0～5V 或 4～20mA 的模拟信号，送到 PLC 系统的 A/D 转换模块输入端，并将其转换成相应的数字信号，送入 PLC 进行数据处理。PLC 经运算后与设定的压力进行比较，得出偏差值，再经 PID 调节得出控制参数，经 D/A 转换模块变成 0～5V 的模拟信号，送入变频器的模拟量输入端，以控制变频器的输出频率的大小，控制拖动水泵的电动机转速，达到控制管道压力的目的。当实际管道压力小于给定压力时，变频器输出频率升高，电动机转速加快，管道压力升高；反之，频率降低，电动机转速减小，管道压力降低，最终达到供水压力恒定。

2. 变频恒压供水系统的控制原理

采用变频调速恒压供水系统的原理框图如图 7-23 所示。

系统工作时，每台水泵处于三种状态之一，工频电网拖动状态；变频器拖动调速状态；停止状态。现假定系统拖动 2 台水泵运行：

（1）系统开始工作时，供水管道内水压力为零，在控制系统作用下，变频器开始运行，第一

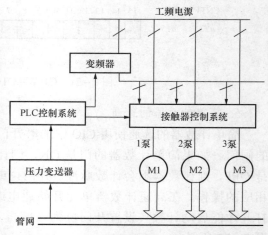

图 7-23　变频调速恒压供水系统的原理框图

台水泵 M1 启动且转速逐渐升高，当输出压力达到设定值，其供水量与用水量相平衡时，转速才稳定到某一定值，这期间 M1 工作在变频运行状态。

（2）当用水量增加水压减小时，通过压力闭环调节水泵按设定速率加速到另一个稳定转速；反之用水量减少水压增加时，水泵按设定的速率减速到新的稳定转速。

（3）当用水量继续增加，变频器输出频率增加至设定频率上限 f_n 时，水压仍低于设定值，控制器控制水泵 M1 切换至工频电网后恒速运行；同时，第二台水泵 M2 投入变频运行，系统恢复对水压的闭环调节，直到水压达到设定值为止。

（4）当用水量下降水压升高，变频器输出频率降至启动频率 f_s 时，水压仍高于设定值，系统将工频运行的第二台水泵关掉，恢复对水压的闭环调节，使压力重新达到设定值。

7.4.2　电气控制系统的原理

根据控制要求，确定的变频调速恒压供水 PLC 控制系统的 I/O 分配表见表 7－10。设计电气控制原理图如图 7－24、图 7－25、图 7－26 所示。

图 7－24 为变频和工频工作转换时，电动机进行切换的主电路电气原理图；

图 7－25 为变频调速恒压供水系统的变频器控制端子接线图；

图 7－26 为变频调速恒压供水系统的 PLC 控制回路原理图。

表 7－10　　　　　　　　　变频调速恒压供水 PLC 控制系统的 I/O 分配表

输入信号			输出信号		
PLC 的输入地址	代号	器件功能	PLC 的输出地址	代号	器件功能
0.00	SB1	停止信号	1.00	KM1	1 号泵工频接触器
0.01	SB2	启动信号	1.01	KM2	1 号泵变频接触器
0.02	SA 1	手动/自动转换开关	1.02	KM3	2 号泵工频接触器
0.03	SB3	1 号泵启动按钮	1.03	KM4	2 号泵变频接触器
0.04	SB4	1 号泵停止按钮	1.04	KM5	3 号泵工频接触器
0.05	SB5	2 号泵启动按钮	1.05	KM6	3 号泵变频接触器
0.06	SB6	2 号泵停止按钮	1.06	EL1	水泵工频指示灯
0.07	SB7	3 号泵启动按钮	1.07	EL2	水泵变频指示灯
0.08	SB8	3 号泵停止按钮			
0.09	FR1～FR3	电动机过载保护			
0.10	MA－MC	变频器故障信号			
0.11	M1－M2	变频器运行信号			
0.12	SA 2	3 号泵投入/备用转换开关			

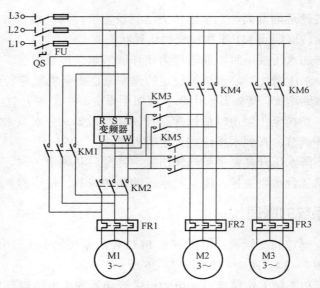

图 7-24　变频调速恒压供水系统的主电路电气原理图

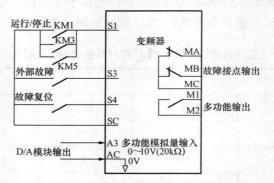

图 7-25　变频调速恒压供水系统的变频器控制端子接线图

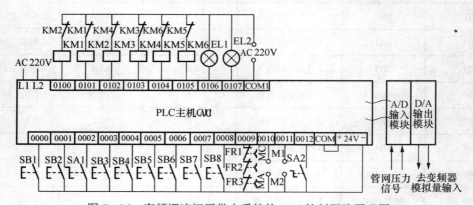

图 7-26　变频调速恒压供水系统的 PLC 控制回路原理图

　　系统使用模块的型号：PLC CPU 单元 CJ1-CPU12、输入单元 CJ1W-ID211、输出模块 CJ1W-OC211、模拟量输入单元 CJ1W-AD041-V1、模拟量输出单元 CJ1W-DA041、变频器欧姆龙 3G3RV-ZV1。

7.4.3　PLC 控制恒压供水的程序设计

1. 变频恒压供水系统的控制流程图

根据全自动变频给水系统的具体控制要求，设计的变频调速恒压供水系统的流程图如图 7-27 所示。

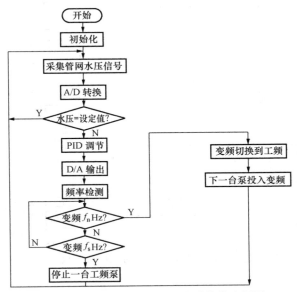

图 7-27　变频调速恒压供水系统的流程图

2. 变频给水系统控制梯形图

根据全自动变频给水系统的控制要求，设计控制系统的梯形图如下：

（1）数据采集及 PID 控制程序。图 7-28 为变频调速恒压供水系统的数据采集和 PID 控制梯形图。

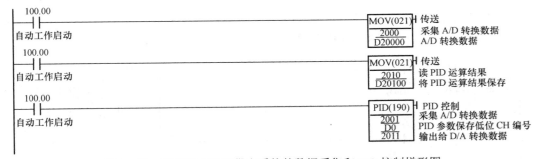

图 7-28　变频调速恒压供水系统的数据采集和 PID 控制梯形图

（2）变频调速恒压供水系统的 PID 参数设定控制程序。图 7-29 为变频调速恒压供水系统的 PID 参数设定控制梯形图。

（3）变频调速恒压供水系统压力控制程序。图 7-30 为变频调速恒压供水系统的压力控制梯形图。

（4）变频调速恒压供水系统变频切换工频控制程序。图 7-31 为变频调速恒压供水系统的变频切换工频控制梯形图。

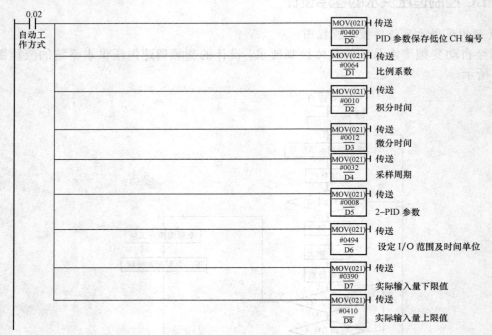

图 7-29　变频调速恒压供水系统的 PID 参数设定控制梯形图

图 7-30　变频调速恒压供水系统的压力控制梯形图

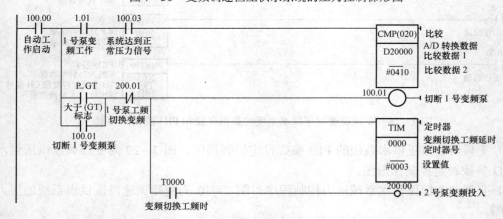

图 7-31　变频调速恒压供水系统的变频切换工频控制梯形图（一）

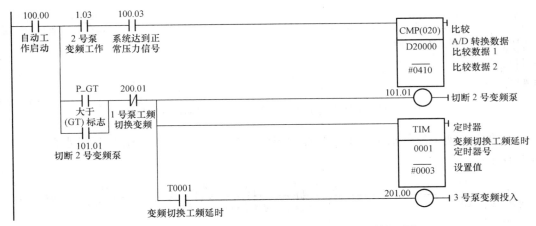

图7-31 变频调速恒压供水系统的变频切换工频控制梯形图（二）

（5）变频调速恒压供水系统工频切换变频控制程序。图7-32为变频调速恒压供水系统的工频切换变频控制梯形图。

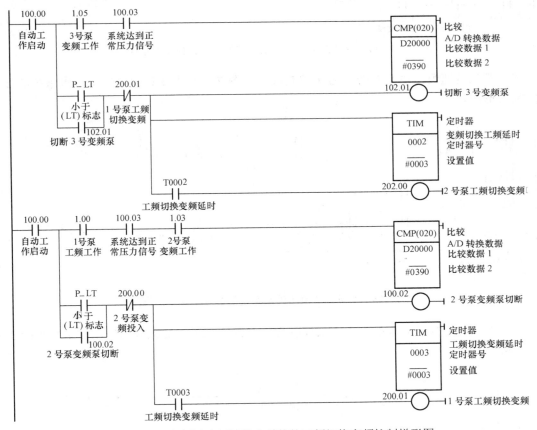

图7-32 变频调速恒压供水系统的工频切换变频控制梯形图

（6）变频调速恒压供水系统自动启动控制程序。图7-33为变频调速恒压供水系统的自动启动控制梯形图。

283

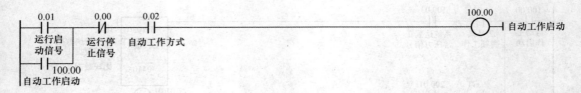

图 7-33　变频调速恒压供水系统的自动启动控制梯形图

（7）变频调速恒压供水系统 1 号泵控制程序。图 7-34 为变频调速恒压供水系统的 1 号泵控制梯形图。

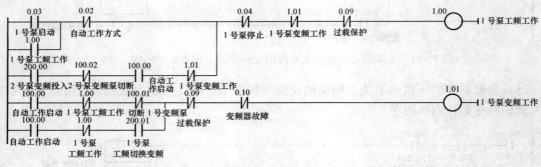

图 7-34　变频调速恒压供水系统的 1 号泵控制梯形图

（8）变频调速恒压供水系统 2 号泵控制程序。图 7-35 为变频调速恒压供水系统的 2 号泵控制梯形图。

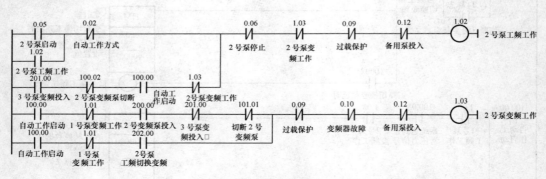

图 7-35　变频调速恒压供水系统的 2 号泵控制梯形图

（9）变频调速恒压供水系统 3 号泵控制程序。图 7-36 为变频调速恒压供水系统的 3 号泵控制梯形图。

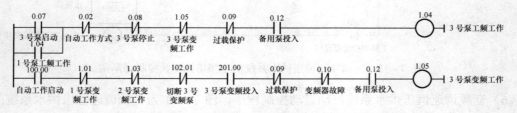

图 7-36　变频调速恒压供水系统的 3 号泵控制梯形图

（10）变频调速恒压供水系统工作状态显示控制程序。图 7-37 为变频调速恒压供水系统的工作状态显示控制梯形图。

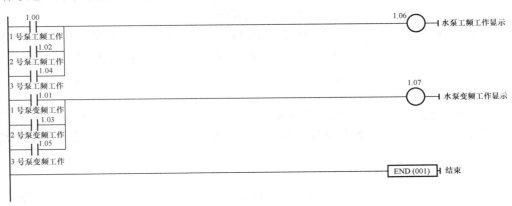

图 7-37　变频调速恒压供水系统的工作状态显示控制梯形图

7.4.4　系统的参数设定

1. 变频器参数的设定

为了使变频恒压供水系统能够正常运行，必须对变频器参数进行正确的选择和设定。

（1）按要求对电动机进行自学习，以测定电机的额定参数。

（2）设定速度给定方式为模拟量设定。

（3）加减速时间的调整及 S 字曲线的调整。通过加减速时间参数 C1-01、C1-02 及 S 字曲线参数 C2-01、C2-02、C2-03、C2-04 设定。

以上参数设定后除电动机参数外，其他参数需根据具体实际情况进行调整。

2. A/D 模块的设定

模拟量输入单元是将模拟量信号（电压或电流信号）输入到 PLC，转换成数字量信号的单元。当 CJ1W-AD041-V1 单元上电时，PLC 将用户预置在 DM 区中的有关参数通过 I/O 总线传送给 CJ1W-AD041-V1 单元中的 CPU 和存储器。将 CJ1W-AD041-V1 的单元号开关设置为 0。

AD041 模块的单元号对应于 DM 区的特殊 I/O 单元 DM 区域（地址 D20000～D20099）和特殊 I/O 单元区域（地址 CIO2000～CIO2009）。

3. D/A 模块的设定

模拟量输出单元是将 PLC 运算的数字量（12 位二进制数）转换成模拟量输出信号的单元。当 CJ1W-DA041 单元上电时，PLC 将用户预置在 DM 区中的有关参数通过 I/O 总线传送给 DA041 单元中的 CPU 和存储器。

（1）模拟量输出单元转换路数的设定。单元号设置开关和操作模式开关的使用功能与 CJ1W-AD041 单元类似，CJ1W-DA041 的外部接线端子输出信号与接线端子必须一一对应，CJ1W-DA041 的使用路数及每一路的输出信号范围必须在 DM 区中的设置。

在 CJ1W-DA041 模拟量输出单元中，转换输入编号 1～4 规定为模拟量输出。将 DM20100

设置为#0001，本系统只用了一路模拟量输出，可将 D20100 的内容设为#0001。

（2）输出信号范围的设定。对于每个输出，可以选择四种类型的输出信号范围（−10～10V、0～10V、1～5V/4～20mA 和 0～5V）中的任何一种。

每个输出的输出信号范围，涉及编程装置的 DM 区域的 D（$m+1$）位。其中对于 DM 字的地址，$m=20\,000+$（单元号×100），将 D20101 的内容设为#0010，选择输出信号的范围为 1～5V。通过改变接线端子来实现输出信号范围 1～5V 之间的转换。

4. PID 指令的设定

根据 C 所指定的参数（设定值、PID 常数等），对 S 进行作为测定值输入的 PID 运算，将操作量输出到 D。其中，S 表示测定值输入 CH 编号，C 表示 PID 参数保存低位 CH 编号，D 表示操作量输出 CH 编号。

PID 指令执行条件：

（1）PID 指令的输入条件为上升沿执行。输入条件满足时，对（C+9）～（C+38）进行初始化（清空）后，下一扫描周期以后输入条件如果保持 ON，执行 PID 运算。

（2）C 的数据（设定值以外）位于范围外时，会发生错误，ER 标志为 ON。

（3）实际的采样周期超过设定的采样周期的 2 倍时，会发生错误，ER 标志为 ON。但此时仍进行 PID 运算。

（4）已执行 PID 运算时，CY 标志为 ON。

（5）已经过 PID 运算的操作量高于上限值时，＞标志为 ON。此时，结果以操作量上限值输出。

（6）已经过 PID 运算的操作量低于下限值时，＜标志为 ON。此时，结果以操作量下限值输出。

5. PID 参数的调整

PID 参数和控制状态的一般关系如下：

使用 PID 指令时，不希望产生超调，可增大积分系数（I）；即使产生超调，也希望尽早形成稳定的控制状态，可增加比例系数（P）。当产生宽幅的振荡，或在重复超调达不到目标值，很可能因为积分动作过强。通过增加积分系数（I），或减少比例系数（P）时，可以减少振荡。

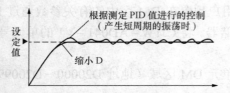

图 7-38　变频调速恒压供水系统的 PID 参数调整

产生短周期的振荡时，控制系统的响应变快，微分动作过强。此时，减小微分作用（D）。

图 7-38 为变频调速恒压供水系统的 PID 参数调整过程。

7.4.5　程序的调试

在 Windows 环境下启动 CX-Programmer 软件，进入主页面后，显示 CX-Programmer 创建或打开工程后的主窗口，单击"文件"菜单中"新建"项，或单击标准工具条中的"新建"按钮，出现"变更 PLC"对话框。单击"设置"按钮可进一步配置 CPU 型号，选择"CPU12"。当 PLC 配置设定完成后，单击"确定"按钮，此时，进入编程界面。输入变频调速恒压供水系统的 PLC 控制的应用梯形图。

1. 手动工作方式的调试

将转换开关旋转至断开位置上，输入信号 0.02 无效，变频调速恒压供水系统工作在手动状态，分别根据图 7−24～图 7−26 调试三个泵的工频工作情况。注意三个泵不要同时工作。

2. 自动工作方式的调试

（1）水泵变频工作。将转换开关旋转至接通的位置上，输入信号 0.02 有效，变频调速恒压供水系统工作在自动状态。按下自动工作按钮，输入信号 0.01 有效，由程序控制 1.01 输出，控制接触器 KM2 接通，变频器接收到运行信号，输出频率。系统开始工作时，供水管道内水压力为零，在控制系统作用下，变频器开始运行，1 号水泵 M1 启动且转速逐渐升高，当输出压力达到设定值，其供水量与用水量相平衡时，转速才稳定到某一定值，这期间 M1 工作在变频运行状态。当用水量增加水压减小时，通过压力闭环调节水泵按设定速率加速到另一个稳定转速；反之用水量减少水压增加时，水泵按设定的速率减速到新的稳定转速。

（2）1 号泵变频切换工频控制。当用水量继续增加，变频器输出频率增加至设定最高频率时，水压仍低于设定值，PLC 控制水泵切换，1 号水泵 M1 由变频工作状态切换至工频运行；同时，使 2 号水泵 M2 投入工作，M2 由变频器控制，系统恢复对水压的闭环调节，直到水压达到设定值为止。

（3）2 号泵切除，1 号泵由工频切换到变频工作。当用水量下降水压升高，变频器输出频率降至启动频率 fs 时，水压仍高于设定值，系统将变频运行的 2 号水泵关掉，重新将 1 号水泵切换到变频工作状态，恢复对水压的闭环调节，使压力重新达到设定值。

（4）系统的停止。系统停止时，按下停止按钮，输入信号 0.00 有效，PLC 输出断开，切断接触器线圈的控制回路，系统停止工作。

（5）备用泵的切换。将转换开关旋转至接通状态时，由控制程序自动将 2 号水泵电机切除，将 3 号泵投入工作，参与系统的恒压控制。

每台电机都有变频和工频两种切换。先是 1 号水泵电机运行在变频状态，当频率达到 50Hz 时，则接触器 KM2 断开，切断变频器给水泵电机的供电，经过 0.3s 延时，接触器 KM1 闭合，水泵电机转换为工频电源供电，则 1 号水泵电机运行在工频状态；PLC 控制 KM3 闭合，2 号水泵运行在变频状态。当管网水压减少时，将 2 号水泵电机切除，1 号水泵电机进入变频工作状态，以维持实际水压的平衡。3 号水泵作为备用泵，用于系统检修或三个泵同时工作。

当管网水压减少时，将 2 号水泵电机切除，1 号水泵电机进入变频工作状态，以维持实际水压的平衡。具体控制过程，参考全自动变频给水系统控制梯形图进行分析。

7.5　高速计数单元在位置检测中的应用

7.5.1　位置检测控制系统的组成

本工程实例以六层电梯的 PLC 控制系统为对象，通过检测安装在电动机轴上的旋转编码器输出脉冲或通过变频器的分频脉冲来测量电梯在井道中运行移动的距离，将电梯在井道中运行的位移转换为旋转编码器输出的脉冲，再通过高速计数功能记录脉冲，自动测定电梯每层高度（井道自学习功能），并通过测定的数据，计算出每层相应的减速位置。

1. 控制系统硬件线路原理

硬件线路原理图，如图 7-39 所示。

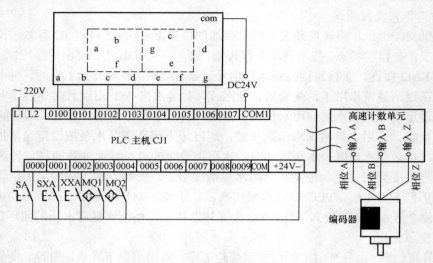

图 7-39　位置检测硬件线路图

将编码器的 A、B、C 相输出分别接至输入高速计数器 1 的脉冲输入端。

0.00—SA 井道自学习开关　　　0.01—SXA 上行控制按钮

0.02—XXA 下行控制按钮　　　0.03—MQ1 上门区

0.04—MQ2 下门区

当电梯处于平层位置时，上、下门区信号同时有效。当电梯离开平层位置时，上、下门区信号不能同时有效。

2. 高速计数器的设定

（1）将高速计数器设定为加减模式并且为软件复位。

（2）高速计数器 CNT1 的当前值存储在 2022、2023 单元。

（3）高速计数单元的外部输入形式：高速计数单元选择相位差输入形式，相差信号连接到计数器的输入 A，B 和 Z。计数方向由输入 A 和输入 B 之间的相角确定。如果信号 A 超前信号 B，则计数器递增，如果信号 B 超前信号 A，则计数器递减。

相位差输入是用两个输入之间相位上的差别来决定计数器作增量还是减量计数，其与旋转编码器的连接如图 7-40 所示。当相位 A 超前时，作增量计数，反之作减量计数。

选用 E6C-CWZ5C 型增量式旋转编码器，当相位 A 超前时，作增量计数，反之作减量计数。将其与高速计数单元连接，采用计数脉冲相位差输入。

假设旋转脉冲编码器每个脉冲对应电梯移动的距离为 1mm。

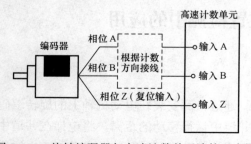

图 7-40　旋转编码器与高速计数单元连接示意图

7.5.2 位置检测控制系统应用程序设计

根据高速计数单元系统的控制要求，设计控制系统的梯形图如下：

1. 高速计数单元参数设定控制梯形图

图 7-41 为高速计数单元参数设定控制梯形图。

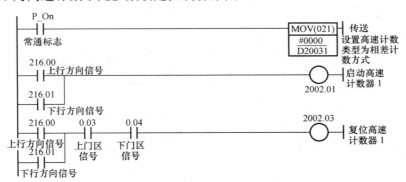

图 7-41 高速计数单元参数设定控制梯形图

2. 楼层位置数据控制梯形图

图 7-42 为楼层位置数据控制梯形图。

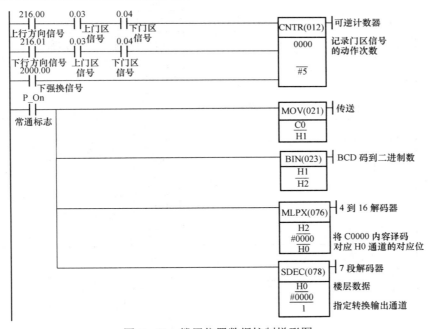

图 7-42 楼层位置数据控制梯形图

3. 自学习测定楼层脉冲数控制梯形图

图 7-43 为自学习自动测定楼层脉冲数控制梯形图。

4. 自动计算楼层减速位置控制梯形图

图 7-44 为自动计算楼层减速位置控制梯形图。

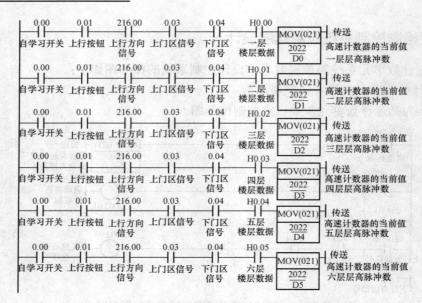

图 7-43 自学习自动测定楼层脉冲数控制梯形图

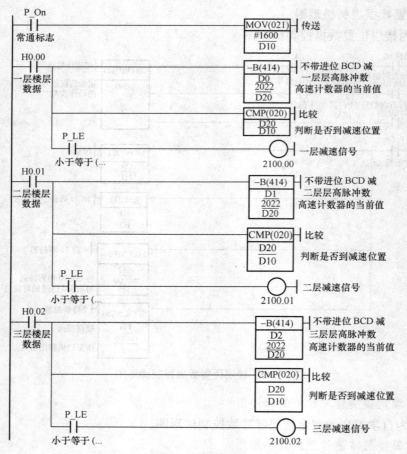

图 7-44 自动计算楼层减速位置控制梯形图（一）

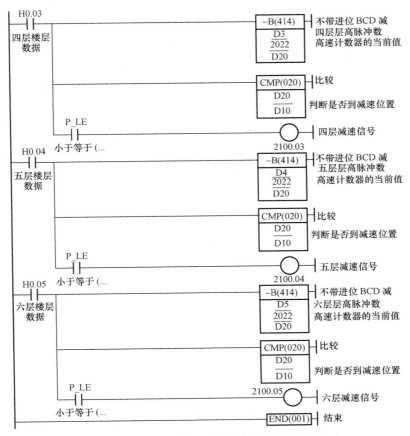

图 7-44　自动计算楼层减速位置控制梯形图（二）

【思考题】

1. CJ1 系列 AD041 单元的性能指标如何？

2. CJ1 系列 AD041 单元如何选择输入型号类型？

3. CJ1W-CT021 单元的计数方向及软件复位如何设定？

4. 简述 PID 相关参数的意义。

5. 试分析变频器加减速时间的长短对变频调速恒压供水系统过程的影响。

6. 试分析变频调速恒压供水系统 1 号泵与 2 号泵的切换控制过程。

7. 若将 A/D 模块的单元号开关设置为"1"时，相应的程序如何修改？

8. 说明功能指令 SDEC（078）、MLPX（76）的作用。

9. 说明如何监视高速计数器的当前值？

10. 根据图 7-44 说明自动计算楼层减速位置的工作过程。

第3篇　　应　用　篇

第8章　PLC 控制的变频调速电梯控制系统设计

　　随着电力电子技术、微电子技术和计算机控制技术的不断发展，交流变频调速技术也得到了迅速地发展。交流变频调速技术具有调速性能优良、起制动平稳、运行效率高和节能等优点，交流变频调速技术被广泛地应用于电梯的调速，使电梯安全、舒适、高效地运行。电梯运行逻辑控制系统采用可编程序控制器（PLC）进行控制。

　　本章主要介绍应用 PLC 实现电梯的自动定向、顺向截梯、最远端反向截梯、外呼记忆、自动开/关门、停梯消号、自动平层、检修运行和安全保护等功能，并通过 PLC 控制变频器，实现对电梯的变频调速，使电梯高效、可靠地运行。

8.1　电　梯　的　概　述

8.1.1　电梯的分类

　　（1）按用途分类可分为：乘客电梯；载货电梯；客货电梯；病床电梯；杂物电梯；住宅电梯；特种电梯。

　　（2）按速度分类可分为：低速电梯 1m/s 以下；高速电梯 1～4m/s；超高速电梯 4m/s 以上。

　　（3）按驱动电源分类可分为：交流电梯和直流电梯。

　　（4）按控制方式分类可分为：交流信号（有司机）控制；交流集选控制（有/无司机）控制；并联控制和群控电梯。

8.1.2　电梯的组成

　　电梯的结构示意图如图 8－1 所示。其组成可分为以下几部分：

　　（1）曳引部分：通常由曳引电动机、减速器和曳引钢丝绳组成。

　　（2）轿厢：轿厢由轿架，轿底，轿壁和轿门组成。

　　（3）电器设备及控制装置：由门机系统，控制柜，轿厢操纵盘，呼梯按钮和厅外指示器组成。

　　（4）其他装置：对重装置、缓冲器、补偿装置等。

　　（5）厅门及轿门：一般有中分式、双折中分式和直分式。

8.1.3　电梯的安全保护装置

　　（1）电磁制动器：装于曳引电机轴上，一般采用直流电磁制动器，启动运行时通电电磁制动器打开，停止运行后电磁制动器断电复位实现制动。

　　（2）强迫减速开关：分别装于井道的上端站和下端站，当轿厢驶过端站未减速时，轿厢上撞块就触动此开关，通过控制程序使电动机强迫减速。

（3）限位开关：当轿厢经过端站平层位置后仍未停车，此限位开关立即动作，使电梯自动停止。

（4）行程极限保护开关：当限位开关不起作用，轿厢经过端站时，此开关动作，切断电源并制动，强制电梯停止。

（5）急停按钮：装于轿厢司机操纵盘上，发生异常情况时，按此按钮切断电源，电磁制动器制动，电梯紧急停车。

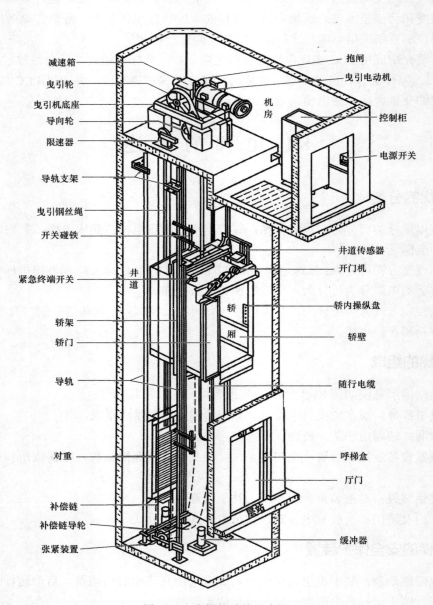

图 8-1　电梯的结构示意图

（6）厅门开关：每个厅门都装有门锁开关。仅当厅门关上才允许电梯启动；在运行中如出现厅门开关断开，电梯立即停车。

（7）关门安全开关：常见的是装于轿厢门边的安全触板，在关门过程中如安全触板碰到乘客时，发出信号，门电机停止关门，反向开门，延时重新关门，此外还有红外线开关等。

（8）超载开关：当超载时开关动作，电梯不能关门和运行。

（9）其他开关：安全窗开关，限速器开关，安全钳开关和断绳开关等。

8.1.4　电梯变频调速控制的特点

随着电力电子技术、微电子技术和计算机控制技术的飞速发展，交流变频调速技术的发展也十分迅速。变频调速电梯具有优良调速性能、启制动平稳、运行效率高、功率因数高和节能效果明显等优点，被国内外公认为最有发展前途的电梯调速方式。变频调速的特点：

（1）变频调速电梯使用的是异步电动机，比同容量的直流电动机具有体积小、占空间小、结构简单、维护方便、可靠性高、价格低等优点。

（2）变频调速电源使用了先进的 SPWM 技术和 SVPWM 技术，明显改善了电梯运行质量和性能；调速范围宽，控制精度高，动态性能好，舒适、安静、快捷，已逐渐取代直流电动机调速。

（3）明显改善了电动机供电电源的质量，减少了谐波，提高了效率和功率因数，节能明显。

（4）采用 PLC 和变频器控制的电梯，不但提高了电梯运行的舒适感和效率，同时还提高了电梯运行的安全性，降低了能耗，减少了电梯的运行费用。

8.1.5　电梯的控制功能

电梯的运行过程：确定运行方向→自动关门→启动运行→减速→平层→自动开门→自动关门。

电梯的运行遵守集选调度原则，即"顺向截梯，最远端反向截梯"。

电梯在某一层待机时，当其他层厅外呼梯信号有效时，电梯立即启动运行。在电梯到达目标层之前，如果在与电梯运行方向一致的厅外呼梯信号有效时，电梯应响应该信号减速平层，开门；若登记的呼梯信号方向与电梯运行方向不一致，电梯则不予响应。这就是"顺向截梯，反向不停"。如果厅外呼梯信号是最远端的，且与电梯的运行方向相反，电梯应响应最远端信号到达该楼层停靠，即"最远端除外"。电梯在完成最远端呼梯信号后立即换向，响应其他呼梯信号。

电梯工作状态分为有司机、无司机及检修三种工作状态，消防工作状态属于电梯的一种特殊的工作状态，由厅外的专用消防开关进行控制。

电梯运行具体的控制要求是：

1. 有司机、无司机及检修工作状态

可通过工作状态选择开关进行选择，来实现各自的控制要求。其主要区别是在有司机工作状态下，电梯不能自动关门，必须通过司机来确定是否关门，通过关门按钮来控制电梯关门，门关闭后电梯自动运行。而在无司机状态下，电梯停站后开门 6～8s 后自动关门，门关闭后电梯自动运行。在检修状态可以通过开关门按钮实现点动开关门，也可通过上下行按钮实现电梯上下行点动运行。当在厅外按下消防开关时，电梯进入消防工作状态。

2. 自动定向要求

在有/无司机状态下，电梯根据登记指令信号和呼梯信号 m 与轿厢所处的层楼位置信号 n 进行比较，以此确定电梯当前的运行方向。若 $m > n$ 则电梯上行；若 $m < n$ 则电梯下行。在有司机工作状态下，指令信号具有优先权，司机可以选择电梯的运行方向。当电梯停站时，若 $m = n$（本层有呼梯信号），电梯本层自动开门。

3. 轿厢开关门要求

（1）无司机工作状态。电梯到站后，自动开门，延时 6～8s 后自动关门，门关闭后，电梯自动启动运行。

（2）有司机工作状态。电梯到站后，自动开门过程与无司机状态相同，但电梯启动前的关门应由司机根据电梯运行方向按对应的上下行启动按钮来控制或按下关门按钮，电梯自动关门，门关闭后，电梯自动运行。

（3）检修工作状态。按下开、关门按钮可实现电梯的门点动控制；按下上、下行按钮可实现电梯的点动运行控制。

（4）本站厅外开门。在无司机状态下，电梯停在某层待命，若想在这层进入轿厢，只要按本层位一个呼梯按钮，电梯便自动开门。

4. 楼层数控制要求

通过楼层计数器记录电梯所在楼层数，并通过七段数码管的显示来指示电梯所在的楼层。

5. 运行控制要求

（1）有司机工作状态：在电梯确定运行方向后，按下运行方向按钮或关门按钮，电梯自动关门启动运行，同时显示其运行状态。

（2）无司机工作状态：电梯自动定向后，自动关门，门关闭后，电梯自动运行并显示运行状态。

（3）检修工作状态：轿厢上、下行只能通过上、下运行按钮点动进行控制，并且轿厢可以在任何位置停留。

6. 停站控制要求

（1）指令信号停站：电梯运行中，当到达已登记层楼时，电梯按设定的减速曲线进行减速，当速度减到零时平层。

（2）呼梯信号停站：电梯上行时，顺向呼梯信号从低到高逐一停站，而与之运行相反的向下呼梯信号登记并保留，在完成上行最后一个指令或呼梯信号后，电梯下行并按已登记的下行信号从高到低逐一停站。反向呼梯信号停站的处理原则是：只出现一个反向呼梯信号，如电梯停在基站，三楼有呼梯下行则电梯能在三楼停站。如果有多个反向呼梯信号可以停站，其他信号被登记保留，在电梯反向运行中逐一执行。

7. 指令信号的登记与消除要求

（1）指令信号的登记：当按下除本层外的某层按钮时，此指令信号被登记。

（2）指令信号的消除：电梯运行并到达某层，该指令信号即被消除。

8. 呼梯信号的登记与消除要求

（1）呼梯信号登记：当按下停站外某层呼梯按钮时，此信号应被登记。

（2）呼梯信号消除：当电梯到达某层时，该层与电梯运行方向一致的登记信号即被消除。

9. 直驶功能

在无司机工作状态下，按下直驶专用按钮，电梯不应答呼梯信号，电梯只能根据指令信号停站，但呼梯信号仍能登记。

10. 消防工作状态功能

当接通消防工作状态开关时，电梯立即进入到消防状态，消除所有指令或呼梯信号，立即关门返回基站，到达基站后恢复指令功能。每次到某层时应清除所有登记信号，若想再到其他楼层，则需重新登记指令。消防状态时，不响应任何的厅外呼梯信号。

11. 电梯的保护功能

（1）超载保护功能。当此开关动作后，表示电梯超载，轿厢不能自动关门，同时超载指示灯亮，直至超载信号消除后电梯方能正常运行。

（2）急停功能。当电梯出现意外故障时，按下此急停按钮，电梯应立即停止运行。

（3）其他安全保护措施。电梯除了上述的保护功能外，还应具有强迫减速、上下限位、上下极限、限速、安全钳、断绳等保护措施。

8.2　电梯的驱动系统设计

8.2.1　电梯变频调速驱动系统

在变频调速电梯系统中，变频器根据速度指令实现对电梯的调速控制。PLC 负责处理各种信号的逻辑关系，并向变频器发出起、停等信号，同时变频器也将本身的工作状态信号反馈给 PLC，使 PLC 能确认变频器正常的工作状态。通过与电动机同轴连接的旋转编码器速度检测及反馈，形成闭环系统。电梯控制系统主驱动电路原理图如图 8-2 所示。

1. 电动机驱动电路设计

根据电梯的要求和设计规范，电源和变频器的连接、变频器与电动机的连接中间必须通过接触器进行连接。主接触器 ZC 为变频器的电源接触器。当变频器工作时，运行接触器 YXC 为电动机提供电源。制动电阻 ZDR 的作用是当电梯减速运行时，电动机处于再生发电状态，向变频器回馈电能，通过制动电阻消耗回馈电能。

在图 8-2 中，YK 为电源的总开关；FU1～FU3 为熔断器，其作用是实现短路保护；XJ 为相序继电器，用于检测电源的相序。

2. 变频器的输入信号

变频器的输入信号包括运行信号和频率指令信号。运行信号是变频器的正转、反转运行信号，均为数字输入信号。频率指令信号采用多段速实现，由 PLC 给出，实现电梯高速、低速、检修及爬行速度的控制。控制端子 SC～S5 为变频器的多功能输入端子，用于控制变频器的工作状态。

3. 变频器的输出信号

变频器的多功能输出给出的信号用来检测其运行状态，以保证电梯安全运行。变频器不仅要接收 PLC 发送给它的运行信号和频率指令信号，还要将自身的运行状态信号送回 PLC。变频器输出信号包括故障信号、运行信号和零速信号，通过变频器多功能输出端口参数进行设定。P1—P3、MC—MA 和 M1—M2 控制端子为变频器多功能输出端子。

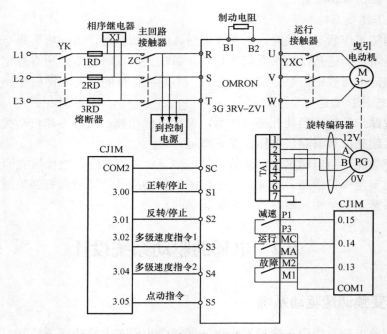

图 8-2   电梯控制系统主驱动电路原理图

4. 变频器的速度反馈信号

变频器需要进行速度反馈检测，是通过旋转编码器和速度控制卡 PG 来实现的。TA1 为速度反馈卡，用于接收旋转编码器的脉冲，进行速度闭环控制；PG 为旋转编码器，用于检测电动机的转速。

8.2.2   电梯门机驱动系统

本次设计中采用直流电动机，因为它具有线路简单、启动力矩大和调速性能好等特点。

电梯门机驱动线路原理如图 8-3 所示，其中 KMJ 为开门继电器触点；GMJ 为关门继电器触点，WR 为直流电动机 M 的励磁绕组，SG1、SG2 为关门二级减速开关，SK1 和 SK2 为开门加速开关。

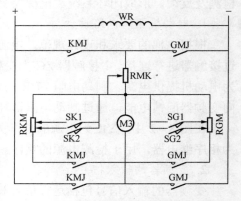

图 8-3   电梯门机驱动线路原理图

8.3　电梯的 PLC 控制系统设计

8.3.1　PLC 控制系统原理框图

电梯 PLC 控制系统的基本结构图如图 8-4 所示。系统控制核心为可编程序控制器（PLC），操纵盘指令信号、厅外呼梯信号、井道及安全保护信号通过 PLC 输入接口采集后输送给 CPU 单元，通过 CPU 单元运算处理，发出响应的控制信号，控制曳引驱动系统、门机控制系统及电梯的运行状态显示等。

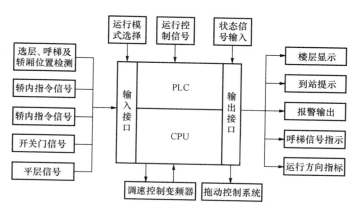

图 8-4　电梯 PLC 控制系统的基本结构图

8.3.2　PLC 控制系统的硬件设计

1. PLC 的选型

本设计的研究对象为 6 层的电梯为例。采用 OMRON CJ1 系列 PLC 其具有模块化结构，体积小，扩展方便，同时具备运算速度快，功能先进等特点。

本次设计中选择性价比较高的 CJ1M-CPU22 PLC，其最大 I/O 点可扩展到 320 点，CPU 单元支持高速计数、RS-232C 通信口和 1：1 PLC-LINK 功能。

2. I/O 点的确定

根据电梯的控制功能要求，如检修/自动、交流集选控制等，确定电梯的各种输入信号，同时考虑到以后电梯功能的扩展，CPU 单元选择 CJ1-CPU12，三个输入模块选择 CJ1W-ID211，三个输出模块选择 CJ1W-OC211，I/O 点数合计 128 点。各点具体功能见表 8-1。

表 8-1　　　　　　　　　　　　电梯软件输入输出点分配

输入		输出	
0.00	安全信号	3.00	正向运行
0.01	门锁信号	3.01	反向运行

输入		输出	
0.02	司机/自动信号	3.02	正常运行频率
0.03	检修信号	3.04	爬行频率
0.04	开门信号	3.05	点动频率
0.05	关门信号	6.00	开门
0.06	司机上行信号	6.01	关门
0.07	司机下行信号	6.02	接触器 ZC
0.08	满载/直驶信号	6.03	接触器 YXC
0.09	超载信号	5.00	上行方向显示
0.10	门区信号	5.01	下行方向显示
0.11	消防信号	5.02	蜂鸣器
0.12	厅外锁梯信号	5.03	超载报警
0.13	变频器故障信号	4.08～4.13	选层指示灯
0.14	变频器运行信号	4.14	一层上呼梯信号灯
0.15	变频器零速信号	4.15	二层上呼梯信号灯
1.00	上减速	5.04	三层上呼梯信号灯
1.01	下减速	5.05	四层上呼梯信号灯
2.05	上端站	5.06	五层上呼梯信号灯
2.06	下端站	5.07～5.11	二～六层下呼梯信号灯
2.03	开门限位	4.00	数码管 a 段显示
2.04	关门限位	4.01	数码管 b 段显示
1.02～1.07	一～六层选层信号	4.02	数码管 c 段显示
1.09～1.13	一～五层上呼梯信号	4.03	数码管 d 段显示
1.14～2.02	二～六层下呼梯信号	4.04	数码管 e 段显示
		4.05	数码管 f 段显示
		4.06	数码管 g 段显示

3. PLC 的硬件设计

根据确定的 I/O 表，选择 PLC 的 I/O 模块数量及型号。CJIM - CPU22 本身具有 16 个输入点，再选择两块 CJ1M - ID211 型 16 点输入单元即可。输出模块选择四块 CJ1M - OC211 型 16 点继电器输出单元即可。整个系统共使用了 6 个输入输出模块。图 8 - 5 和图 8 - 6 为电梯 PLC 控制硬件原理图。

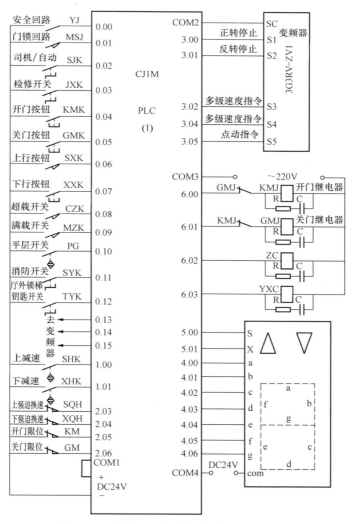

图 8－5　电梯 PLC 控制硬件原理图（一）

为了防止终端越位造成事故，在井道上、下端站还应设置强迫减速开关、限位开关和极限开关，用于安全保护。另外，电梯的控制线路还有井道照明、安全回路、门联锁回路、抱闸控制回路、电源控制回路等控制线路没有涉及，有兴趣的读者可以将其完善。

8.3.3　PLC 控制系统的软件设计

1. 控制系统的流程图

根据电梯的具体控制要求，设计控制系统的流程图如图 8－7 所示。

2. 控制梯形图的设计

（1）电梯主接触器 ZC 和运行接触器 ZXC 控制梯形图。主接触器 ZC 和运行接触器 ZXC 控制梯形图如图 8－8 所示。当 PLC 正常工作，电梯安全系统正常时，主接触器 ZC 工作；在满足主接触器运行的条件下，若变频器也正常工作，则运行接触器 YXC 工作。

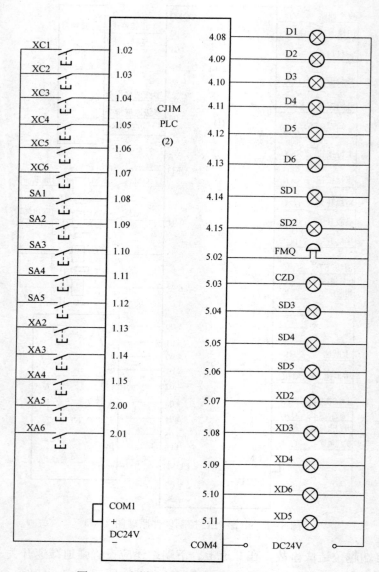

图 8-6 电梯 PLC 控制硬件原理图（二）

（2）电梯自动运行控制的梯形图。电梯自动运行的梯形图，如图 8-9 所示。当无司机工作状态时，输入信号 0.02 无效。电梯自动运行停止时，200.02 的状态为 ON，200.08 的状态为 OFF，此时定时器 TIM0000 开始工作，延时 8s 后其触点将 200.02 断开，200.00 接通，控制电梯自动关门，门关闭后电梯自动运行。

（3）电梯减速信号控制梯形图。电梯减速信号控制梯形图如图 8-10 所示。例如电梯停在基站，四楼有下呼梯信号，电梯减速信号控制过程：四层有下呼梯信号时定上方向输出信号 5.09 为 ON，当电梯达到四楼时 H0.03 闭合，通过 5.09—H0.03—216.01—200.05—0.00—0.13—0.03 使换速信号 200.03 接通，换速继电器通电发出换速信号。

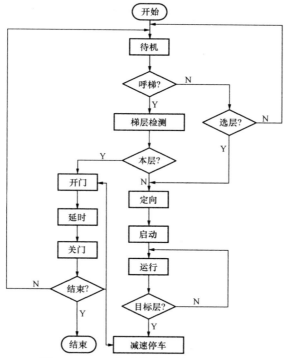

图 8-7 PLC 集选控制电梯程序流程图

图 8-8 电梯主接触器 ZC 和运行接触器 ZXC 控制梯形图

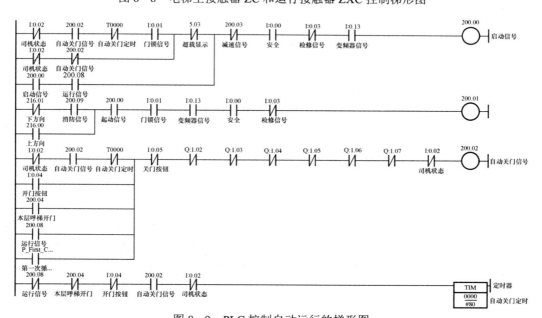

图 8-9 PLC 控制自动运行的梯形图

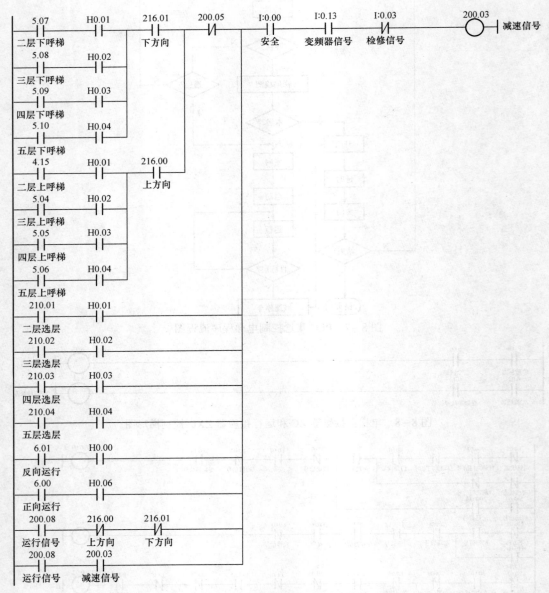

图 8-10　PLC 控制电梯减速信号的梯形图

（4）电梯本层呼梯开门控制梯形图。电梯本层呼梯开门控制梯形图，如图 8-11 所示。在无司机状态下，电梯停在某层待命，若想在这层进入轿厢，只要按本层位一个呼梯按钮，电梯便自动开门。假设电梯停留在二层，无论按下上呼梯还是下呼梯都可实现本层呼梯开门功能。通过接点 5.07—H0.01—216.00（4.15—H0.01—216.01）—200.08—0.02—200.01—0.00 使 200.04 接通，控制本层开门。若电梯上行时，当电梯正在关门过程中，此时本层厅外呼梯只响应上呼梯信号，而对下呼梯信号只作登记。

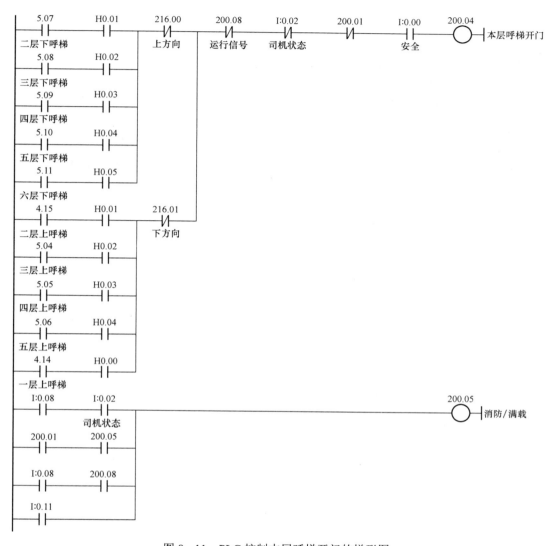

图 8-11 PLC 控制本层呼梯开门的梯形图

（5）电梯有司机及消防运行控制梯形图。电梯有司机及消防运行控制梯形图，如图 8-12 所示。

1）有司机控制。在有司机工作状态下，按上、下行按钮，控制继电器 200.12 和 200.13 为 ON，作为司机定向信号。

2）消防控制。当按下消防工作状态开关时，输入信号 0.11 有效，控制继电器 200.09 为 ON。电梯进入到消防状态，控制消除所有指令或呼梯信号，立即关门返回基站，到达基站后恢复指令功能。每次到某层时应清除所有登记信号，若想再到其他楼层，则需重新登记指令。消防状态时，不响应任何的厅外呼梯信号。

（6）电梯定上行方向控制梯形图。电梯定上行方向控制梯形图，如图 8-13 所示。

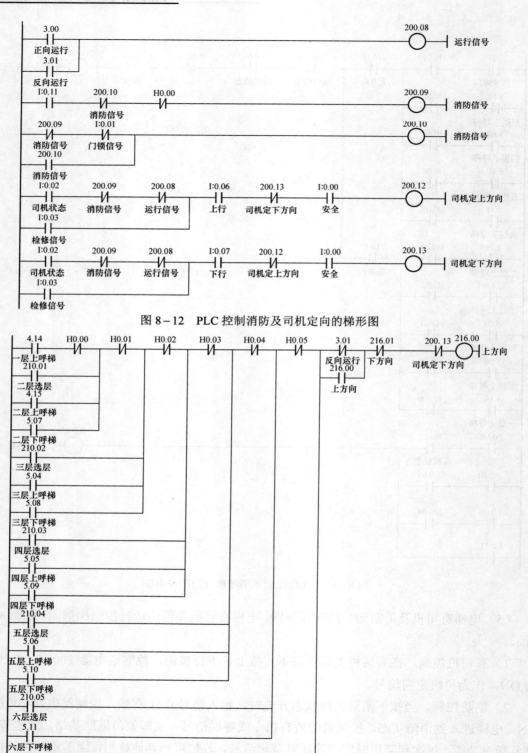

图 8-12 PLC 控制消防及司机定向的梯形图

图 8-13 PLC 控制定上行方向的梯形图

电梯在自动运行状态时，当电梯停在基站时，如三层有选层或呼梯信号，通过 210.02（5.04）—H0.02—H0.03—H0.04—H0.05—200.09—3.01—216.01—200.13 使 216.00 接通，确定了电梯向上运行的方向。

电梯在检修运行状态时，输入信号 0.03 有效，此时按下上行按钮 0.06 有效，使 216.00 接通，控制电梯检修点动上行。

（7）电梯定下行方向控制梯形图。电梯定下行方向控制梯形图，如图 8-14 所示。

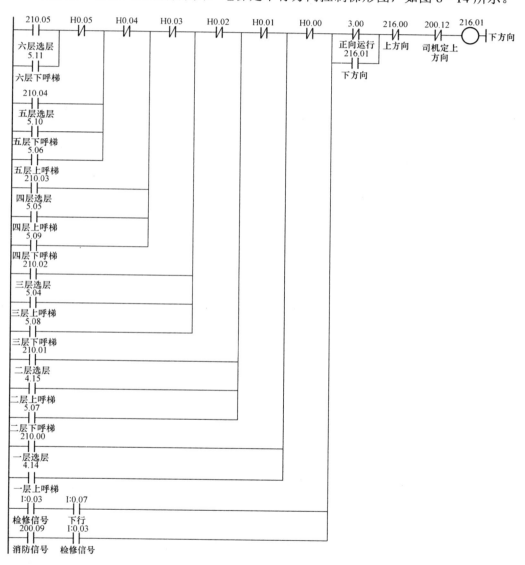

图 8-14　PLC 控制定下行方向的梯形图

电梯在自动运行状态时，当电梯停在三层时，如基站有选层，通过 210.00—H0.00—3.00—216.00—200.12 使 216.01 接通，确定了电梯向下运行的方向。

电梯在检修运行状态时，输入信号 0.03 有效，此时按下下行按钮 0.07 有效，使 216.01

接通，控制电梯检修点动下行。

（8）电梯变频器控制梯形图。电梯变频器控制梯形图，如图 8-15 所示。

电梯上行的控制过程：当电梯停在基站，有乘客进行选层时，上行继电器 216.00 接通，同时启动信号 200.01、上行显示信号 5.00 也接通，电梯自动关门后门联锁信号 0.01 有效，使变频器正向运行信号 3.00 有效，变频器正常频率信号 3.02 有效，控制变频器输出，按预定速度运行曲线控制电梯运行。电梯运行至所选楼层时，减速信号 200.03 接通，使正常运行频率指令信号 3.02 断开，爬行频率 3.04 接通，变频器控制电梯进入到减速阶段，当电梯速度减到零时，输入信号 0.15 断开，控制变频器正向运行信号 3.00 断开，变频器停止工作，电梯平层。电梯平层停车后，自动开门，整个上行运行过程结束。

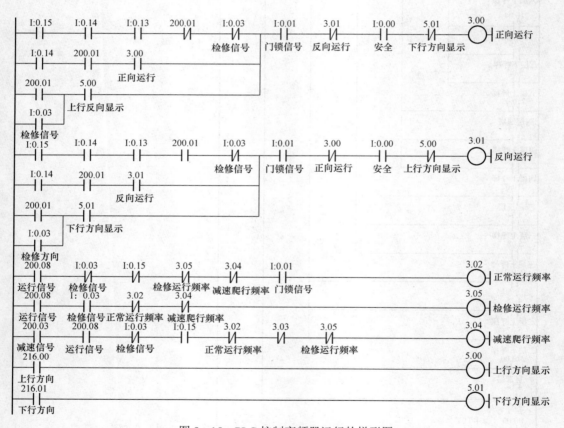

图 8-15 PLC 控制变频器运行的梯形图

电梯下行的控制过程：当电梯停在四层时，有乘客进行选择一层，下行继电器 216.01 接通，同时启动信号 200.01、下行显示信号 5.01 也接通，电梯自动关门后门联锁信号 0.01 有效，使变频器反向运行信号 3.01 有效，变频器正常频率信号 3.02 有效，控制变频器输出，按预定速度运行曲线控制电梯运行。电梯运行至所选楼层时，减速信号 200.03 接通，使正常运行频率指令信号 3.02 断开，爬行频率 3.04 接通，变频器控制电梯进入到减速阶段，当电梯速度减到零时，输入信号 0.15 断开，控制变频器反向运行信号 3.01 断开，变频器停止工作，电梯平层。电梯平层停车后，自动开门，整个下行运行过程结束。

当电梯进行检修工作时，输入信号 0.03 有效。检修上行，此时按下上行按钮输入信号 0.06 有效，由图 8-13 可知，运行方向显示 5.00 为 ON 和 216.00 为 ON，控制变频器正向运行信号 3.00 为 ON，变频器检修频率指令信号 3.05 为 ON，控制变频器输出检修频率，电梯以检修速度点动上行运行；同时运行方向显示 5.00 为 ON 控制指示灯点亮，指示电梯向上运行。检修下行，此时按下下行按钮输入信号 0.07 有效，由图 8-14 可知，216.01 为 ON，控制变频器反向运行信号 3.01 为 ON，变频器检修频率指令信号 3.05 为 ON，控制变频器输出检修频率，电梯以检修速度点动下行运行；同时运行方向显示 5.01 为 ON 控制指示灯点亮，指示电梯向下运行。

电梯运行的安全保护措施：门联锁控制回路输入信号 0.01 和安全回路输入信号 0.00 是电梯运行的保护电路，只有两回路正常接通时，电梯才能正常运行。变频器输入信号 0.14 是启动应答信号，当变频器正常启动运行后，该信号有效。变频器输入信号 0.15 是减速应答信号，当变频器正常减速运行后，该信号有效。在上行控制回路中，动断触点 5.01 和 3.01 和下行控制回路中动断触点 5.00 和 3.00 起到互锁保护作用，可以使得电梯更加安全可靠地运行。

（9）电梯开关门控制梯形图。电梯开关门控制梯形图，如图 8-16 所示。当有司机和检修时，关门信号 0.05 接通，使关门继电器 6.00 接通，从而实现电梯的关门。当无司机时，启动信号 200.00 接通，控制门自动关闭。对于关门过程，定时器 TIM0006 的作用是当关门时间超过规定的时间后，将门电机自动断电防止门电机长时间通电。当电梯超载时电梯不能关门。

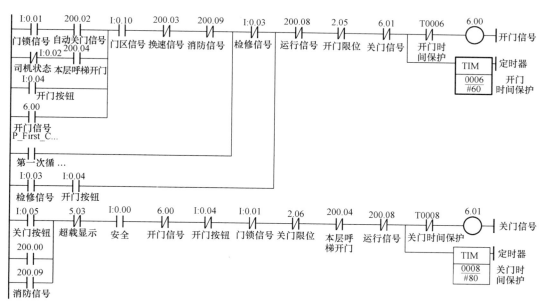

图 8-16　PLC 控制开关门的梯形图

当检修时，开门信号 0.04 接通，使开门继电器 6.00 接通，从而实现电梯的开门。当无司机工作状态，电梯进入门区时，门区信号 0.10 接通，电梯停止后，门将自动开启。对于开门过程，定时器 TIM0005 的作用是当开门时间超过规定的时间后，将门电机自动断电防止门电机长时间通电。

电梯门机系统运行的安全保护措施：门区输入信号 0.10 是电梯安全运行的保护环节，只有电梯正常停止平层时电梯才能正常开门。动断触点 200.08 保证只有电梯停止时才允许开门。在开门控制回路中，动断触点 2.05 和 6.01 和关门控制回路中动断触点 2.06 和 6.00 起到互锁保护作用，可以使得电梯更加安全可靠地运行。

（10）电梯蜂鸣器及报警控制梯形图。电梯蜂鸣器及报警控制梯形图，如图 8-17 所示。在有司机状态下，当厅外有呼梯信号时，蜂鸣器鸣响，提示司机有人呼梯。当电梯超载时，进行声光报警。

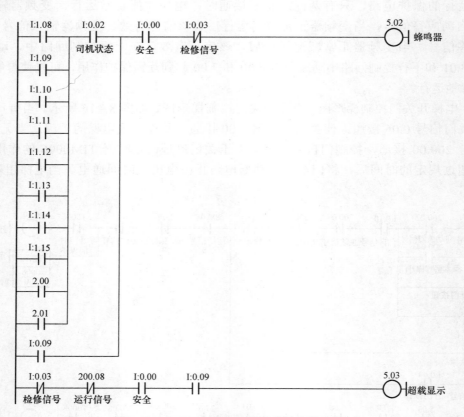

图 8-17　PLC 控制蜂鸣器及报警的梯形图

（11）电梯选层信号登记控制梯形图。电梯选层信号登记、消号控制梯形图，如图 8-18 所示。

电梯选层信号登记，只有在自动工作状态下有效，在检修状态下无效，通过互锁指令来实现。在消防状态下，正常减速后，清除其他的选层信号。

选层的控制过程：当轿厢内有人按下选层按钮时，如选四层，输入信号 1.05 有效，210.03 为 ON 登记已选信号。当电梯运行到四层时，通过楼层信号 H0.03 将登记的信号消除。

（12）电梯选层登记信号显示控制梯形图。电梯选层登记信号显示控制梯形图，如图 8－19 所示。

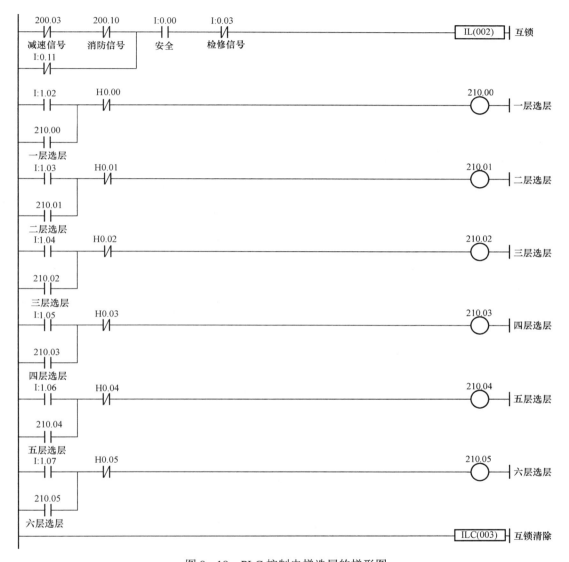

图 8－18　PLC 控制电梯选层的梯形图

电梯选层登记信号显示控制梯形图有两种功能，一是正常显示所选登记的楼层信号，二是以闪烁的方式显示厅外呼梯的登记信号。例如，二层有选层信号，对应的指示灯 4.09 点亮；当二层有呼梯信号（二层无选层信号）时，对应的指示灯 4.09 闪亮。具体控制过程如图 8－20 所示。

（13）电梯厅外呼梯信号登记控制梯形图。电梯厅外呼梯信号登记控制梯形图，如图 8－20 所示。

313

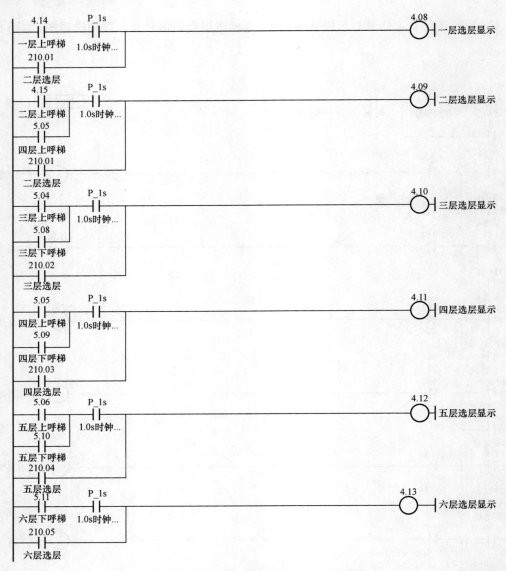

图 8-19　PLC 控制轿内选层显示的梯形图

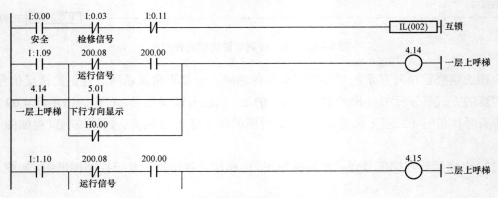

图 8-20　PLC 控制厅外呼梯显示的梯形图（一）

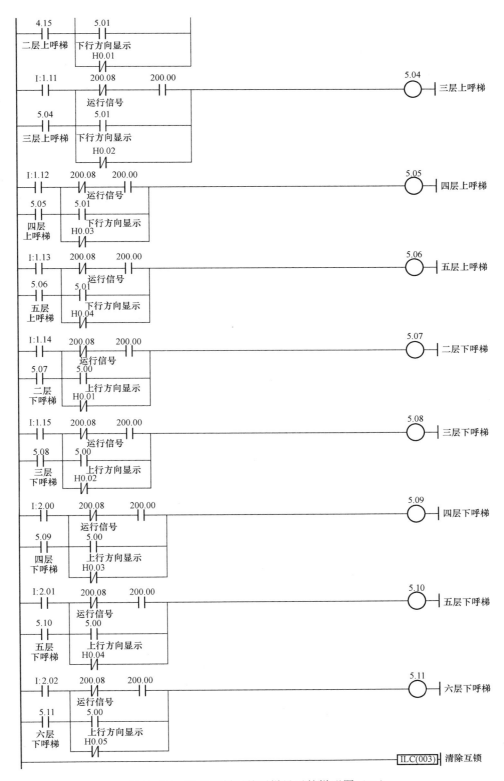

图 8-20　PLC 控制厅外呼梯显示的梯形图（二）

电梯呼梯信号登记，只有在自动工作状态下有效，在检修状态下无效，通过互锁指令来实现。当按下厅外某层呼梯按钮时，此信号应被登记。呼梯信号消除，当电梯到达某层时，该层与电梯运行方向一致的登记信号即被消除，完成"顺向截梯，反向不截梯"的功能。

例如，二层有上行呼梯信号，对应的指示灯 4.15 和 5.07 点亮。当电梯上行至二层时，上呼梯信号通过接点 H0.01 将其消除，而下呼梯信号通过接点 5.00 实现自锁，保持接通状态，直到电梯反向下行至二层时，由接点 H0.01 将其消除。

（14）电梯楼层计数控制梯形图。电梯楼层计数控制梯形图，如图 8-21 所示。

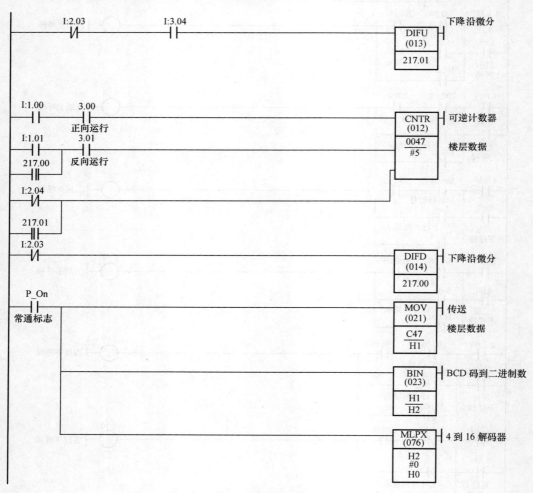

图 8-21　PLC 控制楼层计数的梯形图

电梯楼层计数通过可逆计数器来实现的。电梯上行至某一层时可逆计数器加一，而电梯下行至某一层时可逆计数器减一。根据电梯楼层数来设定可逆计数器的设定值，本程序控制的为 6 层电梯，故设定值设定为 5。接点 2.03 和 2.04 为上、下端站校正信号，其作用为当电梯楼层数据发生错误时在上、下端站进行校正。通过 MOV（021）指令将 CNTR0047 的计数值传送到 H1 通道中，并将 H1 通道中内容转化为二进制数存储到 H2 通道中，再通过解码指令 MLPX（076）将 H2 通道的二进制数解码并传送至 H0 通道中，使其对应的位为 ON，以控制电梯的楼层数。

（15）电梯七段数码管显示控制梯形图。电梯七段数码管显示控制梯形图，如图 8－22 所示。

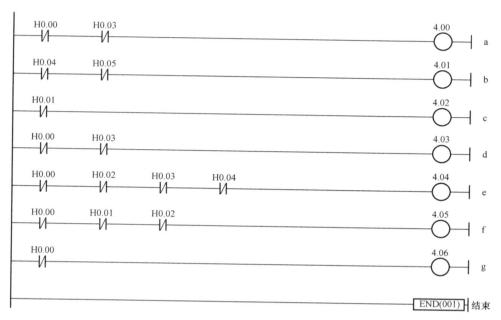

图 8－22　PLC 控制七段数码管显示控制梯形图

输出信号 4.00～4.06 对应着七段数码管 a、b、c、d、e、f、g 各段。例如，电梯在一层时，接点 H0.00 为 ON，此时输出信号 4.01 和 4.02 为 ON，对应的七段数码管 b、c 段点亮，显示数字"1"。显示其他数字的分析过程读者可自行分析。

8.4　电梯的变频器调试运行

8.4.1　变频器的基本参数设定

变频器的参数设定直接关系到电梯的运行品质，其主要参数包括电机的额定容量、电机的额定电流、电机的极数、电机的电枢电阻、电机的电感、旋转编码器 PG 的脉冲数等。电机的额定容量、电机的额定电流和电机的极数可根据电机本身提供的参数输入即可，其他参数可根据计算或自学习获得。变频器采用欧姆龙的 3G3RV－ZV1 型号。

1. 电机参数设定

根据电动机的铭盘数据：功率 11kW，额定电流 23A，额定电压 380V 和极数 4。设定变频器的相应参数。

2. 电机的电枢电阻的测定

通过变频器的自学习功能测得电动机的电枢电阻、电感、感应电压系数等参数。

8.4.2 变频器多功能输入的设定

1. 多段速度的频率设定

多段速度运行（d1-01、d1-02、d1-03～d1-17），其中 d1-02～d1-16 为多段速频率设定的参数，分别设定变频器的运行频率，至于变频器实际运行哪个参数设定的频率，则分别由其控制端子 S5、S6、S7、S8 的闭合来决定，多功能输入端子 S5、S6、S7、S8 可以组合 15 种状态，因此用 d1-02～d1-16 参数可以设定 15 种不同的速度。d1-17 参数用于设定变频器的点动速度。d1-01 参数用于频率设定的单位多段速指令/点动频率选择的时序如图 8-23 所示。

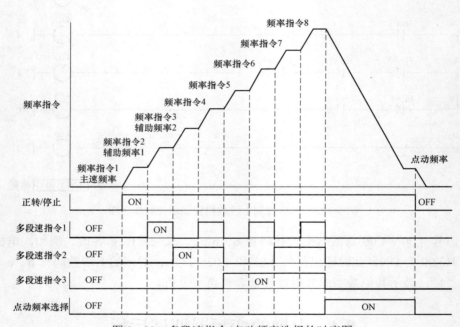

图 8-23 多段速指令/点动频率选择的时序图

2. 多功能接点输入

H1-01 选择多功能接点输入 1 端子 S3 的功能，选择的参数为（0～78）；H1-02 选择多功能接点输入 2 端子 S4 的功能，选择的参数为（0～78）；H1-03 选择多功能接点输入 3 端子 S5 的功能，选择的参数为（0～78）；H1-04 选择多功能接点输入 4 端子 S6 的功能，选择的参数为（0～78）；H1-05 选择多功能接点输入 5 端子 S7 的功能，选择的参数为（0～78），H1-06 选择多功能接点输入 6 端子 S8 的功能，选择的参数为（0～78）。

多功能接点输入的设定及功能的相关参数见表 8-2。更详细的参数请参阅相关的手册。

根据电梯 PLC 控制系统设计的要求，将 H1-01 选择多功能接点输入 1 端子 S3 的功能，选择的参数为 3，定义为正常运行频率；H1-02 选择多功能接点输入 2 端子 S4 的功能，选择的参数为 4，定义为爬行频率；H1-03 选择多功能接点输入 3 端子 S5 的功能，选择的参数为 5，定义为点动频率。

表 8-2   多功能接点输入的功能一览表

设定值	功　　能
0	3 线制顺控（正转/反转）
1	本地/远程选择（ON：操作器；OFF：设定参数）
2	选购件/变频器主体选择（ON：选购件/OFF：变频器）
3	多段速指令 1
4	多段速指令 2
5	多段速指令 3
6	点动（JOG）频率选择（优先于多速）
7	加减速时间选择 1
8	基极封锁指令 NO（动合触点：ON 时基极封锁）
9	基极封锁指令 NO（动断触点：OFF 时基极封锁）
A	保持加减速停止（ON：停止加减速，保持频率）
B	变频器过热预告 OH2（OH：显示 OH2）
C	多功能模拟量输入选择（ON：多功能模拟量输入有效）
D	无带 PG 的 V/f 速度控制（ON：速度反馈控制无效）（通常的 V/f 控制）
E	速度控制积分复位（ON：积分控制无效）
F	未使用（不使用端子时进行设定）

8.4.3　变频器多功能输出的设定

多功能接点输出（H2-01、H2-02、H2-03）：

H2-01 选择（接点）多功能接点输出端子 M1-M2 的功能，选择的参数为（0~3D）；H2-02 选择（开路集电极）多功能接点输出端子 PC-P1 的功能，选择的参数为（0~3D）；H2-03 选择（开路集电极）多功能接点输出端子 PC-P2 的功能，选择的参数为（0~3D）。多功能接点输出的设定及功能的相关参数见表 8-3。更详细的参数请参阅相关的手册。

根据电梯 PLC 控制系统设计的要求，将 H2-01 选择（接点）多功能接点输出端子 M1-M2 的功能设定为故障信号，根据表 8-2 选择的参数为"6"故障；H2-02 选择（开路集电极）多功能接点输出端子 PC-P1 的功能设定为运行信号，选择的参数为"0"；H2-03 选择（开路集电极）多功能接点输出端子 PC-P2 的功能设定为零速信号，选择的参数为"1"零速。

8.4.4　零速启动时转矩调整

1. 电梯启动和停止的最佳调整

启动时，零伺服即在制动器打开时向电机补偿转矩，以保持轿厢的位置。设定启动时，零伺服控制环的增益 1、2 可调整电机补偿转矩。

制动器打开时，当出现倒溜过大时，将零伺服增益 b8-01/b8-02 设定值增大。若执行零伺服功能时电机发生振动，则将该设定值减小。根据观察电机的启动状态，将零伺服增益调整到合适的值即可。

2. 零伺服时的速度控制调整

当电梯启动过缓或过急时，可通过调整零伺服时的速度控制（ASR）的比例增益（P）/积分时间（I）参数，提高零伺服时速度控制（ASR）响应的快速性。

3. 启动时直流制动电流 b2－03 的调整

当轿厢出现倒溜时，再将启动时直流制动电流 b2－03 设定值增大。

4. 停止时零伺服增益 b8－01 的调整

设定停止时零伺服控制环的增益 b8－01，当电机速度低于零速值输出频率时，停止时零伺服将对电动机进行转矩补偿并保持轿厢的位置。需要增加保持力时，增大 b8－01 的设定值。如果执行零伺服时电机发生振动，则减小 b8－01 的设定值。

表 8－3　　　　　　　　多功能接点输出的功能一览表

设定值	功　　能
0	运行中（ON：运行指令 ON 或电压输出时）
1	零速
2	频率（速度）一致 1（使用 L4－02）
3	任意频率（速度）一致 1（ON：输出频率=±L4－01）（使用 L4－02 且频率一致）
4	频率（FOUT）检出 1（ON：+L4－01≥输出频率≥－L4－01，使用 L4－02）
5	频率（FOUT）检出 2（ON：输出频率≥+L4－01 或输出频率≤－L4－01，使用 L4－02）
6	变频器运行准备就绪（READY） 准备就绪：初期处理结束，无故障的状态
7	主回路低压（UV）检出中
8	基极封锁中（ON：基极封锁中）
9	频率指令选择状态（ON：操作器）
A	运行指令状态（ON：操作器）
B	过转矩/转矩不足检出 1NO（动合触点：ON 时转矩不足检出）
C	频率指令丧失中（当 L4－05 设置为 1 时有效）
D	安装型制动电阻不良（ON：电阻过热或制动晶体管故障）
E	故障［ON：数字式操作器发生了通信故障（CPF00，CPF01 以外的故障）］
F	未使用（不使用端子时进行设定）

8.4.5　加减速阶段的曲线参数调整

1. 电梯启动时零伺服功能的调整

启动时零伺服功能的调整，用来降低启动时的倒溜。在轿厢的载重为 0%的状态下，调整零伺服时的速度控制（ASR）的比例增益 C5－19 和零伺服时的速度控制（ASR）的积分时间

C5－20。

　　在轿厢的载重与平衡系统保持平衡的状态下，如果启动时发生振动，逐渐减小启动时的移动量 S3－40。要减少倒溜时，可将增大增益，同时缩短积分时间。如果发生振动，可以减小增益，延长积分时间。

　　2. 速度控制环的调整

　　利用速度控制参数 C5 来调整速度控制环的比例增益和积分时间。根据速度控制（ASR）的增益切换速度 C5－07 的设定值和电动机速度达到 C5－07 的设定速度的时间，进行调整：

　　电动机速度低于速度控制（ASR）的增益切换速度 C5－07 时，启动时使用 C5－03 速度控制（ASR）的比例增益 2 和 C5－04（积分时间 2）。

　　电动机速度高于速度控制（ASR）的增益切换速度 C5－07 时，启动时使用 C5－01 速度控制（ASR）的比例增益 1 和 C5－02（积分时间 1）。

　　电动机速度低于速度控制（ASR）的增益切换速度 C5－07 时，停止时使用 C5－13 速度控制（ASR）的比例增益 3 和 C5－14（积分时间 3）。如果需要提高度响应时间，可增大增益，缩短积分时间。如果发生失调或振动，可减小比例增益，延长积分时间。

　　为了使电梯能够正常运行，必须对变频器参数进行正确的选择和设定，以满足乘坐的舒适感和控制要求。图 8－24 为 PLC 控制电梯变频调速系统速度曲线图。

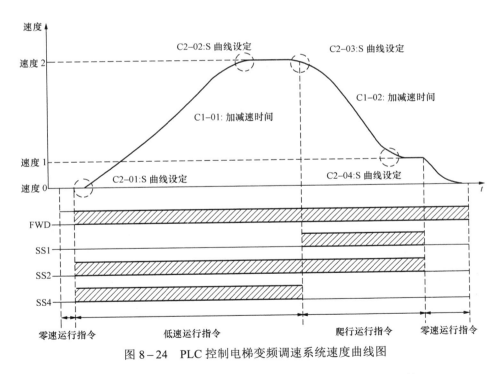

图 8－24　PLC 控制电梯变频调速系统速度曲线图

　　（1）加减速时间的调整。通过加减速时间参数 C1－01、C1－02 调整。

　　（2）S 曲线的调整。通过 S 曲线参数 C2－01、C2－02、C2－03、C2－04 调整。

　　（3）PID 参数的设定。通过参数 b5－01～b5－05 调整 P、I、D 常数。

以上是对变频器主要参数的设定和调整，更详细的参数设定方法参阅相关的手册。

8.5 PLC 控制程序调试

PLC 在线工作时，通过上位机将仿真调试过的程序下传至 PLC 主机 CJ1M 中，利用 CX–Programmer 软件的监控功能，调试程序是否按要求执行。

8.5.1 PLC 控制程序运行调试

电梯单方向逐层运行的调试，观察电梯运行的状态是否正确。检查选层指令的登记和消除、层显的变化、厅外上下外呼信号的登记和消除、本层外呼信号开门、顺向截梯、满载、超载等功能是否正确。

1. 自动运行的控制功能的调试

当无司机工作状态时，输入信号 0.02 无效。电梯自动运行停止时，自动关门信号 200.02 的状态为 ON，运行信号 200.08 的状态为 OFF，此时定时器 TIM0000 开始工作，延时 8s 后，启动信号 200.00 为 ON，控制电梯自动关门，门关闭后电梯自动运行。

2. 减速控制功能的调试

如电梯停在基站，四楼有下呼梯信号。控制过程为四层有下呼梯信号时，上行方向信号 5.09 为 ON，当电梯达到四楼时 H0.03 闭合，换速信号 200.03 接通，换速继电器通电发出换速信号。

3. 电梯本层呼梯开门控制功能的调试

在无司机状态下，电梯停在某层待命，若想在这层进入轿厢，只要按本层位一个呼梯按钮，电梯便自动开门。假设电梯停留在二层，无论按下上呼梯还是下呼梯都可实现本层呼梯开门功能。若电梯上行时，当电梯正在关门过程中，此时本层厅外呼梯只响应上呼梯信号，而对下呼梯信号只作登记。

4. 电梯有司机及消防信号控制功能的调试

（1）有司机控制。在有司机工作状态下，按上、下行按钮，控制上下定向信号 200.12 和 200.13 为 ON，作为司机定向信号。

（2）消防控制。当按下消防工作状态开关时，输入信号 0.11 有效，控制消防信号 200.09 为 ON。电梯进入到消防状态，控制消除所有指令或呼梯信号，立即关门返回基站，到达基站后恢复指令功能。每次到某层时应清除所有登记信号，若想再到其他楼层，则需重新登记指令。消防状态时，不响应任何的厅外呼梯信号。

5. 电梯定上行方向控制功能的调试

电梯在自动运行状态时，当电梯停在基站时，如三层有选层或呼梯信号，使上行方向信号 216.00 为 ON，确定了电梯向上运行的方向。

电梯在检修运行状态时，输入信号 0.03 有效，此时按下上行按钮输入信号 0.06 有效，控制电梯检修点动上行。

6. 电梯定下行方向控制功能的调试

电梯在自动运行状态时，当电梯停在三层时，如基站有选层，使下行方向信号 216.01 为

ON 确定了电梯向下运行的方向。

电梯在检修运行状态时，输入信号 0.03 有效，此时按下下行按钮，输入信号 0.07 有效，控制电梯检修点动下行。

7. 电梯变频器控制功能的调试

电梯上行的控制过程：当电梯停在基站，有选层信号时，上行继电器 216.00 为 ON。同时启动信号 200.01、上行显示信号 5.00 为 ON，电梯自动关门后，变频器正向运行信号 3.00 有效，正常频率信号 3.02 有效，控制变频器输出。电梯运行至所选楼层时，减速信号 200.03 为 ON，使正常频率 3.02 断开和 200.01 断开，爬行信号 3.04 为 ON，电梯进入到减速阶段，电梯速度减到零时，输入信号 0.15 断开，控制变频器正向运行信号 3.00 断开，变频器停止工作，电梯平层停车后，自动开门，整个上行运行过程结束。

电梯下行的控制过程：当电梯停在四层时，有选一层信号时，下行方向 216.01 为 ON，同时启动信号 200.01、下行显示信号 5.01 为 ON，电梯自动关门后，变频器反向运行信号 3.01 有效，变频器正常频率信号 3.02 有效，控制变频器输出，电梯启动运行，当运行至所选楼层时，减速信号 200.03 为 ON，使正常频率信号 3.02 断开和 200.01 断开，爬行频率 3.04 为 ON，电梯进入到减速阶段，电梯速度减到零时，输入信号 0.15 断开，控制变频器反向运行信号 3.01 断开，变频器停止工作。

当电梯进行检修工作时，检修信号 0.03 接通。检修上行时，按下上行按钮 0.06 接通，运行方向显示 5.00 为 ON 和 216.00 为 ON，控制变频器正向运行信号 3.00 为 ON，变频器检修频率指令信号 3.05 为 ON，控制变频器输出检修频率，电梯以检修速度点动上行运行。检修下行时，按下下行按钮，输入信号 0.07 有效，运行方向显示 5.01 为 ON 和下行方向信号 216.01 为 ON，控制变频器反向运行信号 3.01 为 ON，变频器检修频率指令信号 3.05 为 ON，控制变频器输出检修频率，电梯以检修速度点动下行运行。

8. 电梯开关门控制功能的调试

当无司机时，启动信号 200.00 接通，控制门自动关闭。在关门过程中，定时器 TIM0006 的作用是当关门时间超过规定的时间后，将门电机自动断电防止门电机长时间通电。当电梯运行进入门区时，门区信号 0.10 有效，开门信号 6.00 为 ON，控制电梯开门。在开门过程中，定时器 TIM0005 的作用是当开门时间超过规定的时间后，将门电机自动断电防止门电机长时间通电。

当有司机和检修状态关门时，按下关门按钮输入信号 0.05 有效，使关门信号 6.01 为 ON 从而实现电梯的关门；开门时按下开门按钮，开门信号 0.04 有效，使开门信号 6.00 为 ON 从而实现电梯的开门。

9. 电梯蜂鸣器及报警控制功能的调试

在有司机状态下，当厅外有呼梯信号时，蜂鸣器鸣响，提示司机有人呼梯。当电梯超载时，进行声光报警。

10. 电梯选层信号登记控制功能的调试

电梯选层信号登记，只有在自动工作状态下有效，在检修状态下无效，通过互锁指令来实现。在消防状态下，正常减速后，清除其他的选层信号。

11. 电梯选层登记信号显示控制功能的调试

电梯选层登记信号显示控制有两种功能，一是正常显示所选登记的楼层信号，二是闪烁的方式显示厅外呼梯的登记信号。

12. 电梯厅外呼梯信号登记控制功能的调试

电梯呼梯信号登记，只有在自动工作状态下有效，在检修状态下无效。当按下厅外某层呼梯按钮时，此信号应被登记。当电梯到达某层楼时，该层与电梯运行方向一致的登记信号即被消除。

13. 电梯楼层计数控制功能的调试

电梯楼层计数通过可逆计数器来实现的。电梯上行至某一层时可逆计数器加一，而电梯下行至某一层时可逆计数器减一。观察可逆计数器计数值的变化是否符合要求。

14. 电梯七段数码管显示控制功能的调试

观察可逆计数器计数值的变化是否和七段数码管显示的数据相符。

8.5.2　电梯运行舒适感调整

根据电梯的速度曲线调整电梯启动和停止的舒适感。在调试过程中观察电梯启动机械制动器打开瞬间是否出现倒溜现象。为了防止启动时的倒溜，调整变频器启动时零伺服的参数。在轿厢的载重为 0% 的状态下，调整零伺服时的速度控制（ASR）的比例增益和零伺服时的速度控制（ASR）的积分时间。在轿厢的载重与对重保持平衡的状态下，调整参数出现启动时发生振动，逐渐增大启动时的移动量；出现倒溜时，增大增益，缩短积分时间；发生振动，减小增益，延长积分时间。

8.5.3　电梯平层精度调整

对于电梯来说，平层精度是电梯运行的一个重要指标，关系到电梯安全可靠地运行。根据电梯的国家控制标准要求，平层精度为 ±5mm。

通过调整安装在井道的检测上、下门区感应开关的位置来调整电梯的平层位置，并配合变频器设置的爬行速度和控制程序综合调整，使电梯达到要求的平层精度。

 【思考题】

1. 叙述如果电梯停在二层与三层中间，电梯如何运行才能返回平层位置？
2. 叙述电梯超载时，对电梯运行的保护。
3. 试分析电梯在自动工作状态时，变频器的工作过程。
4. 试分析变频器的频率指令是如何确定的。
5. 试叙述电梯顺向截梯的控制过程。
6. 试设计电梯的自动平层控制程序。
7. 试分析电梯的减速平层过程。
8. 试分析电梯在自动工作状态时，自动关门是如何实现的。
9. 试分析变频器的加减速时间、PID 参数对电梯运行舒适感的影响。

参 考 文 献

［1］张振国，方承远. 工厂电气与 PLC 控制技术［M］. 4 版. 北京：机械工业出版社，2011.

［2］孔祥冰，张智贤. 电气控制与 PLC 技术应用实训教程［M］. 北京：中国电力出版社，2009.

［3］霍罡，等. 欧姆龙 CP1H PLC 应用基础与编程实践［M］. 北京：机械工业出版社，2008.

［4］阮友德. 电气控制与 PLC 实训教程［M］. 北京：人民邮电出版社，2007.

［5］李惠昇. 电梯控制技术［M］. 北京：机械工业出版社，2003.

［6］魏孔平. 电梯技术［M］. 2 版. 北京：化学工业出版社，2015.

［7］赵景波，田艳兵，谭艳玲. 西门子 S7－200 PLC 体系结构与编程［M］. 北京：清华大学出版社，2015.

［8］廖常初. PLC 编程及应用［M］. 2 版. 北京：机械工业出版社，2005.

［9］柴瑞娟，孙书芳. 西门子 PLC 高级培训教程［M］. 北京：人民邮电出版社，2009.

［10］公利滨. 欧姆龙 PLC 培训教程［M］. 北京：中国电力出版社，2012.

［11］殷玉恒. 电气控制与 PLC 技术应用［M］. 北京：中国电力出版社，2016.

［12］公利滨. 图解欧姆龙 PLC 编程 108 例［M］. 北京：中国电力出版社，2014.

［13］公利滨，等. 图解西门子 PLC 编程 108 例［M］. 北京：中国电力出版社，2015.

［14］公利滨，等. 图解三菱 PLC 编程 108 例［M］. 北京：中国电力出版社，2017.

［15］吴繁红，等. 西门子 S7－1200 PLC 应用技术项目教程［M］. 北京：电子工业出版社，2017.